国家示范性高职高专规划教材·机械基础系列

电工与电子技术

（修订本）

主　编　赵立燕
副主编　卜铁伟　田青松
　　　　王益军　石进水
　　　　林　洪　孔庆玲
主　审　宋金虎

清华大学出版社
北京交通大学出版社
·北京·

内容简介

本书共分 11 个项目，包含电工和电子技术两部分。电工部分的内容包括电路的基本理论和基本分析方法，直流电路，正弦交流电路，三相电路，磁路与变压器，电动机，安全用电等内容。电子技术部分的内容突出集成化、数字化，并注重应用性、先进性，内容包括二极管、晶体管、集成运放及其应用，门电路和组合逻辑电路，触发器和时序逻辑电路等内容。

本书可作为高职高专院校工科类专业电工与电子技术课程的教材，也可供其他相关专业选用和有关工程技术人员参考，还可供自学者使用。

本书封面贴有清华大学出版社防伪标签，无标签者不得销售。
版权所有，侵权必究。侵权举报电话：010-62782989　13501256678　13801310933

图书在版编目（CIP）数据

电工与电子技术/赵立燕主编. —北京：北京交通大学出版社：清华大学出版社，2016.6（2019.9 修订）
（国家示范性高职高专规划教材·机械基础系列）
ISBN 978-7-5121-2665-7

Ⅰ. ①电… Ⅱ. ①赵… Ⅲ. ①电工技术-高等职业教育-教材　②电子技术-高等职业教育-教材　Ⅳ. ①TM　②TN

中国版本图书馆 CIP 数据核字（2016）第 032396 号

电工与电子技术
DIANGONG YU DIANZI JISHU

责任编辑：韩素华　　特邀编辑：宋开磻	
出版发行：清华大学出版社　　邮编：100084　　电话：010-62776969	
北京交通大学出版社　邮编：100044　　电话：010-51686414	
印　刷　者：北京时代华都印刷有限公司	
经　　　销：全国新华书店	
开　　　本：185×260　　印张：19.75　　字数：518 千字	
版　　　次：2016 年 6 月第 1 版　　2019 年 9 月第 1 次修订　　2019 年 9 月第 2 次印刷	
书　　　号：ISBN 978-7-5121-2665-7/TN·105	
印　　　数：3 001～5 000 册　　定价：49.00 元	

本书如有质量问题，请向北京交通大学出版社质监组反映。对您的意见和批评，我们表示欢迎和感谢。
投诉电话：010-51686043，51686008；传真：010-62225406；E-mail：press@bjtu.edu.cn。

前　言

电工与电子技术是工科非电类专业的一门重要专业基础课，具有技术性强、实用性强的特点。

为适应高职教学的需要及我国高等职业教育以培养面向生产第一线的实用型、技术型人才为目标的特色，编者根据多年的教学实践和职业技能培训经验编写了这本《电工与电子技术》教材。

本书编写有以下特点：一是采用项目制形式，每一部分内容作为一个学习项目情境，全书知识面广，涉及电工、电子技术，交、直流电机，控制电机，常用低压控制电器与应用，工厂供电及安全用电等内容。二是教材内容以行业需求为导向，以职业技能鉴定要求为目标，根据电工与电子技术基础知识特点及高职高专教育要求，融知识、能力、技能和实用等方面为一体。

本书注重实用性、先进性、适用性、通用性，在知识内容上，以"必需"和"够用"为原则。对典型电路进行分析时，一般不做复杂的理论推导，只介绍工程估算方法，有时只给出定性的或定量的结论。在提高学生分析问题、解决问题能力培养的同时，尤其注重学生动手能力的培养。概念清楚，重点突出，语言通俗易懂，既注重实际应用，又具有较强的可读性。

本书以培养应用型工程技术人才为目标，实用性强，适合高职教育的特点。注重将理论讲授与实践训练相结合，理论讲授贯穿其应用性，实践中有理念，有方法，以基本技能和应用为主，易学易懂易上手。

在内容安排上按照循序渐进的原则，在知识程度上由浅入深，由易到难。本门课的主要内容包括理论教学和实践教学两部分。在每一个项目的理论教学讲解结束之后有相应的实践教学来巩固加强对理论教学的学习。全书共有 11 个学习项目，其中从项目 1 到项目 6 是关于电路基本概念及分析方法、交直流电路、三相电路、磁路与变压器、低压电器、电机拖动、安全用电知识等电工知识。从项目 7 到项目 11 是关于二极管、晶体三极管、集成电路、数字电路等电子技术知识。注重实用性、针对性，主要是为了培养学生综合运用所学知识分析问题和解决问题的能力，培养学生的创新思维和创新能力。

本书由山东交通职业学院赵立燕主编。其中项目 1、项目 2 由卜铁伟、孔庆玲编写，项目 3、项目 6、项目 8 由赵立燕编写，项目 4、项目 5 由田青松编写，项目 7、项目 9 由王益军编写，项目 10、项目 11 由石进水编写。

本书由宋金虎担任主审，他详细地审阅了书稿并提出了许多宝贵意见，在此表示诚挚的谢意。由于编写时间较紧，涉及面较宽，一些想法难以在书中体现，加之编者水平有限，错误和不妥之处恳请读者和同行批评指正。

编　者
2016 年 2 月

目 录

项目1 直流电路物理量的测量 ... 1
◇ 项目导入 ... 1
◇ 项目分析 ... 1
◇ 相关知识 ... 2
知识点1.1 电路的基本概念 ... 2
 一、电路的◇ 相关知识 ... 2
 二、电路的模型和电路元件 ... 3
 三、电路的基本原理与定律 ... 6
 四、电路的三种工作状态及其外特性 ... 6
知识点1.2 直流电路的基本分析方法 ... 8
 一、电路的等效变换 ... 9
 二、基尔霍夫定律与复杂电路计算 ... 13
 三、电路中各点电位的计算 ... 17
知识点1.3 直流电路物理量的测量 ... 18
 一、电流和电压的测量 ... 18
 二、电阻的测量 ... 19
 三、万用表 ... 22
◇ 项目实施 直流电路物理量的测量 ... 24
 练习 基尔霍夫定律及电位、电压关系的验证 ... 24
◇ 项目总结 ... 27
◇ 项目练习 ... 27

项目2 日光灯电路及功率因数的提高 ... 29
◇ 项目导入 ... 29
◇ 项目分析 ... 29
◇ 相关知识 ... 30
知识点2.1 正弦交流电的基础知识 ... 30
 一、交流电的基本概念 ... 30
 二、描述正弦交流电特征的物理量 ... 30
 三、正弦量的表示方法 ... 33
知识点2.2 单一参数的正弦交流电路 ... 36
 一、纯电阻电路 ... 36
 二、纯电感电路 ... 37
 三、纯电容电路 ... 39
知识点2.3 多参数组合的正弦交流电路 ... 41
 一、电阻、电感、电容的正弦交流电路 ... 41

二、串联谐振 ··· 44
　　三、并联谐振 ··· 45
　　四、功率因数 ··· 46
◇ 项目实施　日光灯电路及功率因数的提高 ··· 48
◇ 项目总结 ··· 51
◇ 项目练习 ··· 51

项目 3　三相交流电路负载的连接 ··· 53
◇ 项目导入 ··· 53
◇ 项目分析 ··· 53
◇ 相关知识 ··· 54
知识点 3.1　三相交流电源 ··· 54
　　一、三相交流电动势的产生 ··· 54
　　二、三相电源的连接方式 ··· 55
知识点 3.2　三相负载的连接方式 ··· 57
　　一、三相负载的Y连接 ··· 57
　　二、三相负载的△连接 ··· 59
知识点 3.3　三相交流电路的功率 ··· 60
　　一、有功功率 ··· 60
　　二、无功功率 ··· 61
　　三、视在功率 ··· 61
◇ 项目实施　三相交流电路负载的连接 ··· 62
◇ 知识拓展 ··· 65
知识点 3.4　工业企业供电知识 ··· 65
　　一、电力系统和供配电系统概述 ··· 65
　　二、电力系统的额定电压 ··· 66
　　三、电力负荷 ··· 67
◇ 项目总结 ··· 68
◇ 项目练习 ··· 68

项目 4　变压器的连接与测试 ··· 71
◇ 项目导入 ··· 71
◇ 项目分析 ··· 71
◇ 相关知识 ··· 71
知识点　变压器 ··· 71
　　一、变压器的工作原理 ··· 71
　　二、变压器的使用 ··· 73
　　三、特殊变压器 ··· 74
◇ 项目实施　变压器的连接与测试 ··· 75
◇ 项目总结 ··· 77
◇ 项目练习 ··· 77

项目 5　电动机的典型控制电路 ··· 78

◇ 项目导入 ·· 78
◇ 项目分析 ·· 78
◇ 相关知识 ·· 78
知识点5.1　认识异步电动机 ·· 78
　　一、三相异步电动机的结构 ·· 79
　　二、三相异步电动机的工作原理 ·· 81
　　三、三相异步电动机的铭牌数据 ·· 85
知识点5.2　异步电动机的电磁转矩与机械特性 ··· 87
　　一、转子电路各量的分析 ·· 87
　　二、三相异步电动机的电磁转矩 ·· 88
　　三、三相异步电动机的机械特性 ·· 90
知识点5.3　三相异步电动机的启动、调速和制动 ··· 93
　　一、三相异步电动机的启动 ·· 93
　　二、三相异步电动机的反转 ·· 95
　　三、三相异步电动机的调速 ·· 95
　　四、三相异步电动机的制动 ·· 96
知识点5.4　电动机的基本控制电路 ··· 97
　　一、单向点动控制 ·· 97
　　二、单向连续运转控制 ·· 102
　　三、正、反向运转控制 ·· 103
　　四、电动机的行程控制 ·· 106
　　五、笼形异步电动机的Y-△启动控制任务及实现 ································· 108
　　六、顺序控制电路 ·· 112
　　七、时间控制电路 ·· 112
　　八、多地控制电路 ·· 113
　　九、异步电动机的制动控制任务及实现 ·· 113
知识点5.5　异步电动机的保护 ··· 116
　　一、短路保护 ·· 116
　　二、过载保护 ·· 117
　　三、过电流保护 ·· 117
　　四、欠电压保护 ·· 117
　　五、零电压保护 ·· 118
　　六、漏电保护 ·· 119
　　七、在绘制、识读电气原理图时应遵循的原则 ······································ 119
◇ 项目实施 ·· 120
　　练习一　三相鼠笼式异步电动机点动和自锁控制 ·································· 120
　　练习二　三相鼠笼式异步电动机正、反转控制 ······································ 122
◇ 知识拓展 ·· 125
知识点5.6　常见机床的控制电路 ··· 125
　　一、C620-1型机床电气控制 ··· 125

二、Z3040型摇臂钻床电气控制系统 …………………………………………… 127
　　三、X62W型万能铣床电气控制系统 …………………………………………… 127
◇ 项目总结 …………………………………………………………………………… 129
◇ 项目练习 …………………………………………………………………………… 129

项目6　安全用电常识 …………………………………………………………………… 132
◇ 项目导入 …………………………………………………………………………… 132
◇ 项目分析 …………………………………………………………………………… 132
◇ 相关知识 …………………………………………………………………………… 132
知识点6.1　安全用电常识 ……………………………………………………………… 132
　　一、电流对人体的伤害 ……………………………………………………………… 133
　　二、可能触电的几种情况 …………………………………………………………… 135
知识点6.2　防触电的安全技术 ………………………………………………………… 137
　　一、主要保护措施 …………………………………………………………………… 137
　　二、漏电保护自动开关 ……………………………………………………………… 140
　　三、触电急救 ………………………………………………………………………… 141
◇ 项目实施　安全用电常识 …………………………………………………………… 142
◇ 知识拓展 …………………………………………………………………………… 143
知识点6.3　电气火灾 …………………………………………………………………… 143
　　一、引发电气火灾的原因 …………………………………………………………… 143
　　二、主要预防措施 …………………………………………………………………… 144
◇ 项目总结 …………………………………………………………………………… 144
◇ 项目练习 …………………………………………………………………………… 145

项目7　直流稳压电源的安装及调试 …………………………………………………… 146
◇ 项目导入 …………………………………………………………………………… 146
◇ 项目分析 …………………………………………………………………………… 146
◇ 相关知识 …………………………………………………………………………… 147
知识点7.1　半导体的基本知识 ………………………………………………………… 147
　　一、半导体的导电特性 ……………………………………………………………… 147
　　二、本征半导体与杂质半导体 ……………………………………………………… 147
　　三、PN结 …………………………………………………………………………… 149
　　四、PN结的单向导电性 …………………………………………………………… 150
知识点7.2　半导体二极管 ……………………………………………………………… 151
　　一、二极管的结构和类型 …………………………………………………………… 151
　　二、二极管的伏安特性 ……………………………………………………………… 152
　　三、二极管的主要参数 ……………………………………………………………… 153
知识点7.3　特殊二极管 ………………………………………………………………… 154
　　一、稳压二极管 ……………………………………………………………………… 154
　　二、发光二极管 ……………………………………………………………………… 155
　　三、光电二极管 ……………………………………………………………………… 155
知识点7.4　二极管整流电路 …………………………………………………………… 155

二、单相全波整流电路 ... 156
　　三、单相桥式整流电路 ... 157
　　四、滤波电路 ... 158
　　五、直流稳压电路 ... 160
　◇ 项目实施　直流稳压电源的安装与调试 ... 161
　知识点7.5　串联型稳压电路与集成稳压电源 ... 165
　　一、串联型稳压电路 ... 165
　　二、集成稳压电源 ... 167
　◇ 项目总结 ... 169
　◇ 项目练习 ... 170

项目8　简易扩音器的制作与调试 ... 173
　◇ 项目导入 ... 173
　◇ 项目分析 ... 173
　◇ 相关知识 ... 174
　知识点8.1　晶体三极管 ... 174
　　一、晶体三极管的基本结构和类型 ... 174
　　二、晶体管的电流分配与放大作用 ... 175
　　三、晶体管的特性曲线 ... 177
　　四、晶体管的主要参数 ... 179
　知识点8.2　单极型三极管 ... 180
　　一、场效应管的基本结构 ... 180
　　二、MOS管的工作原理 ... 182
　　三、MOS管的特性曲线 ... 183
　　四、MOS管的主要参数 ... 184
　知识点8.3　三极管共射放大电路 ... 186
　　一、放大的概念及放大电路主要性能指标 ... 186
　　二、单管共发射极电压放大器的工作原理 ... 188
　知识点8.4　放大电路的分析方法 ... 192
　　一、放大电路的图解分析法 ... 192
　　二、放大电路的微变等效电路分析 ... 195
　知识点8.5　晶体管单管放大电路的基本接法 ... 201
　　一、基本共集电极放大电路 ... 201
　　二、基本共基极放大电路 ... 202
　　三、3种接法的比较 ... 203
　知识点8.6　多级放大器 ... 206
　　一、多级放大电路的组成 ... 206
　　二、多级放大电路的耦合方式 ... 206
　　三、多级放大电路的分析和动态参数计算 ... 209
　　四、放大倍数的分贝表示法 ... 209
　　五、多级放大电路的频率特性 ... 209

知识点 8.7　放大电路中的反馈 ········· 211
　一、反馈的基本概念 ················· 211
　二、反馈的基本类型及其判别 ········· 212
　三、负反馈对放大电路性能的影响 ····· 215
知识点 8.8　功率放大器 ··············· 218
　一、功率放大电路概述 ··············· 218
　二、互补对称功率放大电路 ··········· 220
　三、集成功率放大电路 ··············· 223
◇ 项目实施　简易扩音器的制作与调试 ··· 224
◇ 知识拓展 ··························· 226
◇ 项目总结 ··························· 228
◇ 项目练习 ··························· 228

项目 9　集成运算放大器指标测试　234
◇ 项目导入 ··························· 234
◇ 项目分析 ··························· 234
◇ 相关知识 ··························· 235
知识点 9.1　集成运算放大器 ··········· 235
　一、集成运算放大器概述 ············· 235
　二、集成运算的主要技术指标 ········· 237
　三、理想集成运放的传输特性 ········· 238
知识点 9.2　集成运算放大器的应用 ····· 240
　一、比例运算电路 ··················· 240
　二、加、减法运算电路 ··············· 241
　三、积分和微分运算 ················· 242
　四、电压比较器 ····················· 243
◇ 项目实施　集成运算放大器指标测试 ··· 245
◇ 项目总结 ··························· 250
◇ 项目练习 ··························· 250

项目 10　门电路逻辑功能及测试　252
◇ 项目导入 ··························· 252
◇ 项目分析 ··························· 252
◇ 相关知识 ··························· 253
知识点 10.1　门电路 ·················· 253
　一、模拟电路和数字电路的区别 ······· 253
　二、基本门电路 ····················· 253
　三、复合门电路 ····················· 255
　四、集成门电路 ····················· 256
知识点 10.2　组合逻辑电路 ············ 258
　一、计数制与编码 ··················· 258
　二、逻辑函数的化简 ················· 260

三、组合逻辑电路的分析与设计 ··· 262
　知识点 10.3　常见的典型组合逻辑电路 ··· 265
　　一、编码器 ··· 265
　　二、译码器 ··· 266
　　三、加法器 ··· 268
　◇ 项目实施　门电路逻辑功能及测试 ·· 269
　◇ 知识拓展 ·· 274
　◇ 项目总结 ·· 276
　◇ 项目练习 ·· 276

项目 11　多音信号发生器的制作与调试 ·· 278
　◇ 项目导入 ·· 278
　◇ 项目分析 ·· 278
　◇ 相关知识 ·· 279
　知识点 11.1　触发器 ··· 279
　　一、RS 触发器 ··· 279
　　二、JK 触发器 ··· 281
　　三、D 触发器 ·· 283
　　四、T 触发器 ·· 283
　知识点 11.2　计　数　器 ··· 284
　　一、二进制计数器 ··· 284
　　二、十进制计数器 ··· 287
　知识点 11.3　寄存器 ··· 288
　　一、数码寄存器 ··· 288
　　二、移位寄存器 ··· 289
　　三、移位寄存器的应用 ··· 291
　知识点 11.4　波形产生与变换电路 ··· 292
　　一、555 定时器电路及其功能 ·· 292
　　二、555 定时器应用举例 ·· 293
　◇ 项目实施　多音信号发生器的制作与调试 ··· 296
　◇ 知识拓展 ·· 298
　知识点 11.5　脉冲的基本概念 ··· 298
　　一、脉冲的基本概念 ··· 298
　　二、几种常见的脉冲波形 ··· 298
　　三、矩形脉冲波形参数 ··· 299
　◇ 项目总结 ·· 299
　◇ 项目练习 ·· 300

参考文献 ·· 304

项目 1

直流电路物理量的测量

项目导入

直流电路中物理量有很多，如电压、电流、功率等。这些物理量之间有什么样的制约关系，又是通过什么方式把各种物理量测量出来的呢？在电流与电压的测量中，能否正确选择和使用电流表和电压表，不仅直接影响测量结果的准确性，而且还关系到操作者的安全及仪表的使用寿命。所以通过本项目的学习，让学生了解直流电路的组成和功能；理解电路的主要物理量的概念；知道电路模型和理想电路元件的概念；熟悉电路的基本原理与定律及电路的三种工作状态及其外特性和电气设备的额定值；掌握基尔霍夫定律内容，并会应用其解决实际问题；并能正确选择测量电路物理量的仪器、仪表。

项目分析

【知识结构】

直流电路的组成和功能；电路的主要物理量的概念；电路模型和理想电路元件的概念；电路的基本原理与定律及电路的三种工作状态及其外特性和电气设备的额定值；电路的等效变换；基尔霍夫定律内容，并会应用其解决实际问题；电路中各点的电位；常用电路的分析方法，如支路电流法、叠加定理等；测量电路中电流、电压、电阻所用仪器和使用方法及万用表的使用方法。

【学习目标】
- ◆ 了解电路的组成和功能，理解电路的主要物理量的概念；
- ◆ 熟悉电路模型和理想电路元件的概念；
- ◆ 熟悉电路的基本原理与定律；
- ◆ 掌握电路的三种工作状态及其外特性；
- ◆ 掌握基尔霍夫定律内容及推广；
- ◆ 掌握常用电路的分析方法。

【能力目标】
- ◆ 能够理解电路的基本物理量；掌握电路模型和理想电路元件的概念；
- ◆ 能够掌握电路的三种工作状态及额定值并解决实际问题；
- ◆ 能应用基尔霍夫电压定律解决实际问题；
- ◆ 能够应用学习的方法分析电路、解决问题。

【素质目标】
- ◆ 锻炼学生自主学习、独立思考的能力；

◆ 培养学生严谨务实的工作作风。

相关知识

知识点 1.1 电路的基本概念

了解电路的组成和功能；熟悉电路基本的物理量；熟悉电路模型和理想电路元件的概念；进一步熟悉电路的基本原理与定律及电路的三种工作状态及其外特性和电气设备的额定值。

一、电路的相关知识

（一）电路的组成和功能

1. 电路的组成

电路是电流所通过的路径。它是由电源、负载、导线和开关等按一定方式组合成的。

电路的结构形式和所完成的任务多种多样，但无论简单还是复杂的电路，均离不开电源、负载和中心环节这3个最基本的组成部分。电源是将其他形式的能量转换成电能、向电路提供电能的装置。负载是可将电能转换成其他形式的能量并在电路中接收电能的设备。电源和负载之间不可缺少的连接、控制和保护部件统称为中间环节，如导线、开关及各种继电器等。

2. 电路的功能

电路的功能主要有两个（见图1-1）：一是实现电能的传输、分配与转换，如图1-1（a）所示；二是实现信号的传递与处理，如图1-1（b）所示。

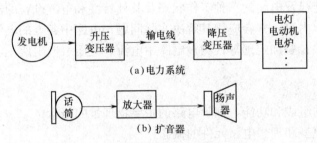

图1-1 电路在两种场合应用的示意图

（二）电路的主要物理量

1. 电流

电流（强度）——单位时间内通过导体横截面的电量。

电流的大小：
$$i=\frac{dq}{dt} \tag{1-1}$$

电流的单位及换算：安培（A）＝库仑（C）/秒（s），$1\,A=10^3\,mA=10^6\,\mu A=10^9\,nA$

稳恒直流情况下：$I=\dfrac{q}{t}$

电流是一个有方向的物理量，电流的方向是有实际方向和参考方向之分的。规定以正电荷移动的方向为电流的实际方向。而参考方向指分析与计算电路时，任意假定某一方向为电流的方向。若电流的实际方向与参考方向一致时，则电流为正值（$I>0$），若电流的实际方向与参考方向不一致时，则电流为负值（$I<0$）。如图1-2所示。

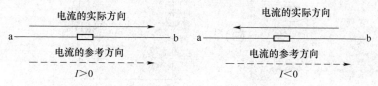

图1-2 电流的方向

2. 电压

电压——也称电位差（或电势差），指单位正电荷由a点移动到b点所需要的能量。则电路中a、b两点间的电压用u_{ab}表示。即

$$u_{ab}=V_a-V_b=\frac{dw}{dq} \tag{1-2}$$

式中，V_a表示a点电位，V_b表示b点电位，w表示能量。

电压单位为伏特，简称伏，用V表示。在工程上还可用千伏、毫伏和微伏为计量单位，其换算关系为：$1\ kV=10^3\ V$；$1\ mV=10^{-3}\ V$；$1\ \mu V=10^{-3}\ mV=10^{-6}\ V$。

电压也有方向性。规定电位降低的方向（电源电动势的方向规定从低电位端指向高电位端）为电压的方向。在分析电路时，也是像求得电流方向一样，先假定电压的参考方向，电压的实际方向与参考方向一致时，则电压为正值（$U>0$），电压的实际方向与参考方向不一致时，则电压为负值（$U<0$）。如图1-3所示。

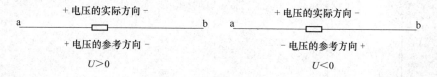

图1-3 电压的方向

3. 电功率

电功率是指电能量对时间的变化率。也就是指电场力在单位时间内所做的功。即

$$P=\frac{dw}{dt}=U\frac{dq}{dt}=UI \tag{1-3}$$

电功率的单位为瓦特，简称瓦（W）。常用单位为千瓦（kW），$1\ kW=10^3\ W$。在日常生活中，常用1千瓦时（$1\ kW \cdot h$）表示1度电。即功率为1千瓦的用电设备工作1小时所消耗的电能。

二、电路的模型和电路元件

（一）电路模型

实际电路的分析和计算，需将实际电路元件理想化（或模型化），突出其主要的电磁性质，近似看作理想元件。电阻、电感、电容是电路组成的基本理想元件。

电路模型：由理想电路元件所组成的电路，就是实际电路的电路模型。如图1-4所示。

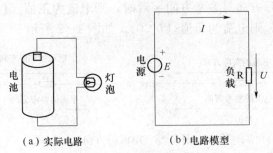

(a) 实际电路　　　　(b) 电路模型

图 1-4　电路的模型

(二) 电路的基本元件

1. 电阻元件

(1) 概述。电阻元件是一种基本的电路元件。在电路中对电流呈现阻碍作用。符号用 R 表示。单位是欧姆，简称欧（Ω）。线性电阻是端口电压与端口电流遵循欧姆定律（详见知识点 1.3 电路的基本原理与定律）的元件，即

$$u = Ri \tag{1-4}$$

或

$$i = Gu \tag{1-5}$$

式中 G 称为电导。单位是西门子（S）。对于同一电阻，显然有 $GR=1$。

(2) 定义。线性电阻 R 是一个与电压和电流无关的常数。它的电压-电流关系特性曲线将是一条通过原点的直线。这条直线又称为伏安特性曲线。如图 1-5（a）所示，其符号如图 1-5（b）所示。

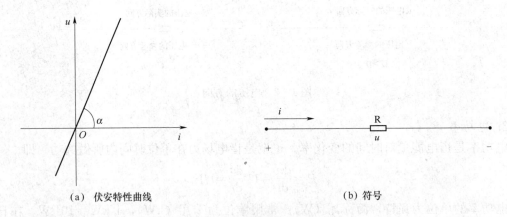

(a) 伏安特性曲线　　　　(b) 符号

图 1-5　线性电阻的特性及符号

2. 电感元件

(1) 概述。电感元件简称电感，是由导线绕制而成。电感在工作时，将电能转换为磁场能储存起来，与电源进行能量交换，这种转换是相互的，故电感为储能元件。

(2) 定义。有 N 匝线圈，当它的磁通发生变化时，在线圈中就会产生感应电动势。根据法拉第电磁感应定律得：感应电动势 e 的大小等于磁通的变化率。感应电动势的参考方向与磁通的参考方向之间符合右手螺旋定律。

$$e = -N\frac{d\Phi}{dt} = -\frac{d\psi}{dt} \tag{1-6}$$

式中：e——电动势，伏（V）；
Φ——通过线圈的磁通，伏秒（V·s），通常称为韦伯（Wb）；
ψ——磁链，其中 $\psi = N\Phi$。

磁通和磁链是由于线圈中有电流通过而产生的。对于线性电感线圈，ψ 和 Φ、i 成正比，有

$$\psi = N\Phi = Li \quad \text{或} \quad L = \frac{\psi}{i} = \frac{N\Phi}{i} \tag{1-7}$$

式中：L——线圈的电感，也称自感，单位为亨利，简称亨（H）。

将 $\psi = Li$ 代入式（1-6），得

$$e = -L\frac{di}{dt} \tag{1-8}$$

由式（1-7）和式（1-8）可知，线圈的电感与线圈的匝数有关。匝数越多，其电感越大，产生感应电动势就越大；反之，相反。

在电路中，电感元件是个储能元件，不消耗能量。

3. 电容元件

（1）概述。电容元件又称电容器（简称电容）。是由两块金属板间隔以不同的绝缘材料而制成的。电容在工作时，将电能转换成电场能储存起来，与电源进行能量交换，这种转换是相互的，所以电容又称为储能元件。

（2）定义。电容所储存的电荷 Q 与外加电压 u 成正比，即

$$C = \frac{Q}{u} \tag{1-9}$$

式中：C——电容，单位为法拉，简称法（F）。

但法的单位较大，在实际使用中常用微法（μF）、皮法（pF），它们间的换算关系为：$1\text{ F} = 10^6 \text{ μF} = 10^{12}\text{ pF}$。

假设含有电容元件的电路中，电流、电压的方向如图 1-6 所示，则得

$$i = \frac{dQ}{dt} = C\frac{du}{dt} \tag{1-10}$$

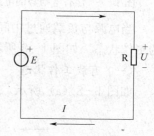

由式（1-10）可知：当 $i=0$ 时，电容元件可视为开路；当 $i = C\frac{du}{dt} > 0$ 时，电容为充电储能过程；当 $i = C\frac{du}{dt} < 0$ 时，电容为放电释放能量过程。

图 1-6 简单电路

将式（1-10）两边积分，得

$$u = \frac{1}{C}\int_{-\infty}^{t} i\,dt = \frac{1}{C}\int_{-\infty}^{0} i\,dt + \frac{1}{C}\int_{0}^{t} i\,dt = u_0 + \frac{1}{C}\int_{0}^{t} i\,dt \tag{1-11}$$

式中：t——电容充放电时间；
u_0——电容电压的初始值。若 $u_0 = 0$，则

$$u = \frac{1}{C}\int_0^t i\,\mathrm{d}t \tag{1-12}$$

式（1-10）两边同时乘以 u 再积分，得

$$\int_0^t ui\,\mathrm{d}t = \int_0^u Cu\,\mathrm{d}u = \frac{1}{2}Cu^2 \tag{1-13}$$

可见，电容元件上的电压增大，则电场能量增加，此过程为电容器储存能量过程；反之，电容元件上的电压减小时，则电场能量减少，此过程为电容器放电过程。

三、电路的基本原理与定律

（一）电流的连续性原理

在一段无分支的电路中，电流必定是处处相等的，因为在电荷移动的过程中，不可能在某一点无限聚积或消失，这一规律称为电流的连续性原理。如图1-6所示，因为电路中无其他分支，所以电路中各处的电流均相等。

（二）欧姆定律

欧姆定律是反映线性电阻的电流与该电阻两端电压之间关系的定律，是电路分析中最重要的基本定律之一。

内容：通过线性电阻 R 的电流 I 与其两端的电压 U 成正比。

表达式：

$$I = \frac{U}{R} \tag{1-14}$$

用欧姆定律列方程时，一定要在图中标明参考方向。

（三）广义欧姆定律

电路中含有电动势时的欧姆定律，如图1-7所示。

其表达式为

$$U_{ab} = IR + E$$

$$I = \frac{U_{ab} - E}{R} \tag{1-15}$$

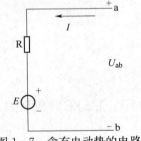

图1-7 含有电动势的电路

四、电路的三种工作状态及其外特性

当电源与负载通过中间环节连接成电路后，电路可能处于通路、开路或短路这三种不同的工作状态。如图1-8所示。

（一）有载工作状态

如图1-8（a）所示，若将开关闭合，电源与负载接通，电路处于有载状态。

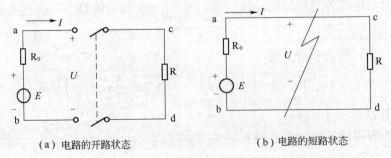

（a）电路的开路状态　　　　　　（b）电路的短路状态

图1-8 电路的工作状态

(1) 电压与电流间的关系。

$$I = \frac{E}{R_0 + R} \tag{1-16}$$

式中：R_0——电源的内电阻，通常很小。

电源的输出电压 U 为负载 R 两端的电压，根据欧姆定律和式（1-14）可得，电源的输出电压 U 的表达式为

$$U = E - IR_0 \tag{1-17}$$

当 $R_0 \ll R$ 时 $U \approx E$ (1-18)

电源的输出端电压 U 随负载电流 I 变化的规律称为电源的外特性。如图 1-9 所示。

(2) 功率与功率平衡。

将式（1-17）各项乘以 I 可得

$$UI = EI - I^2 R_0 \tag{1-19}$$

即 $P = P_E - P_0$ (1-20)

式中：P——负载从电源得到的功率；

P_E——电源产生的功率；

P_0——电源内阻上所损耗的功率。式（1-20）可写成

$$P_E = P + P_0 \tag{1-21}$$

式（1-21）为功率的平衡方程。

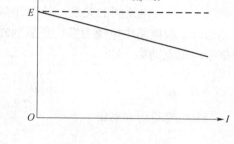

图 1-9 电源的外特性

(3) 电气设备的额定值。任何电气设备在使用时，若电流过大，温升过高就会导致绝缘的损坏，甚至烧坏设备或元器件。为了保证正常工作，制造厂对产品的电压、电流和功率都规定其使用限额，称为额定值，通常标在产品的铭牌或说明书上，以此作为使用依据。例如，灯泡 $U_N = 220\ V$，$P_N = 60\ W$，这就是它的额定值。表明这只灯泡的额定电压是 220 V，额定功率是 60 W，在使用时不能接到 380 V 的电源上。

电源设备的额定值一般包括额定电压 U_N、额定电流 I_N 和额定容量 S_N。其中 U_N 和 I_N 是指电源设备安全运行所规定的电压和电流限额；额定容量 $S_N = U_N I_N$，表征了电源最大允许的输出功率，但电源设备工作时不一定总是输出规定的最大允许电流和功率，究竟输出多大还取决于所连接的负载。

负载的额定值一般包括额定电压 U_N、额定电流 I_N 和额定功率 P_N。对于电阻性负载，由于这三者与电阻 R 之间具有一定的关系式，所以它的额定值不一定全部标出。

(4) 超载、满载、轻载。电气设备工作在额定值情况下的状态称为额定工作状态（又称"满载"）。这时电气设备的使用是最经济合理和安全可靠的，不仅能充分发挥设备的作用，而且能够保证电气设备的设计寿命。若电气设备超过额定值工作，则称为"过载"。由于温度升高需要一定时间，因此电气设备短时过载不会立即损坏；但过载时间较长，就会大大缩短电气设备的使用寿命，甚至会使电气设备损坏。若电气设备低于额定值工作，则称为"欠载"。在严重的欠载下，电气设备就不能正常合理地工作或不能充分发挥其工作能力。过载和严重欠载都是在实际工作中应避免的。

【例 1-1】 一热水器额定功率为 800 W，额定电压为 220 V，求该热水器的额定电流和电阻。若将该热水器接在电压为 110 V 的电路上，求该热水器的输出功率。

解：由 $P=IU=I^2R=\dfrac{U^2}{R}$ 可得

$$I_N=\frac{P_N}{U_N}=\frac{800}{220}=3.64 \text{ (A)}$$

$$R=\frac{U_N^2}{P_N}=\frac{220^2}{800}=60.5 \text{ (Ω)}$$

$$P=\frac{U^2}{R}=\frac{U^2}{U_N^2}P_N=\left(\frac{110}{220}\right)^2\times 800=200 \text{ (W)}$$

由此可知，用电器在低电压下工作不能发挥正常功率。

（二）开路工作状态

参见图1-8（a），开关K断开，电源未与负载接通，电路处于开路状态。

（1）电压与电流间的关系。处于开路状态下的电路，负载与电源没有接通，电路中没有电流通过，故电路中电流为零。负载两端的电压也为零。由式（1-17）可知电源输出的电压等于电源电动势。即

$$I=0$$
$$U=E \tag{1-22}$$

（2）功率与功率平衡。

$$P_E=0$$
$$P_0=0$$
$$P=0 \tag{1-23}$$

（三）短路工作状态

参见图1-8（b），当电源的两边由于某种原因被电阻值接近为零的导体连接在一起时，就会造成电源短路，使电路处于短路的工作状态。

电源处于短路状态，外电阻可能为零，电源的输出电压也为零，电源输出的电流 I_S 称为短路电流。短路电流很大，将会烧坏电源。

（1）电压与电流间的关系

$$U=0$$
$$I=I_S=\frac{E}{R_0} \tag{1-24}$$

（2）功率与功率平衡

$$P_E=P_0=R_0I_S^2$$
$$P=0 \tag{1-25}$$

电路短路会使电源发热以致损坏。所以在实际工作中，应经常检查电气设备和线路的绝缘情况以防止发生电源短路事故。此外，还应在电路中接入熔断器等保护装置，以便在发生短路事故时能及时切断电路，达到保护电源及电路元器件的目的。

知识点1.2 直流电路的基本分析方法

掌握电阻的连接方式及等效计算、变换；掌握电源的等效变换方法和无源电路的等效化

项目 1 直流电路物理量的测量

简;掌握基尔霍夫电流定律,基尔霍夫电压定律及其推广、应用。熟悉支路电流法求解实际问题;掌握线性电路的叠加性质、叠加定理及其使用方法;能熟练应用定理解决实际电路问题;了解万用表的结构并掌握万用表的使用方法。

一、电路的等效变换

(一)电路的串联与并联

1. 电阻的串联

(1) 串联电路特点(见图 1-10)。如图 1-10(a)所示为 n 个电阻的串联电路,其特点是电路没有分支,由电流的连续性原理可知,电路中通过各串联的电阻电流处处相等。

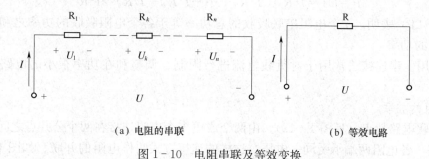

(a) 电阻的串联　　　　　　　(b) 等效电路

图 1-10　电阻串联及等效变换

根据能量守恒定律,可知:$UI=U_1I+U_2I+\cdots+U_kI+\cdots U_nI$

$$I^2R=I^2R_1+I^2R_2+\cdots+I^2R_k+I^2R_n$$

$$IR=I(R_1+R_2+\cdots+R_k+\cdots+R_n)$$

由此可得:　　　　　　　　$U=U_1+U_2+\cdots+U_k+\cdots+U_n$ 　　　　　　　(1-26)

式(1-26)说明,在串联电路中,总电压等于各段电压之和。

(2) 串联电路的等效变换。

由式(1-26)可以得到

$$R=R_1+R_2+\cdots+R_k+\cdots+R_n$$

$$R=\sum_{k=1}^{n}R_k \tag{1-27}$$

R 称为 n 个串联电阻的等效电阻。可见,串联电阻的等效电阻等于各个串联电阻之和,其等效条件是在同一电压作用下电流保持不变。

图 1-10(a)、(b)两个电路的内部结构虽然不同,但是,它们的 U、I 关系却完全相同,即它们在端钮处对外显示的伏安特性是相同的,所以称图 1-10(b)为图 1-10(a)的等效电路,这种替代称为等效变换。

(3) 串联电阻上电压的分配。以两个电阻串联为例,如图 1-11 所示。

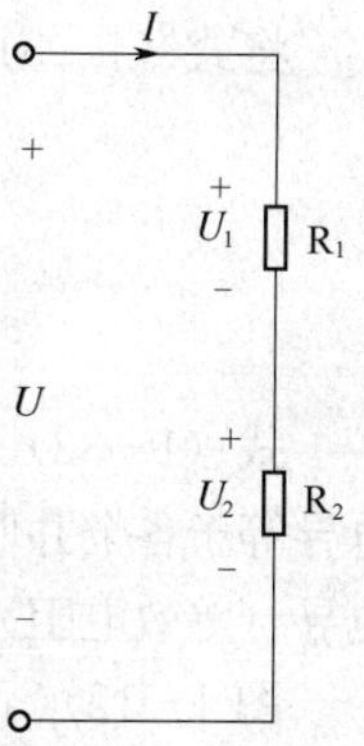

$$U_1=IR_1=\frac{U}{R_1+R_2}R_1$$

$$U_2=IR_2=\frac{U}{R_1+R_2}R_2$$

联立得

图 1-11　串联电路

$$U_1 = \frac{R_1}{R_1+R_2}U_1$$

$$U_2 = \frac{R_2}{R_1+R_2}U_2 \tag{1-28}$$

式（1-28）为两个电阻串联式的分压公式。可见，串联电路中各电阻所分得的电压与各电阻的阻值成正比。

（4）功率关系。

由图1-10可知

$$P = UI = I^2R_1 + I^2R_2 + \cdots + I^2R_k + I^2R_n = I^2R \tag{1-29}$$

式（1-29）表明，n 个电阻串联吸收的总功率等于各个电阻吸收的功率之和，等于等效电阻吸收的功率。

（5）应用。串连接法常用于对负载电流进行限制、调整和在功率很小的电路中用作分压器。

2. 电阻的并联

（1）并联电路特点（见图1-12）。由两个或更多个电阻连接在两个公共点之间，组成一个分支电路，各电阻两端承受同一电压，这样的连接方式叫作电阻的并联。如图1-12（a）所示。

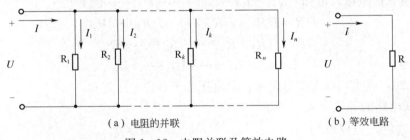

图1-12 电阻并联及等效电路

并联电路中各电阻两端的电压相等，总电流等于流过各并联电阻的电流之和。则有

$$U = U_1 = U_2 = \cdots = U_k = \cdots = U_n \tag{1-30}$$

$$I = I_1 + I_2 + \cdots + I_k + \cdots + I_n \tag{1-31}$$

（2）并联电路的等效变换。

将式（1-31）除以式（1-30）得

$$\frac{U}{R} = \frac{U}{R_1} + \frac{U}{R_2} + \cdots + \frac{U}{R_k} + \cdots + \frac{U}{R_n}$$

$$\frac{1}{R} = \frac{1}{R_1} + \frac{1}{R_2} + \cdots + \frac{1}{R_k} + \cdots + \frac{1}{R_n} \tag{1-32}$$

式（1-32）称为 n 个并联电阻的等效电导，其倒数为等效电阻。可见，并联电阻的等效电导等于各个并联电阻倒数之和，其等效条件也是在同一电压作用下电流保持不变。当用等效电导（等效电阻）替代这些并联电导（电阻）后，图1-12（a）就简化为图1-12（b）。

图1-12（a）和图1-12（b）两个电路的内部结构是不同的。但是，它们在端钮处的 U、I 关系却完全相同，即它们在端钮处对外显示的伏安特性是相同的，所以图1-12（b）

为图 1-12（a）的等效电路。

(3) 并联电路分流公式。以两个并联电阻为例，如图 1-13 所示，则有

$$I_1 = \frac{\frac{1}{R_1}}{\frac{1}{R_1}+\frac{1}{R_2}}I = \frac{R_2}{R_1+R_2}I \qquad (1-33)$$

$$I_2 = \frac{\frac{1}{R_2}}{\frac{1}{R_1}+\frac{1}{R_2}}I = \frac{R_1}{R_1+R_2}I$$

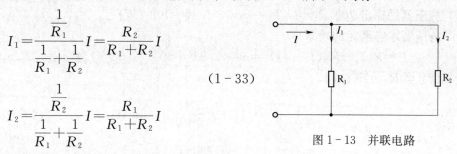

图 1-13 并联电路

式（1-33）为两个电阻并联时的分流公式。
由公式可知，各电阻中的电流分配与各电阻的大小成反比。

(4) 功率关系。
由式（1-32）乘以 U^2 可得

$$P = UI = \frac{U^2}{R_1}+\frac{U^2}{R_2}+\cdots+\frac{U^2}{R_k}+\cdots+\frac{U^2}{R_n} = \frac{U^2}{R} \qquad (1-34)$$

式（1-34）表明，n 个电阻并联后吸收的总功率等于各个电阻吸收的功率之和，等于等效电阻吸收的功率。

(5) 应用。并联接法应用也很广泛。主要起到分流、调节电流的作用。例如，工厂里的动力负载、民生用电和照明负载等，都是以并联方式接到电网上的。

3. 电阻的混联

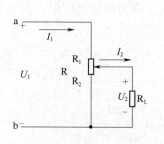

图 1-14 例 1-2 图

若在电路中既有电阻的串联，又有电阻的并联，这种连接方式称为电阻的串并联，又称混联。串并联电路形式多样，但经过串联和并联化简，仍可以得到一个等效电阻 R 来替代原电路。再应用欧姆定律求出总电流或总电压，应用分压公式和分流公式求出各电阻上的电压和电流。

【例 1-2】 图 1-14 所示电路，已知 $U_1 = 220$ V，$R_L = 50$ Ω，$R = 100$ Ω。

(1) 当 $R_2 = 50$ Ω 时，$U_2 = ?$ 分压器的输入功率、输出功率及分压器本身消耗的功率为多少？

(2) 当 $R_2 = 75$ Ω 时，输出电压是多少？

解：(1) 当 $R_2 = 50$ Ω 时，a、b 端的等效电阻 R_{ab} 为 R_2 和 R_L 并联后与 R_1 串联而成，所以

$$R_{ab} = R_1 + \frac{R_2 R_L}{R_2 + R_L} = \left(50 + \frac{50 \times 50}{50+50}\right) = 75\ (\Omega)$$

滑线变阻器 R_1 段流过的电流

$$I_1 = \frac{U_1}{R_{ab}} = \frac{220}{75} = 2.93\ (A)$$

负载电阻流过的电流可由分流公式得

$$I_2 = \frac{R_2}{R_2 + R_L} \times I_1 = \frac{50}{50+50} \times 2.93 = 1.47\ (A)$$

$$U_2=R_LI_2=50\times1.47=73.5\text{（V）}$$

分压器的输入功率 $P_1=U_1I_1=220\times2.93=644.6$（W）

分压器的输出功率 $P_2=U_2I_2=73.5\times1.47=108$（W）

分压器本身消耗的功率

$$P=R_1I_1^2+R_2(I_1-I_2)^2=50\times2.93^2+50\times(2.93-1.47)^2=535.8\text{（W）}$$

（2）当 $R_2=75\ \Omega$ 时，

$$R_{ab}=\left(25+\frac{75\times50}{75+50}\right)=55\text{（}\Omega\text{）}$$

$$I_1=\frac{220}{55}=4\text{（A）}$$

$$I_2=\frac{75}{75+50}\times4=2.4\text{（A）}\qquad\text{（分流公式）}$$

$$U_2=I_2\times R_L=2.4\times50=120\text{（V）}$$

（二）电源的等效变换

1. 电压源

电压源是由电动势 E 和内阻 R_0 串联的电源的电路模型。如图 1-15 虚线所示。

它向外电路提供的电压与电流关系为

$$U=E-IR_0 \tag{1-35}$$

式中：U——电源输出电压。它随输出电流的变化而变化，其外特性曲线如图 1-16 中的 b 所示。一般情况下，当 $R_0=0$ 时，$U=E$，电压源的输出电压恒定不变，与通过的电流大小无关，电压源是恒压源。$R_0=0$ 时的这种状态是理想化的，所以又称为理想电压源。其外特性曲线如图 1-16 中的 a 所示。

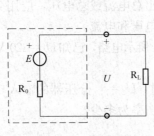

图 1-15 电压源模型

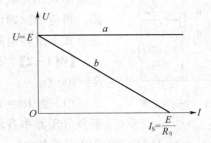

图 1-16 电压源的外特性

2. 电流源

电流源是由电流 I_S 和内阻 R_0 并联的电源的电路模型。如图 1-17 虚线所示。

其电流与电压间的关系

$$I=I_S-\frac{U}{R_0} \tag{1-36}$$

式中：I_S——短路电流；

I——负载电流；

(U/R_0)——流经电源内阻的电流。U是随着I的变化而变化的。其外特性曲线如图1-18中的a所示。当$R_0=\infty$或$R_0\gg R_L$时，电流I恒等于I_S，电源输出的电压由负载电阻R_L电流I决定，此时电流源为恒流源，也称理想恒流源。其外特性曲线如图1-18中的b所示。

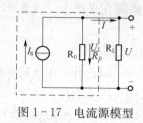
图1-17 电流源模型

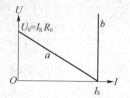
图1-18 电流源的外特性

3. 电压源与电流源的等效变换

（1）等效变换的条件。将电压源等效变换为电流源时，应遵守等效变换原则。即对外电路而言，输出电压、电流关系完全相同。由式（1-36）可得到$U=I_S R_0 - IR_0$，与式（1-35）相等。可得到

$$E = I_S R_0 \tag{1-37}$$

$$I_S = \frac{E}{R_0}$$

由此可知，一个实际的电源既可以表示成电流源，也可以表示为电压源。

（2）说明几点。

① 电压源和电流源的等效关系只对外电路而言，对电源内部则是不等效的。

例：当$R_L=\infty$时，电压源的内阻R_0中不损耗功率，而电流源的内阻R_0中则损耗功率。

② 等效变换时，两电源的参考方向要一一对应。如图1-19所示。

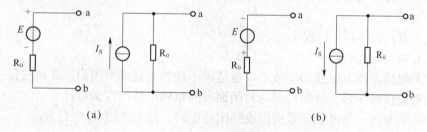
图1-19 列举电路

③ 理想电压源与理想电流源之间无等效关系。

④ 任何一个电动势E和某个电阻R串联的电路，都可化为一个电流为I_S和这个电阻并联的电路。

二、基尔霍夫定律与复杂电路计算

（一）基尔霍夫定律

电路元件的伏安关系反映元件本身的电压、电流之间的关系。而由电路元件所组成的电路中电压、电流之间也应遵循一个基本规律，这就是基尔霍夫定律。基尔霍夫定律是任何集总参数电路都适用的基本定律，它包含基尔霍夫电流定律和基尔霍夫电压定律，和前面介绍的欧姆定律被人们统称为电路的三大基本定律。

1. 电路中的名词

(1) 支路。电路中流过同一电流的一个或几个元件连接成的分支称为支路。

(2) 节点。电路中三条或三条以上支路的连接点称为节点。

(3) 回路。电路中的任意闭合路径称为回路。

(4) 网孔。将电路画在平面上，内部不含任何支路的回路称为网孔。

以图 1-20 为例，则有

支路：ab、bc、ca、ad、db、dc（共 6 条）；

节点：a、b、c、d（共 4 个）；

回路：abda、abca、adbca…（共 7 条）；

网孔：abd、abc、bcd（共 3 个）。

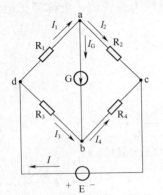

图 1-20 常用名词举例电路

2. 基尔霍夫定律

(1) 基尔霍夫电流定律（KCL）。基尔霍夫电流定律又称基尔霍夫第一定律，简写为 KCL，它是描述同一节点处支路电流之间关系的定律。由于电流的连续性，电路中任何一点均不能堆积电荷，因而在任一瞬间，流出某一节点的电流之和应等于流入该节点的电流之和。用公式表示为

$$\sum i_{流入} = \sum i_{流出} \qquad (1-38)$$

若规定流出节点的电流取"+"号，流入节点的电流取"－"号，则基尔霍夫电流定律就可表述为：对于任何集总参数电路，在任一瞬间，通过某节点的电流的代数和恒等于零，其数学表达式为

$$\sum i = 0 \qquad (1-39)$$

以图 1-21 所示电路中的节点 a、b 为例，假设电流流入为正，流出为负，列节点的电流方程。

对节点 a 有：$I_1 + I_2 = I_3$ 或 $I_1 + I_2 - I_3 = 0$

对节点 b 有：$-I_1 - I_2 + I_3 = 0$ 或 $I_1 + I_2 = I_3$

基尔霍夫电流定律不仅适用于节点，也适用于任意假想的封闭面，即通过任一封闭面的电流的代数和也恒等于零。这种假想的封闭面有时也称电路的广义节点。

以图 1-22 为例，当考虑虚线所围成的闭合面时，应有 $I_A + I_B + I_C = 0$

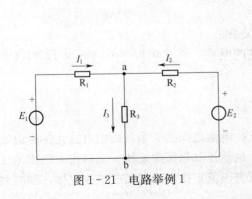

图 1-21 电路举例 1

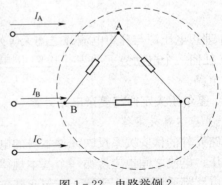

图 1-22 电路举例 2

(2) 基尔霍夫电压定律（KVL）。基尔霍夫电压定律又称基尔霍夫第二定律，简写为KVL，它是描述同一回路中各支路电压之间关系的定律。由于电位的单值性，从电路中任一点出发，沿任一闭合路径绕行一周，其间所有电位升高之和等于电位降低之和，即电位的变化等于零。

若规定电位降低的电压取"＋"号，电位升高的电压取"－"号，则基尔霍夫电压定律就可表述为：对于任何集总参数电路，在任一瞬间，沿某一回路的全部支路电压的代数和恒等于零，其数学表达式为

$$\sum u = 0 \tag{1-40}$$

以图 1-23 为例，用环绕箭头表示所选择的回路的绕行方向。由式（1-40）列回路的电压方程。

回路 1： $I_1R_1 + I_3R_3 - E_1 = 0$

回路 2： $I_2R_2 + I_3R_3 - E_2 = 0$

基尔霍夫电压定律不仅适用于闭合回路，也适用于任意开口电路，只要电位变化是首尾相接，各段电压构成闭合回路即可。即沿任一假想回路的各段电压的代数和也恒等于零。

以图 1-24 为例，对回路 1 列电压的回路方程。则有

$$I_2R_2 - E_2 + U_{BE} = 0$$

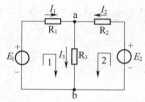

图 1-23 基尔霍夫电压定律举例电路

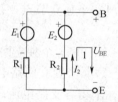

图 1-24 开口电路

(3) 说明。根据 KCL 列写的节点电流方程，仅与该节点所连接的支路电流及其参考方向有关，而与支路中元件的性质无关；根据 KVL 列写的回路电压方程，仅与绕行方向、回路所包含的电压及其参考方向有关，而与回路中元件的性质无关；KCL 和 KVL 适用于任何集总参数电路。

（二）支路电流法

1. 支路电流法概念

支路电流法就是以支路电流为未知量，根据基尔霍夫电流定律和基尔霍夫电压定律，列出与支路电流数相同的独立方程，联立方程，解出支路电流的方法。下面以图 1-25 所示电路为例，加以说明。

电路中，电压源和电阻已知，需求出各支路电流。首先根据电路结构确定该电路的支路数 $b=3$（由此可判断需列写 3 个独立的方程），节点数 $n=2$，回路数 $l=3$；其次设定支路电流参考方向并根据 KCL 定理列写节点电流方程。

图 1-25 电路举例

节点 a： $I_1 + I_2 - I_3 = 0$

节点 b： $-I_1 - I_2 + I_3 = 0$

此两节点电流方程只差一个负号,故只有一个方程是独立的,也称为有一个独立节点;然后设定回路的绕行方向如图 1-25 所示并根据 KVL 定律列写回路电压方程。

回路 1： $I_1R_1+I_3R_3-E_1=0$
回路 2： $-I_2R_2-I_3R_3+E_2=0$
回路 3： $I_1R_1-I_2R_2-E_1+E_2=0$

在上面三个回路电压方程中,任何一个方程都可以由另外两个导出,即任何一个方程中的所有因式都在另外两个方程中出现,而另外两个方程中又各自具有对方所没有的因式,故有两个独立方程,也称为有两个独立回路（即两个网孔）;从节点电流方程中任选一个,从回路电压方程中任选两个,得到三个独立方程,即

节点 a： $I_1+I_2-I_3=0$
回路 1： $I_1R_1+I_3R_3-E_1=0$
回路 2： $-I_2R_2-I_3R_3+E_2=0$

独立方程数恰好等于方程中未知支路电流数,联立三个独立方程,可求得支路电流 I_1、I_2、I_3。

2. 支路电流法求解复杂电路的步骤

(1) 分析电路,准确判断电路的支路数、独立节点数和独立回路（网孔）数。
(2) 标定各支路电流的参考方向。
(3) 选定 $(n-1)$ 个独立节点,并根据基尔霍夫电流定律列出 $(n-1)$ 个独立节点电流方程式。
(4) 选定 $[b-(n-1)]$ 个独立回路（或网孔）,设定回路绕行方向,根据基尔霍夫电压定律列出 $[b-(n-1)]$ 个独立回路电压方程式。
(5) 联立方程,求得各支路电流。

【例 1-3】 如图 1-26 所示,试用支路电流法求各支路电流。已知 $U_{S1}=10$ V, $U_{S2}=5$ V, $R_1=R_3=1$ Ω, $R_2=R_4=2$ Ω。

解：首先根据电路结构确定电路有 6 条支路,即 6 个电流变量,需列 6 个方程。节点 4 个,独立节点 3 个,独立回路 3 个。然后设定各支路电流的参考方向如图 1-26 所示,任选 3 个节点并根据基尔霍夫电流定律列写独立节点电流方程。

节点 a： $I_1+I_4-I_5=0$
节点 b： $-I_1+I_2-I_6=0$
节点 c： $I_3-I_4+I_6=0$

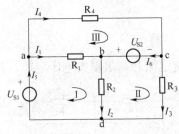

图 1-26 例 1-3 电路

选定 3 个独立回路（一般选择网孔）,并设定回路的绕行方向如图 1-26 所示,根据基尔霍夫电压定律列出 3 个独立回路电压方程。

回路 Ⅰ： $I_1R_1+I_2R_2-U_{S1}=0$
回路 Ⅱ： $-I_2R_2+I_3R_3+U_{S2}=0$
回路 Ⅲ： $-I_1R_1+I_4R_4-U_{S2}=0$

联立方程,解得各支路电流

$I_1=2.5$ A； $I_2=3.75$ A； $I_3=2.5$ A；
$I_4=3.75$ A； $I_5=6.25$ A； $I_6=1.25$ A

由此题可以看出，当电路的支路数目较多时，利用支路电流法列出的联立方程数目也较多，使得求解过程比较麻烦。因此支路电流法适合于支路数较少的复杂电路的分析计算。

【例 1-4】 电路如图 1-27 所示，已知 $U_S=5$ V，$I_S=2$ A，$R_1=5$ Ω，$R_2=10$ Ω，试用支路电流法求各支路电流及各元件功率。

解： 根据电路结构可知，该电路有三条支路，一个独立节点，两个网孔。3 个电流变量 I_1、I_2 和 I_3，需列 3 个方程。选择 a 点为独立节点，并根据基尔霍夫电流定律列出独立节点电流方程。

节点 a： $-I_1+I_2-I_3=0$

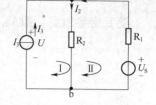

图 1-27 例 1-4 电路

选定两个独立回路，设定回路绕行方向如图 1-27 所示，根据基尔霍夫电压定律列出 2 个独立回路电压方程。

回路 Ⅰ： $I_2R_2-U=0$

回路 Ⅱ： $-I_1R_1-I_2R_2+U_S=0$

因电流源电流已知，电压 U 未知，再补充一个方程

$$I_3=I_S$$

联立方程，解得各支路电流

$I_1=-1$ A （$I_1<0$ 说明其实际方向与图示方向相反）

$I_2=1$ A

$I_3=2$ A

解得各元件的功率

电阻 R_1 的功率：$P_1=R_1I_1^2=5×(-1)^2=5$ (W)

电阻 R_2 的功率：$P_1=R_2I_2^2=10×1^2=10$ (W)

电压源产生的功率：$P_3=U_SI=5×(-1)=-5$ (W)

电流源产生的功率：$P_4=UI_S=10×2=20$ (W)

由以上的计算可知，电源产生的功率与负载吸收的功率相等，$P=P_R=15$ W，可见电路功率平衡。

三、电路中各点电位的计算

1. 电位的概念

电位就是电路中某点至参考点的电压，记为"V_X"。电位参考点可以任意选取，工程上常选取大地、设备外壳或接地点作为参考点，并将参考点的电位规定为零。某点电位为正，说明该点电位比参考点高；某点电位为负，说明该点电位比参考点低。

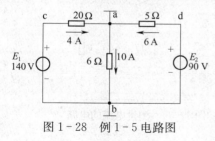

图 1-28 例 1-5 电路图

2. 电位的计算步骤

（1）任选电路中某一点为参考点，设其电位为零。

（2）标出各电流参考方向并计算。

（3）计算各点至参考点间的电压即为各点的电位。

【例 1-5】 求图 1-28 所示电路中各点的电位：V_a、V_b、V_c、V_d。

解： 设 a 为参考点，即 $V_a=0$ V，则

$$V_b=U_{ba}=-10×6=-60 \text{ (V)}$$

$V_c = U_{ca} = 4 \times 20 = 80$ (V)
$V_d = U_{da} = 6 \times 5 = 30$ (V)
$U_{ba} = -10 \times 6 = -60$ (V)
$U_{cb} = E_1 = 140$ V
$U_{db} = E_2 = 90$ V

设 b 为参考点，即 $V_b = 0$ V，则

$V_a = U_{ab} = 10 \times 6 = 60$ (V)
$V_c = U_{cb} = E_1 = 140$ V
$V_d = U_{db} = E_2 = 90$ V
$U_{ab} = 10 \times 6 = 60$ (V)
$U_{cb} = E_1 = 140$ V
$U_{db} = E_2 = 90$ V

结论：
(1) 电位值是相对的，参考点选取的不同，电路中各点的电位也将随之改变；
(2) 电路中两点间的电压值是固定的，不会因参考点的不同而变，即与零电位参考点的选取无关。

知识点 1.3 直流电路物理量的测量

掌握测量电路中电流、电压和电阻所用仪器和使用方法及万用表的使用方法。

一、电流和电压的测量

在电流与电压的测量中，能否正确选择和使用电流表和电压表，不仅直接影响测量结果的准确性，而且还关系到操作者的安全及仪表的使用寿命。所以通过本知识点的学习，学生要学会正确地选择仪表。

（一）电流的测量

测量电流使用电流表，也称安培表。外形结构如图 1-29 所示。

用电流表测量电路中电流时，应先调整电流表的调零旋钮，使指针指在 0 刻度处。当被测电流通过电流表时，即表示将电流表串联在电路中了。使电流从正接线柱流入电流表，从负接线柱流出。如图 1-30 所示，画出了电流表的接法和图形符号。

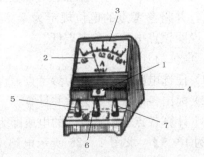

图 1-29 电流表外形
1—调零旋钮；2—指针；3—刻度盘；4—外壳；
5—"—"接线柱；6—"0.6"接线柱；7—"3"接线柱

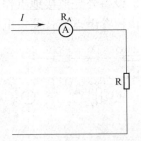

图 1-30 测量电流的电路

每个电流表都有一定的测量范围,如 0~3 A,0~10 A 等,称电流表的量程。测量电路中电流时,应将导线接在接线柱上,先选择大量程(以图 1-29 型号电流表为例,即连接 "−" 与 "3" 两个接线柱),试触。如果指针偏转角度太小(不足 5 小格)则换用小的量程(连接 "−" 与 "0.6" 两个接线柱);如果指针偏转太严重(超过 3 个大格),则立即断开电路,换用更大量程的电流表。一般电流表由于制造上的原因,指针指示在满量程的 2/3 左右时,读数的准确度最好。

理想情况下电流表的电阻为零,这样当电路中接入电流表时,对电路原有的工作情况不产生任何影响。实际制作时显然做不到,只能使其内阻尽量小些。由于电流表内阻极小,千万不可将电流表直接接在电源的两极上,或与用电器并联,这样不仅会造成电源短路,电流表还将因超过自身量程而被烧坏。

(二)电压的测量

测量电压使用电压表,也称伏特表。

电压表的表盘上标有字母 "V",表示用此电压表所测电压的单位是 "伏特"。三个接线柱:"−" 表示是共用的 "−" 接线柱,"3" 或 "15" 是 "+" 接线柱。当使用 "−" 和 "3" 接线柱时,表示量程是 0~3 V,当使用 "−" 和 "15" 接线柱时,表示量程是 0~15 V。

在测量时应将被测电压加在电压表两端。图 1-31 所示画出了电压表的接法及图形符号。

使用电压表前必须记住调零这一步。将电压表与被测部分电路并联,接线时,使电流从 "+" 接线柱流入,从 "−" 接线柱流出;或者 "+" 接线柱接电压高端,"−" 接线柱接电压低端。

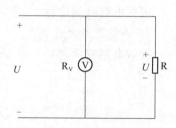

图 1-31 测量电压的电路

估测被测电压的数值,选择适当量程,选择量程的原则是不超量程使用;使指针转过满偏的 2/3 为宜。如果待测电压不易估算,应先选用较大量程,试测后,如电压值较某一量程小,则选用较小量程,以提高测量精度。

不要将接线柱接反,否则会损坏、损伤表头。也不要将电压表串接在电路中,虽不致烧坏表头,但测出的电压值不是用电器两端的电压。

二、电阻的测量

(一)欧姆表测电阻

1. 欧姆表的结构、原理

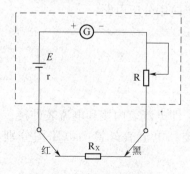

图 1-32 欧姆表的结构

欧姆表的结构如图 1-32 所示,由三个部件组成:G 是内阻为 R_g、满偏电流为 I_g 的电流计。R 是可变电阻,也称调零电阻,电池的电动势为 E,内阻为 r。

欧姆挡测电阻的原理是根据闭合电路欧姆定律制成的。当红、黑表笔接上待测电阻 R_x 时,由闭合电路欧姆定律可知

$$I=\frac{E}{R+R_g+r+R_x}=\frac{E}{R_{内}+R_x} \qquad (1-41)$$

由电流的表达式可知:通过电流计的电流虽然不与待

测电阻成正比，但存在一一对应的关系，即测出相应的电流，就可算出相应的电阻，这就是欧姆表测电阻的基本原理。

2．使用注意事项

（1）欧姆表的指针偏转角度越大，待测电阻阻值越小，所以它的刻度与电流表、电压表刻度正好相反，即左大右小；电流表、电压表刻度是均匀的，而欧姆表的刻度是不均匀的，左密右稀，这是因为电流和电阻之间既不是正比也不是反比的关系。

（2）欧姆表上的红黑接线柱，表示"＋""－"两极。黑表笔接电池的正极，红表笔接电池的负极，电流总是从红笔流入，黑笔流出。

（3）测量电阻时，每一次换挡都应该进行调零。

（4）测量时，应使指针尽可能在满刻度的中央附近（一般在中值刻度的1/3区域）。

（5）测量时，被测电阻应和电源、其他元件断开。

（6）测量时，不能用双手同时接触表笔，因为人体是一个电阻。使用完毕，将选择开关拨离欧姆挡，一般旋至交流电压的最高挡或OFF挡。

（二）伏安法测电阻

1．原理

根据电路欧姆定律。

2．控制电路的选择

控制电路有两种：一种是限流电路，如图1-33所示；另一种是分压电路，如图1-34所示。

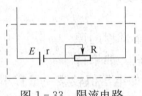
图1-33 限流电路

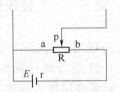
图1-34 分压电路

（1）限流电路是将电源和可变电阻串联，通过改变电阻的阻值，以达到改变电路的电流，但电流的改变是有一定范围的。其优点是节省能量；一般在两种控制电路都可以选择的时候，优先考虑限流电路。

（2）分压电路是将电源和可变电阻的总值串联起来，再从可变电阻的两个接线柱引出导线。参见图1-34，其输出电压由ap之间的电阻决定，这样其输出电压的范围可以从零开始变化到接近于电源的电动势。在下列三种情况下，一定要使用分压电路：

① 要求测量数值从零开始变化或在坐标图中画出图线；

② 滑动变阻器的总值比待测电阻的阻值小得多；

③ 电流表和电压表的量程比电路中的电压和电流小。

3．测量电路

由于伏特表、安培表存在电阻，所以测量电路有两种，即电流表内接和电流表外接。

（1）电流表内接和电流表外接的电路图。电流表内接和电流表外接的电路图分别如图1-35与图1-36所示。

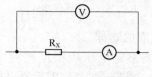
图1-35 电流表内接

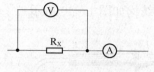
图1-36 电流表外接

(2)电流表内、外接法的选择。

① 已知R_V、R_A及待测电阻R_X的大致阻值时，若$\dfrac{R_X}{R_A}>\dfrac{R_V}{R_A}$，选用内接法，若$\dfrac{R_X}{R_A}<\dfrac{R_V}{R_A}$，选用外接法。

② 不知R_V、R_A及待测电阻R_X，采用尝试法，如图1-37所示，当电压表的一端分别接在a、b两点时，如电流表示数有明显变化，用内接法；电压表示数有明显变化，用外接法。

(3)误差分析。内接时误差是由于电流表分压引起的，其测量值偏大，即$R_{测}>R_{真}$；外接时误差是由于电压表分流引起的，其测量值偏小，即$R_{测}<R_{真}$。

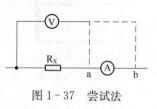
图1-37 尝试法

(三)桥式电路测电阻

1.原理

如图1-38所示的电路称为桥式电路，一般情况下，电流计中有电流通过，但满足一定的条件时，电流计中会没有电流通过，此时，称为电桥平衡。

处于电桥平衡时，图中A、B两点电势相等，因此电路结构可以看成R_1、R_2和R_3、R_4分别串联，然后并联；或者R_1、R_3和R_2、R_4分别并联，然后再串联。

2.电桥平衡的条件

$$R_1 \cdot R_4 = R_2 \cdot R_3 \text{（自己推导）}$$

3.测量方法

如图1-39所示，连接电路，取R_1、R_2为定值电阻，R_3为可变电阻箱（能够直接读出数值），R_X为待测电阻。调节R_3，使电流计中的读数为零，应用平衡条件，求出R_X。

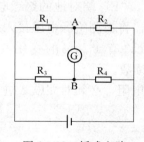
图1-38 桥式电路

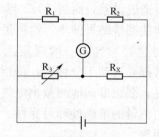
图1-39 测量电路

(四)兆欧表测绝缘电阻

兆欧表也叫绝缘电阻表。它是测量绝缘电阻最常用的仪表。它在测量绝缘电阻时本身就有高电压电源，这就是它与测电阻仪表的不同之处。兆欧表用于测量绝缘电阻既方便又可靠。

1. 兆欧表的结构

兆欧表的结构如图1-40所示。

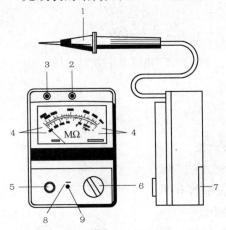

图1-40 兆欧表的结构
1—测试探针（L输出）；2—屏蔽端子（G）；3—地端（E）；4—指示发光二极管；5—电源按钮；6—功能开关；7—电池盖板；8—插孔（省略）；9—电池电压检测按钮

2. 兆欧表的选择

兆欧表的额定电压应根据被测电气设备的额定电压来选择。测量500 V以下的设备，选用500 V或1 000 V的兆欧表；额定电压在500 V以上的设备，应选用1 000 V或2 500 V的兆欧表；对于绝缘子、母线等要选用2 500 V或3 000 V兆欧表。

3. 兆欧表的使用

兆欧表的接线柱共有三个：一个为"L"即线端，一个为"E"即地端，再一个为"G"即屏蔽端（也叫保护环），一般被测绝缘电阻都接在"L" "E"端之间，但当被测绝缘体表面漏电严重时，必须将被测物的屏蔽环或不需测量的部分与"G"端相连接。这样漏电流就经由屏蔽端"G"直接流回发电机的负端形成回路，而不再流过兆欧表的测量机构（动圈）。这样就从根本上消除了表面漏电流的影响，特别应该注意的是测量电缆线芯和外表之间的绝缘电阻时，一定要接好屏蔽端钮"G"，因为当空气湿度大或电缆绝缘表面又不干净时，其表面的漏电流将很大，为防止被测物因漏电而对其内部绝缘测量所造成的影响，一般在电缆外表加一个金属屏蔽环，与兆欧表的"G"端相连。

当用兆欧表摇测电气设备的绝缘电阻时，一定要注意"L"和"E"端不能接反，正确的接法是："L"线端钮接被测设备导体，"E"地端钮接地的设备外壳，"G"屏蔽端接被测设备的绝缘部分。如果将"L"和"E"端接反了，流过绝缘体内及表面的漏电流经外壳汇集到地，由地经"L"端流进测量线圈，使"G"端失去屏蔽作用而给测量带来很大误差。另外，因为"E"端内部引线同外壳的绝缘程度比"L"端与外壳的绝缘程度要低，当兆欧表放在地上使用时，采用正确接线方式时，"E"端对仪表外壳和外壳对地的绝缘电阻相当于短路，不会造成误差，而当"L"与"E"端接反时，"E"端对地的绝缘电阻同被测绝缘电阻并联，而使测量结果偏小，给测量带来较大误差。将被测绝缘电阻接入后，摇动手柄，摇动手柄的转速要均匀，一般规定为120 r/min，允许有±20%的变化，最多不应超过±25%。通常都要摇动1分钟后，待指针稳定下来再读数。

由此可见，要想准确地测量出电气设备等的绝缘电阻，必须对兆欧表进行正确的使用，否则，将失去测量的准确性和可靠性。

三、万用表

（一）万用表

万用表是一种多功能的小型测量仪表，它可以测量交、直流电压，交、直流电流及电阻等，还可以测量晶体三极管的电流放大倍数、检查晶体二极管及其他电子元器件的好坏，有的万用表还可以测电感和电容值，在调试设备时也常要使用。所以万用表也是一种用途广泛、携带方便、操作简单的仪表。

现在市场上已有多种型号的万用表产品，根据其测量原理和测量结果显示方式的不同，可分为模拟式和数字式两大类。近年来，随着数字集成电路技术的发展，数字式万用表被广泛使用。它具有精度高、输入阻抗高、显示直观、过载能力强，在测直流量时能自动显示极性的正负等优点。

现以 MF - 30 型模拟式万用表和 UT70C 数字式万用表为例做介绍。

1. MF - 30 型万用表

（1）结构。模拟式万用表的基本结构都是由一个磁电式测量机构（俗称表头）、测量电路和转换开关等组成。面板上还配有机械零位调整螺丝、零欧姆调节电位器和测量插孔等。图 1 - 41 所示是 MF - 30 型万用表的面板图。

（2）使用方法。

① 直流电流的测量。MF - 30 型万用表是由一个 50 μA 的表头（测量机构）和分流支路构成。通过分流支路可以扩大电流量程，从而构成多量程电流表。

测量时，先将转换开关旋在合适的电流量程挡位上，再把面板上的两个正、负测量插孔通过测试棒串接在被测电路中，待测电流经电表使指针偏转，读数时用第二条标尺。量程开关所指示的挡位值，即为指针满偏转时的数值，如指针指在其他位置，则按比例折算。

② 直流电压的测量。MF - 30 型万用表 50 μA 表头本身就是一只量程为 75 mV（50 μA×1.5 kΩ）的电压表，通过串联不同的倍压电阻就可扩大电压量程。

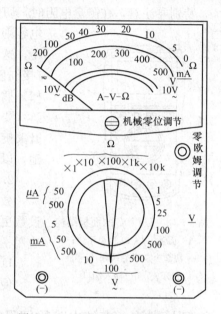

图 1 - 41 MF - 30 型万用表面板图

测量时，先将转换开关旋在合适的电压量程挡位上，然后将测试棒通过测量插孔并联在被测电路上进行电压的测量。

③ 交流电压的测量。万用表的测量机构是磁电式仪表，只能测量直流电，当测量正弦交流电压时，通过整流电路，标度尺上标出的是正弦交流电的有效值。因此，万用表的交流电压挡只能测正弦交流电压，且仅适用于 45～1 000 Hz 的频率范围。测量方法与测直流、电压相同。

④ 电阻的测量。用万用表测量电阻时，表内配有电源（干电池）、附加电阻和 50 μA 表头等组成一个可测电阻的电路，其等效测量电路如图 1 - 42 所示。当外接被测电阻 R_X 为零时（两根测试棒短接），表头内通过的电流最大（50 μA），指针满偏转，而"Ω"标尺刻度为"0"值；当外接电阻为无穷大时（两根测试棒断开），表头内无电流通过，指针不动，"Ω"标尺刻度为"∞"。

为了满足可测各种大小的电阻阻值，MF - 30 型万用表设有 R×1～R×10 k 五个测量"Ω"挡位，它们同用一个"Ω"标尺，读数时，应乘以"Ω"挡位的倍率。

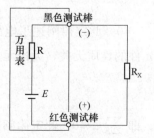

图 1 - 42 电阻量程挡的等效电路

万用表所用干电池的电动势会有变化，将影响满偏电流值。

设计时对于 1.5 V 的干电池其幅度允许在 1.35～1.65 V 范围内变化，也就是说，在被测电阻为零时，指针偏转位置应该可调整到"Ω"零位。为此，在测量电路中串入一个调零电位器，测量之前，先将两根测试棒短接，转动该电位器，使其指针指在"Ω"零位上，然后再进行电阻的测量。MF-30 型万用表在 Ω×1 挡短接时，最大电流约为 60 mA，所以在这一挡短接调零时速度要快，以延长干电池的使用期限。表内附设有 15 V 叠层电池电路，专供大电阻 $R \times 10$ k 挡使用。

特别要注意，在测量电阻时，切勿带电测量，必须先切断电路中的电源，如果电路中有电容则应先放电。亦不能将"Ω"表当成电压表和电流表使用，这样都会损坏电表。此外，当在欧姆挡时，其"＋"端（接红色测试棒）插孔为电源负极，而"－"端（接黑色测试棒）插孔内接电池的正极。

要养成良好的使用习惯，即当使用完电表后，应将转换开关旋在交流 500 V 挡位上。万用表长期不用，应取出干电池，以防止电液溢出腐蚀和损坏其他零件。

2. UT70C 数字式万用表

数字式万用表应用数字技术，在显示屏上直接显示数值，读数更加准确、直接，并且功耗低，保护功能齐全，被广泛应用。

UT70C 数字式万用表面板结构如图 1-43 所示。

使用方法与模拟万用表基本相同，就不再一一介绍。

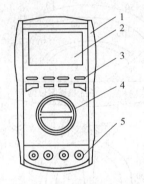

图 1-43　UT70C 的面板结构
1—面盖；2—LCD 显示窗；
3—按键功能开关；4—量程旋钮开关；5—输入端口

项目实施　直流电路物理量的测量

练习　基尔霍夫定律及电位、电压关系的验证

一、实验目的

（1）验证基尔霍夫电流定律和电压定律，巩固所学的理论知识。

（2）学习电位的测量方法，加深对电位、电压概念的理解。

二、实验原理

基尔霍夫定律是电路的基本定律。它包括基尔霍夫电流定律（KCL）和基尔霍夫电压定律（KVL）。

1. 基尔霍夫电流定律

对电路中的任一节点，各支路电流的代数和等于零，即 $\sum i = 0$。此定律阐述了电路任一节点上各支路电流间的约束关系，且这种约束关系与各支路元件的性质无关，无论元件是线性的或非线性的、含源的或无源的、时变的或非时变的。

2. 基尔霍夫电压定律

对任何一个闭合电路，沿闭合回路的电压降的代数和为零，即 $\sum u = 0$。此定律阐述了任一闭合电路中各电压间的约束关系，这种关系仅与电路结构有关，而与构成电路的元件性质无关，无论元件是线性的或非线性的、含源的或无源的、时变的或非时变的。

3. 参考方向

KCL、KVL 表达式中的电流和电压都是代数量，除具有大小外，还有方向，其方向以量值的正负表示。通常，在电路中要先假定某方向为电流和电压的参考方向。当它们的实际方向与参考方向相同时，取值为正；相反时，取值为负。

4. 电位参考点

测量电位首先要选择电位参考点，电路中某点的电位就是该点与参考点之间的电压。电位参考点的选择是任意的，且电路中各点的电位值随所选电位参考点的不同而变，但任意两点间的电位差即电压不因参考点的改变而变化。所以，电位具有相对性，而电压具有绝对性。

三、实验仪器和设备

(1) 双路直流稳压电源×1台；
(2) 直流毫安表×1块；
(3) 直流电压表×1块；
(4) 直流电路单元板×1块；
(5) 导线若干。

四、实验内容及步骤

1. 验证基尔霍夫电流定律（KCL）

本实验通过直流电路单元板进行。按图 1-44 所示接好线路。在接入电源 U_{S1}、U_{S2} 之前，应将直流稳压电源输出"细调"旋钮调至最小位置，然后打开电源开关，调整输出"细调"旋钮，使直流稳压电源两路输出分别为 $U_{S1}=10$ V，$U_{S2}=18$ V，然后将 U_{S1} 和 U_{S2} 接到电路上。

图中 X_1—X_2、X_3—X_4、X_5—X_6 分别为节点 B 的三条支路电流测量接口。测量某支路电流时，将电流表的两支表笔插入该支路接口上，并将另两个接口用导线短接。实验前先设定三条支路电流的参考方向，可假定流入节点的电流为正（反之亦可），并将表笔负极接在靠近节点的接口上，表笔正极接在远离节点的接口上。若测量时指针正向偏转，则为正值；若反向偏转，则调换表笔正负极，重新读数，其值取负。将测量结果填入表 1-1。

表 1-1 测量电流 单位：mA

	计算值	测量值
I_1		
I_2		
I_3		
ΣI		

注：图中 X_1—X_2、X_3—X_4、X_5—X_6 若为电流插口时，可将电流插头的两个接头与电流表接好，然后再将其插入电流插口，即可从电流表上读数。

2. 验证基尔霍夫电压定律（KVL）

实验电路同图 1-44，用导线将三个电流接口短接。取回路 ABEFA 和回路 BCDEB，用电压表依次测量两个回路中的各支路电压 U_{AB}、U_{BE}、U_{EF}、U_{FA} 和 U_{BC}、U_{CD}、U_{DE}、U_{EB}，将测量结果填入表 1-2 中。测量时，可选顺时针绕行方向为正方向，并注意电压表的指针偏转方向及取值的正负。如测量电压 U_{AB}，将"正"表笔接在 A 点，"负"表笔接在 B 点。若指针正向偏转，则取值为正；若指针反向偏转，则应调换表笔，重新读数，其值取负。

表 1-2 测量电压 单位：V

	U_{AB}	U_{BE}	U_{EF}	U_{FA}	ΣU	U_{BC}	U_{CD}	U_{DE}	U_{EB}	ΣU
计算值										
测量值										

3. 电位、电压的测量

实验电路同图 1-44，分别以电路的 D 点、F 点为参考点，测量电路中的 A、B、C、D、E、F 各点电位，将测量结果填入表 1-3 中。测电位时，应将电压表的"正"表笔接在被测点，"负"表笔接在电位参考点上。若指针正向偏转，则取值为正；若指针反向偏转，则应调换表笔，重新读数，其值取负。

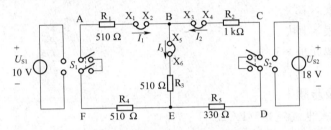

图 1-44 基尔霍夫定律及电位、电压关系的验证实验电路

表 1-3 测量电位 单位：V

参考点＼电位	U_A	U_B	U_C	U_D	U_E	U_F
D						
F						

测量上述每两点间的电压 U_{AB}、U_{BC}、U_{CD}、U_{BE}、U_{DE}、U_{EF}、U_{FA}、U_{AD}，将测量结果填入表 1-4 中。根据以 D、F 点为参考点而测量的电位值，分别计算上述电压值，将计算结果也填入表 1-4 中。

表 1-4 测量两点间的电压并计算 单位：V

参考点＼电位	U_{AB}	U_{BC}	U_{CD}	U_{BE}	U_{ED}	U_{FE}	U_{AF}	U_{AD}
测量								
D（计算）								
F（计算）								

五、实验报告要求

(1) 写明本次实验所用仪器仪表的型号、规格及量程。

(2) 利用表 1-1 和表 1-2 中的测量结果验证 KCL、KVL 定律。

(3) 根据表 1-3 和表 1-4 中的数据，总结电位和电压的关系，分析参考点对电位和电压的影响。

项目总结

电路是由电源、负载和中心环节组成的，电路的功能一是实现电能的传输、分配与转换，二是实现信号的传递与处理。

电路中主要的物理量是指电压、电流、电功率等，电路中主要的电气元件有电阻、电感、电容。

电路的基本原理是电流的连续性原理，主要定律为欧姆定律；电路的三种工作状态是指开路、短路和负载三种状态。

基尔霍夫定律包括基尔霍夫电压定律和基尔霍夫电流定律，通常对电路采取的分析方法是支路电流法。

项目练习

1. 电路的组成和功能是什么？
2. 电路组成基本元件的性质是什么？
3. 电气设备的额定值的含义是什么？
4. 额定电压相同、额定功率不等的两个白炽灯，能否串联使用？
5. 有一盏"220 V 60 W"的电灯。①试求电灯的电阻；②当接到220 V电压下工作时的电流；③如果每晚用3小时，问一个月（按30天计算）用多少度电？
6. 图1-45所示电路，求U及I。

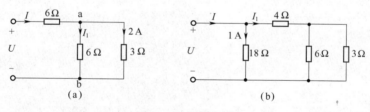

图1-45 习题6图

7. 试分别求图1-46（a）、(b) 电路中的各支路电流。
8. 试用支路电流法，求图1-47所示电路中的电流I_1、I_2、I_3、I_4和I_5。（只列方程不求解）

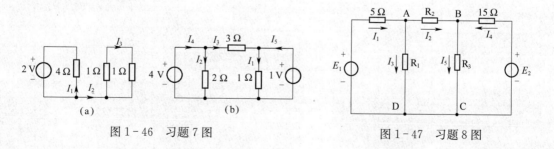

图1-46 习题7图　　　　图1-47 习题8图

9. 如图1-48所示某直流电源的开路电压为12 V，与外电阻接通后，用电压表测得 $U=10$ V，$I=5$ A，求 R 及 R_S。

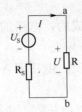

图1-48 习题10图

项目 2

日光灯电路及功率因数的提高

项目导入

日光灯电路由日光灯管、镇流器、启辉器及开关组成,当电路接通电源后,电源电压(220 V)全部加在启辉器静触片和双金属片两级间,高压产生强电场使氖气放电(红色辉光),热量使双金属片伸直与静触片连接。电流经镇流器、灯管两端灯丝及启辉器构成通路。灯丝流过电流被加热(温度可达800～1 000 ℃)后产生热电子发射,释放大量电子,致使管内氩气电离,水银蒸发为水银蒸气,为灯管导通创造了条件。

由于启辉器玻璃泡内两电极的接触,电场消失,使氖气停止放电。从而玻璃泡内温度下降,双金属片因冷却而恢复原来状态,致使启辉电路断开。此时,由于整流器中的电流突变,在整流器两端产生一个很高的自感电动势,这个自感电动势和电源电压串联叠加后,加在灯管两端形成一个很强的电场,使管内水银蒸气产生弧光放电,工作电路在弧光放电时产生的紫外线激发了灯管壁上的荧光粉使灯管发光,由于发出的光近似日光故称为日光灯。在日光灯进入正常工作状态后,由于整流器的作用加在启辉器两极间的电压远小于电源电压,启辉器不再产生辉光放电,即处于冷态常开状态,而日光灯处于正常工作状态。

项目分析

【知识结构】

交流电的基本概念;正弦交流电路特性的物理量;正弦量的相量表示法;单一参数正弦交流电路中电压与电流的关系及有功功率;瞬时功率和无功功率的概念及计算;RLC 串联交流电路中电压与电流的关系及有功功率和功率因数的计算;正弦交流电路串;并联谐振的条件及特征;功率因数的意义和方法。

【学习目标】

- ◆ 理解正弦量的特征及其各种表示方法;
- ◆ 熟练掌握计算正弦交流电路的相量分析法,会画相量图;
- ◆ 掌握单一参数及多参数组合的正弦交流电路中电压与电流的关系及功率的计算;
- ◆ 了解正弦交流电路串、并联谐振的条件及特征;
- ◆ 掌握提高功率因数的意义和方法。

【能力目标】

- ◆ 能够理解和分析交流电路中的物理现象,建立交流概念;
- ◆ 能够应用正弦量的相量表示法解决单一参数及多参数组合的正弦交流电路中的问题。

【素质目标】
◆锻炼学生自主学习、独立思考的能力；
◆培养严谨务实的工作作风。

相关知识

知识点 2.1　正弦交流电的基础知识

了解交流电的概念；了解正弦量的概念及正弦量的三要素；掌握两个正弦量相位间的关系及正弦量有效值；了解复数的表示形式；掌握复数的运算；主要掌握复数的相量表示方法，会写正弦量的相量形式及会画相量图。

一、交流电的基本概念

大小随时间按一定规律做周期性变化且在一个周期内平均值为零的电压、电流和电动势称为交流电（见图 2-1）。如图 2-1（a）所示随时间按正弦规律变化的电压、电流通称为正弦电量，或称为正弦交流电。

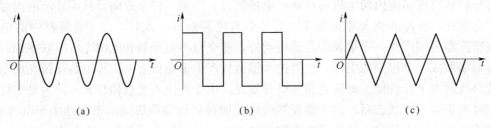

图 2-1　常见的交流电波形

本项目主要讨论正弦交流电。正弦交流电容易产生、便于传输、易于变换、便于运算，有利于电气设备的运行。随时间按正弦函数规律变化的电动势、电压、电流等，都称为正弦量。

二、描述正弦交流电特征的物理量

常用以下物理量描述正弦交流电的特征。

（一）正弦量的三要素

1. 振幅值和瞬时值

正弦量是一个等幅振荡、正负交替变化的周期函数，振幅值是正弦量在整个振荡过程中达到的最大值，又称峰值。通常用大写字母加下标 m 来表示。如图 2-2 中 I_m，表示电流的振幅值或最大值。振幅值表示正弦量瞬时值变化的范围或幅度。瞬时值指交流电在某一瞬时的值，用小写字母表示如 i、e、u，分别表示电流、电动势、电压的瞬时值。

2. 周期和频率

正弦量变化一周所需的时间称为周期。通常用 T 表示，如图 2-2 所示。单位为秒（s）。实用单位中还有毫秒（ms）、微秒（μs）、纳秒（ns）。

正弦量 1 秒内重复变化的次数称为频率，用 f 表示，其单位为赫兹（Hz）。周期和频率两者的关系为

项目2 日光灯电路及功率因数的提高

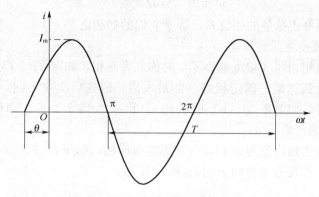

图2-2 正弦交流电的波形

$$f=\frac{1}{T} \tag{2-1}$$

周期和频率表示正弦量变化的快慢程度。周期越短,频率越高,变化越快。

正弦量变化的快慢程度除用周期和频率表示外,还可用角频率 ω 表示,单位为 rad/s。因为一个周期经历了 2π 弧度,所以 ω、T、f 之间的关系为

$$\omega=\frac{2\pi}{T}=2\pi f \tag{2-2}$$

3. 相位和初相

正弦电量在任意瞬间的变化状态是由该瞬间的电角度 $(\omega t+\theta)$ 决定的。把正弦电量在任意瞬间的电角度 $(\omega t+\theta)$ 称为相位角,简称相位。相位反映了正弦量的每一瞬间的状态或随时间变化的进程。相位的单位一般为弧度(rad)。

θ 是正弦量在 $t=0$ 时刻的相位,称其为正弦量的初相位(角),简称初相。初相反映了正弦量在计时起点处的状态(初始状态),由它确定正弦量的初始值。正弦量的初相与计时起点(即波形图上的坐标原点)的选择有关,且在 $t=0$ 时,函数值的正负与对应 θ 的正负号相同。

4. 正弦量的三要素

当正弦量的振幅、角频率、初相确定时,这个正弦量就唯一地确定了。参见图2-2电流 i 随时间变化的波形。由振幅、角频率、初相可以确定电流 i 随时间变化的瞬时表达式为 $i=I_m\sin(\omega t+\theta)$。故将振幅、角频率 ω(或 f、T)、初相 θ 称为正弦量的三要素。

(二)正弦量的相位差相关知识

1. 正弦量的相位差

对于两个同频率的正弦量而言,虽然都随时间按正弦规律变化,但是它们随时间变化的进程可能不同。为了描述同频率正弦量随时间变化进程的先后,引入了相位差。这里所述的相位差就是两个同频率的正弦量的相位之差,用 φ 或 φ 带双下标表示。

设两个同频率的正弦量

$$u_1=U_{1m}\sin(\omega t+\theta_1)$$
$$u_2=U_{2m}\sin(\omega t+\theta_2)$$

二者的相位差为

$$\varphi_{12}=(\omega t+\theta_1)-(\omega t+\theta_2)=\theta_1-\theta_2 \qquad (2-3)$$

可见，两个同频率正弦量的相位差，等于它们的初相之差。

2. 正弦量的相位差的几种情况

同频率正弦量初相相同（相位差为零）时称之为同相，如图 2-3（a）所示的 u 和 i。

如果两个正弦量到达某一确定状态（如最大值）的先后次序不同，则称先到达者为超前，后到达者为滞后，如图 2-3（b）所示的 u_1 和 u_2。当 $\theta_1>\theta_2$，则称电压 u_1 超前电压 u_2，或者说电压 u_2 滞后电压 u_1。

如果两个正弦量的相位差为 π（180°），称之为反相，如图 2-3（c）所示的电流 i_1 和电流 i_2。同一正弦量，相反参考方向下的 i_{ab} 和 i_{ba} 反相。

如果两个正弦量的相位差为 $\dfrac{\pi}{2}$（90°），称之为正交，如图 2-3（d）所示的 u 和 i。

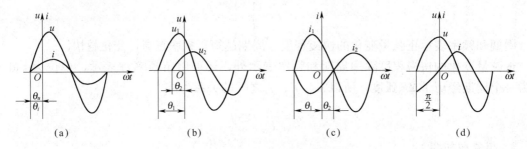

图 2-3 相位差的几种情况

3. 说明

在正弦电路的分析计算中，为了比较同一电路中同频率的各正弦量之间的相位关系，可选其中一个为参考正弦量，取其初相为零，这样其他正弦量的初相便由它们与参考正弦量之间的相位差来确定。各正弦量必须以同一时刻为计时起点才能比较相位差，故一个电路中只能有一个参考正弦量，究竟选哪一个则是任意的。不同频率的正弦量比较无意义。

（三）正弦量的有效值

正弦波是一种周期波，对周期波可以用有效值来表征它的大小。正弦电量的有效值是按电流的热效应来确定的，它根据热效应相等原理，把正弦电量换算成直流电的数值，即正弦电量的有效值是热效应与它相等的直流电量的数值。当正弦电流 i 和直流电流 I 分别流过阻值相等的电阻时，如果在正弦电流的一个周期内它们所产生的热量相等，即这一直流电流的数值就称为正弦电流的有效值。正弦电量的有效值用大写字母表示。

设有两个相同的电阻 R，分别通以周期电流 i 和直流电流 I。当周期电流 i 流过电阻 R 时，该电阻在一个周期 T 内所消耗的电能为

$$\int_0^T p\,\mathrm{d}t=\int_0^T i^2 R\,\mathrm{d}t=R\int_0^T i^2\,\mathrm{d}t$$

当直流电流 I 流过电阻 R 时，在相同的时间 T 内所消耗的电能为

$$PT=RI^2 T$$

根据正弦电量有效值的概念，如令以上两式相等，亦即

$$RI^2 T=R\int_0^T i^2\,\mathrm{d}t$$

由上式可得有效值的定义式为

$$I = \sqrt{\frac{1}{T}\int_0^T i^2 \mathrm{d}t} \tag{2-4}$$

由式（2-4）所示的有效值定义可知：周期电流的有效值等于它的瞬时值的平方在一个周期内积分的平均值再取平方根，因此，有效值又称为方均根值。

类似地，可得周期电压 U 的有效值

$$U = \sqrt{\frac{1}{T}\int_0^T u^2 \mathrm{d}t} \tag{2-5}$$

若正弦电流 $i = I_\mathrm{m}\sin(\omega t + \theta_i)$，则根据式（2-4）可得正弦电流有效值与最大值之间的关系为

$$I = \sqrt{\frac{1}{T}\int_0^T I_\mathrm{m}^2 \sin^2(\omega t + \theta)\mathrm{d}t} = \sqrt{\frac{1}{T}\int_0^T \frac{I_\mathrm{m}^2}{2}[1-\cos(2\omega t + 2\theta)]\mathrm{d}t} = \frac{1}{\sqrt{2}}I_\mathrm{m} \approx 0.707 I_\mathrm{m}$$

类似地，可得

$$U = \frac{1}{\sqrt{2}}U_\mathrm{m} \approx 0.707 U_\mathrm{m} \tag{2-6}$$

由此可见，正弦波的有效值为其振幅的 $\frac{1}{\sqrt{2}}$ 倍。有效值可代替振幅作为正弦量的一个要素。

三、正弦量的表示方法

（一）有关复数的知识

正弦量的瞬时值表达式和波形图虽然能够表示正弦量的三要素，说明正弦量随时间变化的规律，但是在正弦电路的分析计算中，经常需要将几个同频率的正弦量进行代数运算和积分、微分运算，用这两种表示方法运算十分烦琐、很不方便，因此有必要寻找出一种能够表示正弦量却又便于分析运算的表示方法。所以，用复数表示正弦电量，并由此得出正弦量的相量表示方法，从而使正弦交流电路的分析和计算得到简化。

复数及其表示形式

一个复数是由实部和虚部组成的。复数有多种表达形式，常见的有代数形式、指数形式、三角函数形式和极坐标形式。

设 A 为一复数，其实部和虚部分别为 a 和 b，则复数 A 可用代数形式表示为

$$A = a + \mathrm{j}b \tag{2-7}$$

复数也可以用由实轴与虚轴组成的复平面上的有向线段来表示。用直角坐标的横轴表示实轴，以 +1 为单位；纵轴表示虚轴，以 +j 为单位。实轴和虚轴构成复坐标平面，简称复平面。在复平面上复数 $A = a + \mathrm{j}b$ 是一个点 A，它又可用有向线段来表示，如图 2-4 中的有向线段 OA 所示。

复数 A 还可以用三角形式、极坐标形式表示。根据图 2-4，可得复数的三角形式为

$$A = r(\cos\varphi + \mathrm{j}\sin\varphi) \tag{2-8}$$

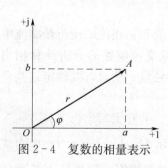

图 2-4 复数的相量表示

式中：r 为复数的模（值），φ 为复数的幅角，可以用弧度或度来表示。r 和 φ 与 a 和 b

之间的关系为

$$a = r\cos\varphi \quad r = \sqrt{a^2 + b^2}$$
$$b = r\sin\varphi \quad \tan\varphi = \frac{b}{a}$$
(2-9)

根据欧拉公式

$$e^{j\varphi} = \cos\varphi + j\sin\varphi$$

复数的三角形式可转变为指数形式,即

$$A = re^{j\varphi}$$
(2-10)

上述指数形式有时改写为极坐标形式,即

$$A = r\angle\varphi$$
(2-11)

综上分析可知,复数的4种形式通过以上公式是可以相互转化的。

(二) 正弦量的相量表示法

1. 正弦量用波形图表示

设有一正弦电压的瞬时解析式为 $u = U_m \sin(\omega t + \varphi)$,则波形图用图2-5表示。

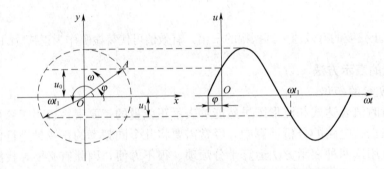

图2-5 用正弦波形和旋转有向线段来表示正弦量

2. 正弦量用旋转有向线段表示

如果有向线段 OA 长度=U_m;有向线段 OA 与横轴夹角=φ 初相位。

有向线段以速度 ω 按逆时针方向旋转,则该旋转有向线段每一瞬时在纵轴上的投影即表示相应时刻正弦量的瞬时值。

3. 正弦量的相量表示法

在正弦交流电路中,用复数表示正弦量,并把用正弦交流电路分析计算的方法称为相量法。

正弦量的相量表示法就是用复数形式来表示正弦量的有效值和初相位,使正弦交流电路的分析和计算转化为复数运算的一种方法。这种方法使得正弦交流电路的分析计算相当简便。在线性正弦交流电路中,所有电压、电流都是同频率的正弦量。所以,要确定这些正弦量,只要确定它们的有效值和初相位就可以了。

为了与一般的复数相区别,把表示正弦量的复数称为相量,并在大写字母上打"·"表示。设某正弦电流为: $i = \sqrt{2} I \sin(\omega t + \theta_i)$,其对应的相量表示为: $\dot{I} = Ie^{j\theta_i} = I\angle\theta_i$ 而式中 $\dot{I} = Ie^{j\theta_i} = I\angle\theta_i$ 是一个与时间无关的复常数,其模是正弦量的有效值,辐角是正弦量的初相,二者是正弦量三要素的两个要素。当角频率 ω 给定时,它们就完全确定了一个正弦量。由于在正弦电路中,所有电流、电压都是同频率的正弦量,频率常数是已知的,$\dot{I}$便是一个足以表示正弦电流的复数。像这样一个能表示正弦量有效值及初相的复数$\dot{I}$就叫作正弦量的相量。

相量是一个复数,它表示一个正弦量,所以在符号字母上加上一点,以与一般复数相区别。特别注意,相量只能表征或代表正弦量而并不等于正弦量。二者不能用等号表示相等的关系,这一关系可用双箭头"↔"符号来表明,如$i(t) \leftrightarrow \dot{I}$。

4. 正弦量的相量图

相量作为一个复数,也可以在复平面上用有向线段表示,如图2-6所示。相量在复平面上的图示称为相量图。

相量与$e^{j\omega t}$的乘积则是时间t的复值函数,在复平面上可用恒定角速度ω逆时针方向旋转的相量表示。这是因为这一乘积的幅角为$\omega t+\theta$,它不是常量而是随时间的增长而增长的,如果相量的模按它所表示的正弦量的振幅取值,如U_m,则该相量旋转时,在虚轴上的投影为$U_m\sin(\omega t+\theta)$,亦即为该正弦电压的瞬时值u,如图2-7所示。

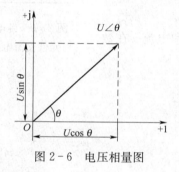

图2-6 电压相量图

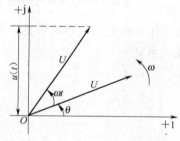

图2-7 电压旋转相量图

必须指出,只有同频率正弦量的相量才可以画在同一相量图上。在相量图上可以直观反映各正弦量的相位关系。

【**例 2-2**】 同频率的正弦电压和正弦电流分别为
$u=141\sin(\omega t+60°)$V, $i=14.14\sin(\omega t-45°)$A,试写出$u$和$i$的相量。

解:电压相量 $$\dot{U}=\frac{141}{\sqrt{2}}e^{j60°}=100e^{j60°}=100\angle 60° \text{ V}$$

电流相量 $$\dot{I}=\frac{14.14}{\sqrt{2}}e^{j-45°}=10e^{j-45°}=10\angle -45° \text{ A}$$

【**例 2-3**】 已知两个同频率正弦电流分别为
$i_1=10\sqrt{2}\sin(314t+\pi/3)$A, $i_2=22\sqrt{2}\sin(314t-5\pi/6)$A,求$i_1+i_2$,并画出相量图。

解:设$i=i_1+i_2=\sqrt{2}I\sin(\omega t+\varphi_i)$,其相量为$\dot{I}=I\angle\varphi_i$(待求),可得

$$\dot{I}=\dot{I}_1+\dot{I}_2=10\angle 60°+22\angle -150° \text{ A}$$
$$=(5+j8.66) \text{ A}+(-19.05-j11) \text{ A}$$
$$=(-14.05-j2.34) \text{ A}=14.24\angle -170.54° \text{ A}$$

所以 $i=i_1+i_2=14.24\sqrt{2}\sin(314t-170.54°)$A

相量图如图2-8所示。

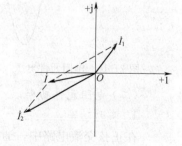

图2-8 例2-3相量图

知识点 2.2　单一参数的正弦交流电路

知道单一参数正弦交流电路中电压与电流的关系及有功功率、瞬时功率和无功功率的概念及计算。

一、纯电阻电路

（一）电压与电流间的关系

纯电阻电路是最简单的交流电路，如图 2-9 所示。在日常生活和工作中接触到的白炽灯、电炉、电烙铁等，都属于电阻性负载，它们与交流电源连接组成纯电阻电路。

设电阻两端电压为 $u(t) = U_m \sin \omega t$

则由欧姆定律可知

$$i(t) = \frac{u(t)}{R} = \frac{U_m}{R} \sin \omega t = I_m \sin \omega t$$

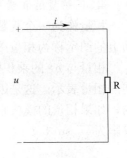

图 2-9　纯电阻元件交流电路

比较电压和电流的关系式可见：电阻两端电压 u 和电流 i 在数值上满足关系式

$$I_m = \frac{U_m}{R}$$

$$I = \frac{U}{R} \tag{2-12}$$

用相量表示电压与电流的关系为

$$\dot{I} = \frac{\dot{U}}{R} \tag{2-13}$$

相位关系是电压与电流同相。从波形图 2-10 也不难看出。
电阻元件的电流、电压相量图如图 2-11 所示。

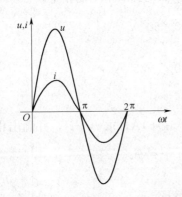

图 2-10　电阻元件电压、电流的波形图

图 2-11　电阻元件的电压与电流的相量图

（二）电阻元件功率

1. 瞬时功率

在正弦交流电路中，通过电阻元件的电流及其两端电压的大小和方向随时间在变动，电阻吸收的功率也必然是随时间变化的。把电阻在任一瞬间所吸收的功率称为瞬时功率，用小

写字母 p 表示。

设 u、i 参考方向关联，则瞬时功率等于同一瞬时电压和电流瞬时值的乘积，即

$$p = ui = U_m \sin \omega t \cdot I_m \sin \omega t$$
$$= U_m I_m \sin^2 \omega t$$
$$= UI(1 - \cos 2\omega t) \tag{2-14}$$

由于电阻元件的电压、电流同相位，它们的瞬时值总是同时为正或同时为负，所以瞬时功率 p 总为正值。这表明，电阻元件在每一瞬间都在消耗电能，所以电阻元件是耗能元件。

2. 平均功率

由于瞬时功率是随时间变化的，使用时很不方便，因而工程上所说的功率指的是瞬时功率在一个周期内的平均值，称为平均功率，用大写字母 P 表示。平均功率又称为有功功率，它的单位为瓦特（W）或千瓦（kW）。

$$P = \frac{1}{T}\int_0^T p\,\mathrm{d}t = \frac{1}{T}\int_0^T UI(1 - \cos 2\omega t)\mathrm{d}t$$
$$= UI = I^2 R = \frac{U^2}{R} \tag{2-15}$$

式中：U、I 是电压、电流的有效值。

3. 结论

在电阻元件的交流电路中，电流和电压是同相的；电压的幅值（或有效值）与电流的幅值（或有效值）的比值，就是电阻 R。

二、纯电感电路

（一）电压与电流间的关系

纯电感线圈电路如图 2-12 所示。

设电感电路中正弦电流为 $i = I_m \sin \omega t$

在电压、电流关联参考方向下，电感元件两端电压为

$$u = L\frac{\mathrm{d}i}{\mathrm{d}t} = \omega L I_m \cos \omega t = \omega L I_m \sin(\omega t + 90°) = U_m \sin(\omega t + 90°)$$

比较电压和电流的关系式可见：电感两端电压 u 和电流 i 也是同频率的正弦量，电压的相位超前电流 $90°$，电压与电流在数值上满足关系式

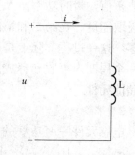

图 2-12 纯电感元件电路

$$U_m = \omega L I_m \quad \text{或} \quad \frac{U_m}{I_m} = \frac{U}{I} = \omega L \tag{2-16}$$

式（2-16）中令 $X_L = \omega L = 2\pi f L$ 称为电感电抗，简称感抗，单位是欧（Ω），它反映电感线圈对交流电流的阻碍作用。

感抗表示线圈对交流电流阻碍作用的大小。当 $f = 0$ 时，$X_L = 0$，表明线圈对直流电流相当于短路。这就是线圈本身所固有的"直流畅通，高频受阻"作用。

用相量表示电压与电流的关系为

$$\dot{U} = \mathrm{j}X_L \dot{I} = \mathrm{j}\omega L \dot{I} \tag{2-17}$$

相位关系是电压超前电流 $90°$。从波形图 2-13 也不难看出。

电感元件的电压、电流相量图如图 2-14 所示。

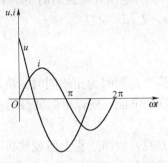

图 2-13 电感元件波形图

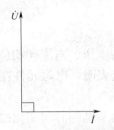

图 2-14 电感电路相量图

(二) 电感元件的功率

1. 瞬时功率

在电压、电流取关联参考方向下,电感元件吸收的瞬时功率为

$$p = ui = U_m\sin\left(\omega t + \frac{\pi}{2}\right) \cdot I_m\sin\omega t = U_m I_m \cos\omega t \cdot \sin\omega t$$

$$= \frac{U_m I_m}{2}\sin\omega t = UI\sin 2\omega t \tag{2-18}$$

从瞬时功率的数学表达式可以看出,瞬时功率也是随时间变化的正弦函数,其幅值为 UI,并以 2ω 角速度随时间变化。由图 2-15 可知,在一个周期内,瞬时功率的平均值为零,说明电感元件不消耗能量,但电感元件也存在着与电源之间的能量交换。u 和 i 同为正值或负值,瞬时功率 p 大于零,这一过程实际是电感将电能转换为磁场能存储起来,从电源吸取能量。在第二和第四个 $T/4$ 内,u 和 i 一个为正值,另一则为负值,故瞬时功率小于零,这一过程实际上是电感将磁场能转换为电能释放出来。电感不断地与电源交换能量,在一个周期内吸收和释放的能量相等,因此平均功率为零,这说明电感不消耗能量,也是一个储能元件。

2. 平均功率

电感元件瞬时功率的平均值(平均功率)为

$$p = \frac{1}{T}\int_0^T p\,dt = \frac{1}{T}\int_0^T UI\sin 2\omega t\,dt = 0 \quad (2-19)$$

3. 无功功率

为反映电感元件与电源间能量相互转换的规模,把瞬时功率的最大值定义为无功功率。

电感上无功功率的大小为

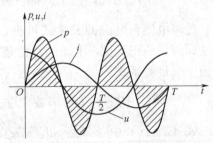

图 2-15 纯电感电路瞬时功率的波形图

$$Q = UI = X_L I^2 = \frac{U^2}{X_L} \tag{2-20}$$

无功功率与有功功率在形式上是相似的,但无功功率不是消耗电能的速率,而是交换能量的最大速率。无功功率虽具有功率的量纲,但它终究不是元件实际消耗的功率,它的单位也与功率的单位有所区别。为了区别无功功率和有功功率,将无功功率的单位命名为乏 (var),工程上还用到千乏 (kvar),1 kvar $= 10^3$ var。

4. 结论

电感元件交流电路中，u 比 i 超前 $\dfrac{\pi}{2}$；电压有效值等于电流有效值与感抗的乘积；平均功率为零，但存在着电源与电感元件之间的能量交换，所以瞬时功率不为零。为了衡量这种能量交换的规模，取瞬时功率的最大值，即电压和电流有效值的乘积，称为无功功率。

三、纯电容电路

（一）电压与电流关系

纯电容线圈电路如图 2-16 所示。

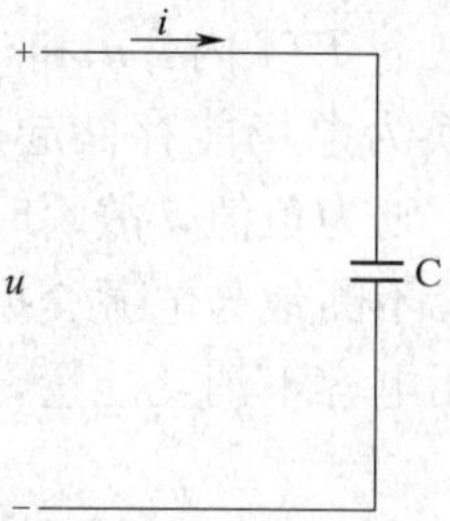

若设加在电容 C 两端的正弦电压为 $u(t)=U_\mathrm{m}\sin\omega t$

则有
$$i=C\dfrac{\mathrm{d}u}{\mathrm{d}t}=CU_\mathrm{m}\dfrac{\mathrm{d}}{\mathrm{d}t}(\sin\omega t)$$
$$=\omega CU_\mathrm{m}\cos\omega t=\omega CU_\mathrm{m}\sin(\omega t+90°)$$
$$=I_\mathrm{m}\sin(\omega t+90°)$$

比较电压和电流的关系式可见：电容两端电压 u 和电流 i 也是同频率的正弦量，电流的相位超前电压 90°，电压与电流在数值上满足关系式

图 2-16 电容电路

$$I_\mathrm{m}=\omega CU_\mathrm{m} \quad \text{或} \quad \dfrac{U_\mathrm{m}}{I_\mathrm{m}}=\dfrac{U}{I}=\dfrac{1}{\omega C} \tag{2-21}$$

式（2-21）中令 $X_\mathrm{C}=\dfrac{1}{\omega C}=\dfrac{1}{2\pi fC}$ 称为电容电抗，简称容抗，单位是欧（Ω），它反映电容元件对交流电流的阻碍作用。

电容元件对高频电流所呈现的容抗很小，相当于短路；而当频率 f 很低或 $f=0$（直流）时，电容就相当于开路。这就是电容的"隔直通交"作用。

用相量表示电压与电流的关系为

$$\dot{U}=-\mathrm{j}\dfrac{\dot{I}}{\omega C}=\dfrac{\dot{I}}{\mathrm{j}\omega C} \tag{2-22}$$

相位关系是电流超前电压 90°。从波形图 2-17 也可以看出。

电容元件的电压、电流相量图如图 2-18 所示。

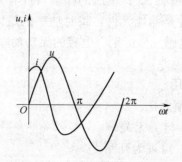

图 2-17 电容电压电流波形图

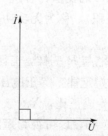

图 2-18 电容电路相量图

（二）电容元件的功率

1. 瞬时功率

$$p = ui = U_m \sin \omega t \cdot I_m \sin\left(\omega t + \frac{\pi}{2}\right)$$
$$= U_m I_m \sin \omega t \cdot \cos \omega t$$
$$= \frac{U_m I_m}{2} \sin \omega t = UI \sin 2\omega t \qquad (2-23)$$

从瞬时功率的数学表达式可以看出，瞬时功率也是随时间变化的正弦函数，其幅值为 UI，并以 2ω 角速度随时间变化。在一个周期内，瞬时功率的平均值为零，说明电容元件不消耗能量。但这并不意味着电容元件不从电源获取能量。在第一和第三个 $T/4$ 内，u 和 i 同为正值或负值，瞬时功率 p 大于零，这一过程实际是电容将电能转换为电场能存储起来，从电源吸取能量。在第二和第四个 $T/4$ 内，u 和 i 一个为正值，另一个则为负值，故瞬时功率小于零，这一过程实际上是电容将电场能转换为电能释放出来。电容不断地与电源交换能量，在一个周期内吸收和释放的能量相等，因此平均功率为零，这说明电容不消耗能量，是一个储能元件。

2. 平均功率

电容元件瞬时功率的平均值，即为平均功率

$$p = \frac{1}{T}\int_0^T p\,dt = \frac{1}{T}\int_0^T UI\sin 2\omega t\,dt = 0 \qquad (2-24)$$

电容元件的平均功率为零，但存在着与电源之间的能量交换，电源要供给它电流，而实际上电源的额定电流是有限的，所以电容元件对电源来说仍是一种负载，它要占用电源设备的容量。

3. 无功功率

与电感元件一样，采用无功功率来衡量这种能量的交换，它仍等于瞬时功率的最大值。电容上无功功率的大小为

$$Q = UI = X_C I^2 = \frac{U^2}{X_C} \qquad (2-25)$$

4. 结论

在电容元件电路中，在相位上电流比电压超前 $90°$；电压的幅值（或有效值）与电流的幅值（或有效值）的比值为容抗 X_C；电容元件是储能元件，瞬时功率的最大值（即电压和电流有效值的乘积），称为无功功率，为了与电感元件区别，电容的无功功率取负值。

5. 说明

(1) X_C、X_L 与 R 一样，有阻碍电流的作用。

(2) 适用欧姆定律，等于电压、电流有效值之比。

(3) X_L 与 f 成正比，X_C 与 f 成反比，R 与 f 无关。

对直流电 $f=0$，L 可视为短路，$X_C=\infty$，可视为开路。

对交流电 f 越高，X_L 越大，X_C 越小。

【例 2-4】 把一个 $100\,\Omega$ 的电阻元件接到频率为 $50\,\text{Hz}$、电压有效值为 $10\,\text{V}$ 的正弦电

源上,问电流是多少? 如保持电压值不变,而电源频率改变为5 000 Hz,这时电流将为多少? 若将100 Ω的电阻元件改为25 μF的电容元件,这时电流又将如何变化?

解:因为电阻与频率无关,所以电压有效值保持不变时,频率虽然改变但电流有效值不变。即

$$I = U/R = (10/100) = 0.1 = 100 \text{ (mA)}$$

当 $f = 50$ Hz 时

$$X_C = \frac{1}{2\pi f C} = \frac{1}{2 \times 3.14 \times 50 \times (25 \times 10^{-6})} = 127.4 \text{ (Ω)}$$

$$I = \frac{U}{X_C} = \frac{10}{127.4} = 0.078 \text{ (A)} = 78 \text{ (mA)}$$

当 $f = 5\ 000$ Hz 时

$$X_C = \frac{1}{2 \times 3.14 \times 5\ 000 \times (25 \times 10^{-6})} = 1.274 \text{ (Ω)}$$

$$I = \frac{10}{1.274} = 7.8 \text{ (A)}$$

可见,在电压有效值一定时,频率越高,则通过电容元件的电流有效值越大。

知识点 2.3　多参数组合的正弦交流电路

掌握 RLC 串联电路中电流与电压间的关系及功率的分析和计算;了解串、并联谐振的条件及并联谐振电路的特点;了解功率因数的意义;掌握提高功率因数的方法。

一、电阻、电感、电容的正弦交流电路

(一) RLC 串联电路的电压与电流关系

电路图如图 2-19 所示。

根据 KVL 定律可列出　$u = u_R + u_L + u_C$

若设电路中的电流为　$i = I_m \sin \omega t$

则电阻元件上的电压 u_R 与电流同相,

即　　　　$u_R = R I_m \sin \omega t = U_{Rm} \sin \omega t$

电容元件上的电压 u_C 比电流滞后 90°,即

$$u_C = \frac{I_m}{\omega C} \sin (\omega t - 90°) = U_{Cm} \sin (\omega t - 90°)$$

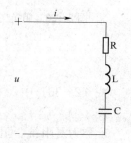

图 2-19　RLC 串联电路

电感元件上的电压 u_L 比电流超前 90°,即

$$u_L = \omega L I_m \sin (\omega t + 90°) = U_{Lm} \sin (\omega t + 90°)$$

电源电压为 $u = u_R + u_L + u_C = U_m \sin (\omega t + \varphi)$

用相量法求和,可得

$$\dot{U} = \dot{U}_R + \dot{U}_L + \dot{U}_C \tag{2-26}$$

画出相应的相量图如图 2-20 所示。

由电压相量所组成的直角三角形,称为电压三角形。如图 2-21 所示。利用这个电压三

角形，可求得电源电压的有效值，即

$$U=\sqrt{U_R^2+(U_L-U_C)^2}=\sqrt{(RI)^2+(X_L I-X_C I)^2}$$
$$=I\sqrt{R^2+(X_L-X_C)^2} \qquad (2-27)$$

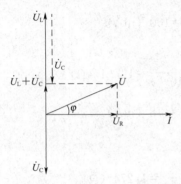

图 2-20 RLC 串联电路相量图

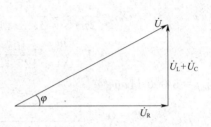

图 2-21 电压三角形

电路中电压与电流的有效值（或幅值）之比为 $\sqrt{R^2+(X_L-X_C)^2}$。它的单位也是欧姆，也具有对电流起阻碍作用的性质，称它为电路的阻抗模，用 $|Z|$ 代表，即

$$|Z|=\sqrt{R^2+(X_L-X_C)^2}=\sqrt{R^2+\left(\omega L-\frac{1}{\omega C}\right)^2} \qquad (2-28)$$

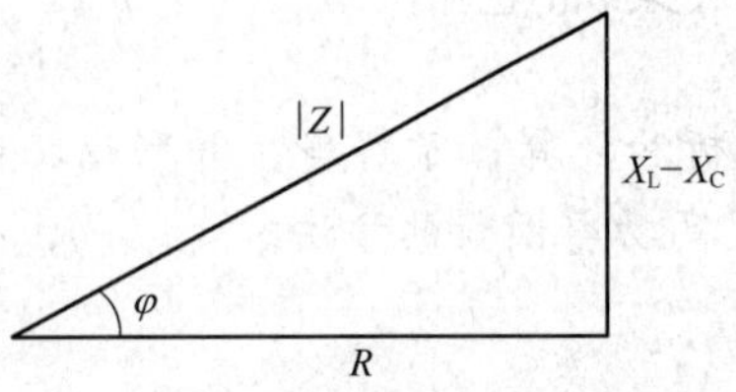

其中令 $X=X_L-X_C$ 称为电抗，单位欧姆。

$|Z|$、R 和 $|X_L-X_C|$ 三者之间的关系也可用一个直角三角形——阻抗三角形来表示，如图 2-22 所示。

电源电压 u 与电流 i 之间的相位差也可从电压三角形得出，即

$$\varphi=\arctan\frac{U_L-U_C}{U_R}=\arctan\frac{X_L-X_C}{R} \qquad (2-29)$$

图 2-22 阻抗三角形

若采用复数运算

$$\dot{U}=R\dot{I}+jX_L\dot{I}-jX_C\dot{I}=[R+j(X_L-X_C)]\dot{I}=Z\dot{I} \qquad (2-30)$$

式 (2-30) 中，

$$Z=R+j(X_L-X_C)=|Z|\angle\varphi \qquad (2-31)$$

Z 称为复阻抗。阻抗的幅角 φ 即为电压与电流之间的相位差。

电路特性：如果 $X_L>X_C$，则 $\varphi>0$，电流滞后于电压，电路称为感性电路。

如果 $X_L<X_C$，则 $\varphi<0$，电流超前于电压，电路称为容性电路。

如果 $X_L=X_C$，则 $\varphi=0$，电流与电压同相，电路称为电阻性电路。

（二）RLC 串联电路的功率

1. 瞬时功率和有功功率

设 $i=I_m\sin\omega t$，$u=U_m\sin(\omega t+\varphi)$ 则有

瞬时功率为
$$p=ui=U_m I_m\sin\omega t\cdot\sin(\omega t+\varphi)$$
$$=UI\cos\varphi-UI\cos(2\omega t+\varphi) \qquad (2-32)$$

有功功率为
$$P=\frac{1}{T}\int_0^T p\,dt=UI\cos\varphi \qquad (2-33)$$

令 $\lambda=\cos\varphi$，称为功率因数，它是交流供电线路运行的重要指标之一。

2. 无功功率

在电路中，电源的能量一部分消耗在电阻元件上，转化为其他形式的能量，另外还有一部分与阻抗中的电抗分量进行能量交换。

无功功率正是用来表征电源与阻抗中的电抗分量进行能量交换的规模大小的物理量。

$$Q=Q_L-Q_C=(U_L-U_C)I=UI\sin\varphi \qquad (2-34)$$

3. 视在功率

由于 RLC 串联电路中电压和电流存在相位差，因此电路的平均功率不等于电压和电流的有效值的乘积 UI。UI 具有功率的形式，但它既不是有功功率，也不是无功功率，把它称为视在功率，用大写字母 S 表示，为了与有功功率和无功功率区别，视在功率的单位为伏·安（V·A）。

$$S=UI=\sqrt{P^2+Q^2} \qquad (2-35)$$

视在功率是有实际意义的。如交流电源都有确定的额定电压 U_N 和额定电流 I_N，其视在功率 $U_N I_N$ 就表示了该电源可能提供的最大有功功率，称为电源的容量。

由公式（2-33）、公式（2-34）、公式（2-35）知，P、Q、S 三者也构成直角三角形的关系，称为功率三角形。如图 2-23 所示。

在 RLC 串联电路中，如果将功率三角形的三个边除以电流的有效值，便可以得到电压三角形。功率三角形与电压三角形为相似三角形，φ 角即为功率因数角。

【例 2-5】 在 RLC 串联电路中，已知 $R=30\ \Omega$，$L=127\ \text{mH}$，$C=40\ \mu\text{F}$，$u=220\sqrt{2}\sin(314t+20°)$ V。

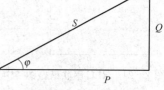

图 2-23 功率三角形

求：(1) 电流的有效值 I 与瞬时值 i；(2) 各部分电压的有效值与瞬时值；(3) 有功功率 P、无功功率 Q 和视在功率 S。

解：由已知可得

$$X_L=\omega L=314\times127\times10^{-3}\ \Omega=40\ \Omega$$

$$X_C=\frac{1}{\omega C}=\frac{1}{314\times40\times10^{-6}}\ \Omega=80\ \Omega$$

$$|Z|=\sqrt{R^2+(X_L-X_C)^2}=\sqrt{30^2+(40-80)^2}\ \Omega=50\ \Omega$$

(1)
$$I=\frac{U}{|Z|}=\frac{220}{50}\text{A}=4.4\ \text{A}$$

$$\varphi=\arctan\frac{X_L-X_C}{R}=\arctan\frac{40-80}{30}=-53°$$

因为 $\varphi=\varphi_u-\varphi_i=-53°$ 且 $\varphi_u=20°$ 所以 $\varphi_i=73°$

则
$$i=4.4\sqrt{2}\sin(314t+73°)\ \text{A}$$

(2)
$$U_R=RI=4.4\times30\ \text{V}=132\ \text{V}$$

$$u_R=132\sqrt{2}\sin(314t+73°)\ \text{V}$$

$$U_L=IX_L=4.4\times40\ \text{V}=176\ \text{V}$$

$$u_L=176\sqrt{2}\sin(314t+163°)\ \text{V}$$

$$U_C=IX_C=4.4\times80\ \text{V}=352\ \text{V}$$

$$u_C = 352\sqrt{2}\sin(314t - 17°) \text{ V}$$

(3) $\qquad P = UI\cos\varphi = 220 \times 4.4 \times \cos(-53°) \text{ W} = 580.8 \text{ W}$

或 $\quad P = U_R I = I^2 R = 580.8 \text{ W}$

$$Q = UI\sin\varphi = 220 \times 4.4 \times \sin(-53°) \text{ var} = -774.4 \text{ var}$$

或 $Q = (U_L - U_C)I = I^2(X_L - X_C) = -774.4 \text{ var}$

$$S = \sqrt{P^2 + Q^2} = \sqrt{580.8^2 + (-774.4)^2} \text{ V·A} = 968 \text{ V·A}$$

二、串联谐振

(一) 谐振条件

如图 2-24 所示的 RLC 串联电路，其总阻抗为

$$Z = R + j\omega L - j\frac{1}{\omega C} = R + j(X_L - X_C)$$

$$= R + jX = |Z|\angle\varphi$$

$$|Z| = \sqrt{R^2 + \left(\omega L - \frac{1}{\omega C}\right)^2}$$

$$X = X_L - X_C = \omega L - \frac{1}{\omega C}$$

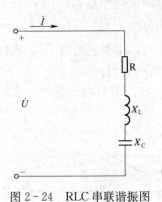

图 2-24 RLC 串联谐振图

当 ω 为某一值，恰好使感抗 X_L 和容抗 X_C 相等时，则 $X=0$，此时电路中的电流和电压同相位，电路的阻抗最小，且等于电阻 ($Z=R$)。电路的这种状态称为谐振。由于是在 RLC 串联电路中发生的谐振，故又称为串联谐振。

对于 RLC 串联电路，谐振时应满足以下条件

$$X = \omega L - \frac{1}{\omega C} = 0$$

或 $\qquad \omega L = \dfrac{1}{\omega C} \qquad\qquad (2-36)$

ω 为角频率，ω_0 用来表示谐振角频率，则

$$\omega_0 = \frac{1}{\sqrt{LC}} \qquad\qquad (2-37)$$

电路发生谐振的频率称为谐振频率，为

$$f_0 = \frac{1}{2\pi\sqrt{LC}} \qquad\qquad (2-38)$$

(二) 谐振电路分析

电路发生谐振时 $X=0$，因此 $|Z|=R$，电路的阻抗最小，因而在电源电压不变的情况下，电路中的电流将在谐振时达到最大，其数值为

$$I = I_0 = \frac{U}{R} \qquad\qquad (2-39)$$

发生谐振时，电路中的感抗和容抗相等，而电抗为零。电源电压 $\dot{U} = \dot{U}_R$，如图 2-25 所示相量图。

因为 $U_L = X_L I = X_L \dfrac{U}{R}$，$U_C = X_C I = X_C \dfrac{U}{R}$。

当 $X_L=X_C>R$ 时，U_L 和 U_C 都高于电源电压 U。

因为串联谐振时 U_L 和 U_C 可能超过电源电压许多倍，所以串联谐振也称电压谐振。U_L 或 U_C 与电源电压 U 的比值，通常用品质因数 Q 来表示。

$$Q=\frac{U_L}{U}=\frac{U_C}{U}=\frac{X_L}{R}=\frac{X_C}{R} \qquad (2-40)$$

在 RLC 串联电路中，阻抗随频率的变化而改变，在外加电压 U 不变的情况下，I 也将随频率变化，这一曲线称为电流谐振曲线。如图 2-26 所示。

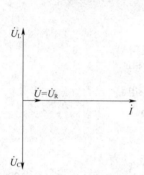

图 2-25 RLC 串联谐振相量　　图 2-26 电流谐振曲线

应用：常用在收音机的调谐回路中。

【例 2-6】 在电阻、电感、电容串联谐振电路中，$L=0.05$ mH，$C=200$ pF，品质因数 $Q=100$，交流电压的有效值 $U=1$ mV。试求：

(1) 电路的谐振频率 f_0；(2) 谐振时电路中的电流 I；(3) 电容上的电压 U_C。

解： (1) 电路的谐振频率

$$f_0=\frac{1}{2\pi\sqrt{LC}}=\frac{1}{2\times 3.14\times\sqrt{5\times 10^{-5}\times 2\times 10^{-10}}}\text{Hz}=1.59 \text{ MHz}$$

(2) 由于电阻

$$R=\frac{1}{Q}\sqrt{\frac{L}{C}}=\frac{1}{100}\sqrt{\frac{5\times 10^{-5}}{2\times 10^{-10}}}=5$$

故电流为

$$I_0=\frac{U}{R}=\frac{1\times 10^{-3}}{5}\text{A}=0.2 \text{ mA}$$

(3) 电容两端的电压是电源电压的 Q 倍，即

$$U_C=QU=100\times 10^{-3}\text{ V}=0.1 \text{ V}$$

三、并联谐振

(一) 谐振条件

当信号源内阻很大时，采用串联谐振会使 Q 值大为降低，使谐振电路的选择性显著变差。这种情况下，常采用并联谐振电路。

在实际工程电路中，最常见的、用途极广泛的谐振电路是由电感线圈和电容器并联组成，如图 2-27（a）所示。

电感线圈与电容并联谐振电路的谐振频率为

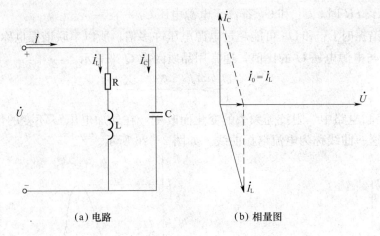

(a) 电路 (b) 相量图

图 2-27 R、L 与 C 并联谐振电路

$$f_0 = \frac{1}{2\pi\sqrt{LC}}\sqrt{1-\frac{CR^2}{L}} \qquad (2-41)$$

在一般情况下,线圈的电阻比较小,所以振荡频率近似为

$$f_0 = \frac{1}{2\pi\sqrt{LC}} \qquad (2-42)$$

(二) 谐振电路特点

(1) 电路呈纯电阻特性,总阻抗最大,当 $\sqrt{\frac{L}{C}} \gg R$ 时,$|Z| = \frac{L}{CR}$。

(2) 品质因数定义为 $Q = \frac{1}{R}\sqrt{\frac{L}{C}}$。

(3) 总电流与电压同相,数量关系为 $U = I_0|Z|$。

(4) 支路电流为总电流的 Q 倍,即 $I_L = I_C = QI$,因此,并联谐振又叫作电流谐振。

【例 2-7】 在图 2-27(a) 所示线圈与电容器并联电路,已知线圈的电阻 $R = 10\ \Omega$,电感 $L = 0.127\ \text{mH}$,电容 $C = 200\ \text{pF}$。求电路的谐振频率 f_0 和谐振阻抗 Z_0。

解:谐振回路的品质因数

$$Q = \frac{1}{R}\sqrt{\frac{L}{C}} = \frac{1}{10}\sqrt{\frac{0.127\times 10^{-3}}{200\times 10^{-12}}} \approx 80$$

因为回路的品质因数 $Q \gg 1$,所以谐振频率

$$f_0 = \frac{1}{2\pi\sqrt{LC}} = \frac{1}{2\pi\sqrt{0.127\times 10^{-3}\times 200\times 10^{-12}}}\ \text{Hz} = 10^6\ \text{Hz}$$

电路的谐振阻抗

$$Z_0 = \frac{L}{CR} = Q^2 R = 80^2 \times 10\ \Omega = 64\ \text{k}\Omega$$

四、功率因数

(一) 功率因数在实际中的意义

在交流电路中,一般负载多为电感性负载,通常它们的功率因数都比较低。交流感应电

项目2 日光灯电路及功率因数的提高

动机在额定负载时，功率因数为 0.8～0.85，轻载时只有 0.4～0.5，空载时更低，仅为 0.2～0.3，不装电容器的日光灯的功率因数为 0.45～0.60。功率因数低会引起下述不良后果：

(1) 电源设备的容量不能得到充分的利用；

(2) 增加了线路上的功率损耗和电压降。

综上可知，提高功率因数可以使电源设备的能力得到充分的发挥，并使输送电能损耗和线路压降大大减少。因此，提高电网功率因数是增产节电的重要途径，对国民经济的发展有着十分重要的意义。

(二) 提高功率因数的方法

一般可以从两方面来考虑提高功率因数。一方面是提高自然功率因数，主要办法有改进电动机的运行条件、合理选择电动机的容量或采用同步电动机等措施；另一方面是采用人工补偿，也叫无功补偿，就是在通常广泛应用的电感性电路中，人为地并联电容性负载，利用电容性负载的超前电流来补偿滞后的电感性电流，以达到提高功率因数的目的。

图 2-28 (a) 给出了一个电感性负载并联电容时的电路图，图 2-28 (b) 所示是它的相量图。

并联电容前，有 $P = UI_1 \cos \varphi_1$，$I_1 = \dfrac{P}{U \cos \varphi_1}$

并联电容后，有 $P = UI \cos \varphi$，$I = \dfrac{P}{U \cos \varphi}$

由图 2-28 (b) 可以看出

$$I_C = I_1 \sin \varphi_1 - I \sin \varphi = \frac{P \sin \varphi_1}{U \cos \varphi_1} - \frac{P \sin \varphi}{U \cos \varphi} = \frac{P}{U}(\tan \varphi_1 - \tan \varphi)$$

又知 $I_C = \omega C U$

代入上式可得 $\omega C U = \dfrac{P}{U}(\tan \varphi_1 - \tan \varphi)$

即

$$C = \frac{P}{\omega U^2}(\tan \varphi_1 - \tan \varphi) \tag{2-43}$$

应用上式就可以求出把功率因数从 $\cos \varphi_1$ 提高到 $\cos \varphi$ 所需的电容值。

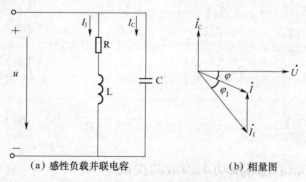

(a) 感性负载并联电容　　(b) 相量图

图 2-28 功率因数的提高

在实用中往往需要确定电容器的个数，而制造厂家生产的补偿用的电容器的技术数据也是直接给出其额定电压 U_N 和额定功率 Q_N（千伏安）。为此，就需要计算补偿的无功功率 Q_C。

因为
$$Q_C = I_2 X_C = \frac{U^2}{X_C} = \omega C U^2$$

所以
$$C = \frac{Q_C}{\omega U^2}$$

代入式（2-43）可得
$$Q_C = P(\tan \varphi_1 - \tan \varphi) \tag{2-44}$$

应该注意，所谓提高功率因数，并不是提高电感性负载本身的功率因数，负载在并联电容前后，由于端电压没变，其工作状态不受影响，负载本身的电流、有功功率和功率因数均无变化。提高功率因数只是提高了电路总的功率因数。用并联电容来提高功率因数，一般补偿到 0.9 左右即可，而不是补偿到更高，因为补偿到功率因数接近于 1 时，所需电容量大，反而不经济了。

（三）工程上常见的提高功率因数的其他方法简介

除了上述常用的采用感性负载两端并联电容器的方法提高功率因数外，工程上还采用下列几种方法来提高功率因数。

(1) 利用过励磁的同步电机补偿无功功率，提高功率因数。但是由于同步电机造价高、设备复杂，因此这种方法只适用于大功率拖动负载。

(2) 利用调相电机做无功功率电源。这种装置调整性能好，在系统出现故障时，还能维持电压水平，提高了系统运行的稳定性。但是装置投资大，损耗也比较大，一般装在电力系统的中枢变压所。

(3) 异步电机的同步运行。这种方法电机自身损耗大，因此一般很少采用。

【例 2-8】 图 2-29 所示为一日光灯装置等效电路，已知 $P = 40$ W，$U = 220$ V，$I = 0.4$ A，$f = 50$ Hz。(1) 求此日光灯的功率因数。(2) 若要把功率因数提高到 0.9，需补偿的无功功率 Q_C 及电容量 C 各为多少？

解：(1) 因为 $P = UI\cos \varphi_1$

所以 $\cos \varphi_1 = \dfrac{P}{UI} = \dfrac{40}{220 \times 0.4} = 0.455$

(2) 由 $\cos \varphi_1 = 0.455$ 得 $\varphi_1 = 63°$，$\tan \varphi_1 = 1.96$

由 $\cos \varphi_2 = 0.9$，得 $\varphi_2 = 26°$，$\tan \varphi_2 = 0.487$

利用式（2-48）可得

$Q_C = 40 \times (1.96 - 0.487) = 58.9$ （V·A）

即

$C = \dfrac{Q_C}{\omega U^2} = \dfrac{58.9}{2 \times 3.14 \times 50 \times 220^2} = 3.88 \times 10^{-6} = 3.88$ （μF）

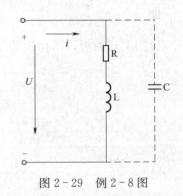

图 2-29 例 2-8 图

项目实施 日光灯电路及功率因数的提高

一、实验目的

(1) 认识提高功率因数的意义，了解感性负载提高功率因数的方法。

项目 2　日光灯电路及功率因数的提高

(2) 熟悉日光灯电路接线与工作原理，测量与研究日光灯各部分电压、电流的关系。
(3) 掌握交流电压表、交流电流表和万用表的使用。

二、实验设备

日光灯电路实验板、功率表、万用表、交流电压表、交流电流表。

三、实验原理

（一）日光灯电路的组成

日光灯电路由日光灯管、镇流器、启辉器及开关组成，如图 2-30 所示。

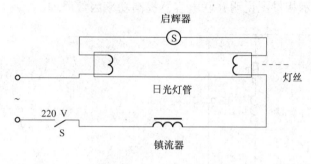

图 2-30　日光灯电路

1. 日光灯管

灯管是内壁涂有荧光粉的玻璃管，两端有钨丝，钨丝上涂有易发射电子的氧化物。玻璃管抽成真空后充入一定量的氩气和少量水银，氩气具有使灯管易发光和保护电极、延长灯管寿命的作用。

2. 镇流器

镇流器是一个具有铁芯的线圈。在日光灯启动时，它和启辉器配合，产生瞬间高压促使灯管导通，管壁荧光粉发光。灯管发光后在电路中起限流作用。

3. 启辉器

启辉器的外壳是用铝或塑料制成，壳内有一个充有氖气的小玻璃泡和一个纸质电容器，玻璃泡内有两个电极，其中弯曲的触片是由热膨胀系数不同的双金属片（冷态常开触头）制成。电容器作用是避免启辉器触片断开时产生的火花将触片烧坏，也防止管内气体放电时产生的电磁波辐射对收音机、电视机的干扰。

（二）日光灯发光原理及启动过程

在图 2-30 中当接通电源后，电源电压（220 V）全部加在启辉器静触片和双金属片两极间，高压产生强电场使氖气放电（红色辉光），热量使双金属片伸直与静触片连接。电流经镇流器、灯管两端灯丝及启辉器构成通路。灯丝流过电流被加热（温度可达 800～1 000 ℃）后产生热电子发射，释放大量电子，致使管内氩气电离，水银蒸发为水银蒸气，为灯管导通创造了条件。

由于启辉器玻璃泡内两电极的接触，电场消失，使氖气停止放电。从而玻璃泡内温度下降，双金属片因冷却而恢复原来状态，致使启辉电路断开。此时，由于整流器中的电流突变，在整流器两端产生一个很高的自感电动势，这个自感电动势和电源电压串联叠加后，加在灯管两端形成一个很强的电场，使管内水银蒸气产生弧光放电，工作电路在弧光放电时产生的紫外线激发了灯管壁上的荧光粉，使灯管发光，由于发出的光近似日光，故称为日光灯。在日光灯进入正常工作状态后，由于整流器的作用，加在启辉器两极间的电压远小于电源电压，启辉器不再产生辉光放电，即处于冷态常开状态，而日光灯处于正常工作状态。

（三）并联电容器提高功率因数

电感性负载由于有电感 L 的存在，功率因数都较低，因此必须设法提高电感性负载的功率因数。常用的方法是在电感性负载的两端并联一个容量适当的电容器，如图 2-31 所示电路图及图 2-32 所示相量图说明并联电容器提高功率因数原理。

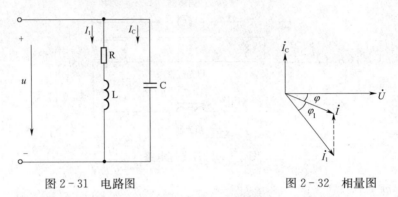

图 2-31　电路图　　　　　　　　图 2-32　相量图

日光灯电路可近似地当作 RL 串联电路看待。并联电容器前电路的功率因数 $\cos\varphi_1$ 较低，一般为 0.5 左右，并联适当的电容器后，功率因数可大大提高（$\cos\varphi$ 可提高到 0.9 左右）。所需并联的电容器值可按下式计算

$$C=\frac{P}{2\pi fU^2}(\tan\varphi_1-\tan\varphi)$$

四、实验内容

并联电容器后的测量。

并联电容，根据图 2-33 所示接通电源后，并联不同的电容，用功率表测功率 P，用交流表测量电路电流 I、流过灯管及整流器的电流 I_1 及流过电容器的电流 I_C，用交流电压表（或万用表交流电压 750 V 挡）分别测量端电压 U、灯管两端的电压 U_1 和镇流器两端的电压 U_2。将测量到的数据记入表 2-1 内。计算功率因数 $\cos\varphi$。

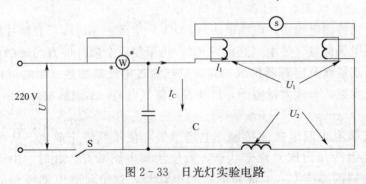

图 2-33　日光灯实验电路

项目 2　日光灯电路及功率因数的提高

表 2-1　电流与电压值

并联电容/μF	I/A	I_1/A	I_C/A	U/V	U_1/V	U_2/V	P/W	cos φ
0							15	
0.47							15	
4.7							15	

五、实验注意事项

（1）日光灯启动电流较大，启动时要小心电流表的量程，以防损坏电流表。

（2）不能将 220 V 的交流电源不经过镇流器而直接接在灯管两端，否则将损坏灯管。

（3）在拆除实验线路时，应先切断电源，稍后将电容器放电，然后再拆除。

（4）线路接好后，必须经教师检查允许后方可接通电源，在操作过程中要注意人身及设备安全。

六、实验报告要求

（1）将实验数据记入表格，并根据实验数据，绘制 $I=f(C)$，$\cos\varphi=f(C)$ 的曲线。

（2）判断能够提高负载功率因数的电容 C 的取值范围，并确定最佳电容值。

（3）回答思考题。

七、思考题

（1）日光灯点亮后，启辉器还会有作用吗？为什么？如果在日光灯点亮前启辉器损坏，此时有何应急措施可以点亮日光灯？

（2）为什么用并联电容的方法提高感性负载的功率因数？串联电容行不行？为什么？

（3）增加电容 C 可以提高 cos φ，是否 C 越大 cos φ 越高？为什么？

项目总结

大小随时间按一定规律做周期性变化且在一个周期内平均值为零的电压、电流和电动势称为交流电。随时间按正弦规律变化的电压、电流通称为正弦电量，或称为正弦交流电。

正弦量的三要素为振幅值和瞬时值、周期和频率、相位和初相。正弦量可用相量形式来表示。

在电阻元件的交流电路中，电流和电压是同相的；电压的幅值（或有效值）与电流的幅值（或有效值）的比值，就是电阻 R。

电感元件交流电路中，u 比 i 超前 $\frac{\pi}{2}$；电压有效值等于电流有效值与感抗的乘积；平均功率为零，但存在着电源与电感元件之间的能量交换，所以瞬时功率不为零。

在电容元件电路中，在相位上电流比电压超前 90°；电压的幅值（或有效值）与电流的幅值（或有效值）的比值为容抗 X_C；电容元件是储能元件，瞬时功率的最大值（即电压和电流有效值的乘积），称为无功功率，为了与电感元件区别，电容的无功功率取负值。

提高功率因数的方法，是在通常广泛应用的电感性电路中，人为地并联电容性负载，利用电容性负载的超前电流来补偿滞后的电感性电流，以达到提高功率因数的目的。

项目练习

1. 试求下列各正弦量的周期、频率和初相，二者的相位差如何？

(1) $3\sin 314t$;   (2) $8\sin(5t+17°)$

2. 3个正弦电流 i_1、i_2 和 i_3 的最大值分别为 1 A、2 A、3 A，已知 i_2 的初相为 $30°$，i_1 较 i_2 越前 $60°$，较 i_3 滞后 $150°$，试分别写出 3 个电流的解析式。

3. 已知 $u_1=220\sqrt{2}\sin(\omega t+60°)$ V，$u_2=220\sqrt{2}\cos(\omega t+30°)$ V，试作 u_1 和 u_2 的相量图，并求：u_1+u_2，u_1-u_2。

4. 已知在 10 Ω 的电阻上通过的电流为 $i_1=5\sin\left(314t-\dfrac{\pi}{6}\right)$ A，试求电阻上电压的有效值，并求电阻消耗的功率为多少？

5. 某电容器额定耐压值为 450 V，能否把它接在交流 380 V 的电源上使用？为什么？

6. 在关联参考方向下，已知加于电感元件两端的电压为 $u_L=100\sin(100t+30°)$ V，通过的电流为 $i_L=10\sin(100t+\psi_i)$ A，试求电感的参数 L 及电流的初相 ψ_i。

7. 一个 $C=50$ μF 的电容接于 $u=220\sqrt{2}\sin(314t+60°)$ V 的电源上，求 i_C 及 Q_C，并绘电流和电压的相量图。

8. 已知一个 R、L、C 串联电路中，$R=10$ Ω，$X_L=15$ Ω，$X_C=5$ Ω，其中电流 $\dot{I}=2\angle 30°$ A，试求：(1) 总电压 $\dot{U}$；(2) $\cos\varphi$；(3) 该电路的功率 P、Q、S。

9. RL 串联电路接到 220 V 的直流电源时功率为 1.2 kW，接在 220 V、50 Hz 的电源时功率为 0.6 kW，试求它的 R、L 值。

10. 在一个电压为 380 V、频率为 50 Hz 的电源上，接有一感性负载，$P=300$ kW，$\cos\varphi=0.65$，现需将功率因数提高到 0.9，试问应并联多大的电容？

11. 何谓串联谐振？串联谐振时电路有哪些重要特征？

12. 发生并联谐振时，电路具有哪些特征？

13. 已知一串联谐振电路的参数 $R=10$ Ω，$L=0.13$ mH，$C=558$ pF，外加电压 $U=5$ mV。试求电路在谐振时的电流、品质因数及电感和电容上的电压。

项目 3

三相交流电路负载的连接

项目导入

三相交流电路负载的连接形式有星形和三角形两种。三相负载星形连接（电源三相四线制供电），即三相灯组负载经三相自耦调压器接通三相对称电源，输出的三相线电压为 220 V，其三相负载的线电压、相电压、线电流、相电流、中线电流、电源与负载中点间的电压是怎样的？中线的作用又是什么？负载三角形连接（电源三相三线制供电），其三相负载的线电压、相电压、线电流、相电流、中线电流、电源与负载中点间的电压是怎样的？

项目分析

【知识结构】

三相交流电源的产生和特点；三相负载不同连接形式时，负载线电压和相电压、线电流和相电流的关系；对称和不对称三相电路中有功功率、无功功率、视在功率的计算方法及功率的测量方法；电力系统、供电系统的基本知识。

【学习目标】

- ◆ 掌握三相对称电源的特点和性能；
- ◆ 掌握三相负载不同连接形式时，负载线电压和相电压、线电流和相电流的关系；
- ◆ 掌握对称和不对称三相电路中有功功率、无功功率、视在功率的计算方法等；
- ◆ 了解电力系统、供电系统的基本知识，负荷的分类及要求。

【能力目标】

- ◆ 了解我国的供电方式及电源的连接形式；
- ◆ 掌握三相交流电路的基本知识，能分析和解决三相交流电路方面出现的一些简单问题；
- ◆ 具有能解决供电系统出现的一些简单问题的能力；
- ◆ 具有日常运行维护及排除故障过程中所具备的基本技能；
- ◆ 具有设计简单电路的能力。

【素质目标】

- ◆ 培养严谨务实的工作作风；
- ◆ 为今后从事企业工厂供电工作奠定初步的基础；
- ◆ 在教学过程中密切联系生产与生活实际，激发学生的求知欲，培养学生爱岗敬业、崇尚科学的精神。
- ◆ 锻炼学生自主学习，独立思考的能力；

◆ 培养学生严谨务实的工作作风。

相关知识

知识点 3.1　三相交流电源

了解三相交流电源的产生和特点；掌握三相对称电源的特点和性能。

一、三相交流电动势的产生

（一）概述

目前，世界各国的电力系统中电能的产生、传输和供电方式绝大多数都采用三相交流供电系统。三相交流是交流电源的一种供电方式，它由 3 个不同相的交流电源同时供电，这 3 个电源的电动势最大值相等，频率相同，相位互差 120°，称为对称三相电动势。

我国电力系统中的供电方式几乎全部采用三相交流供电系统，三相交流供电系统在发电、输电和用电方面有许多优点。三相交流发电机比同功率的单相交流发电机性能好、体积小、成本低；在距离相同、电压相同、输送功率相同的情况下，三相输电比单相输电节省材料；在工矿企业中，三相交流电动机是主要的用电负载；许多需要大功率直流电源的用户，通常利用三相整流来获得波形平滑的直流电压。

为此，现在的发电厂都以三相交流方式向用户供电，遇有单相负载时，可以使用三相中的一相。

（二）三相对称电动势的产生

三相交流电一般是由三相交流发电机产生的。三相交流发电机的基本原理图如图 3-1 所示。三相交流发电机主要由电枢和磁极构成。

电枢是固定的，也称定子。定子铁芯由硅钢片叠成，内壁有槽，槽内嵌放着形状、尺寸和匝数都相同，而轴线互交 120°的 3 个电枢绕组 AX、BY、CZ，称为三相绕组，其中 A、B、C 是绕组的首端，X、Y、Z 是绕组的末端。图 3-2 所示为三相绕组的结构示意图。

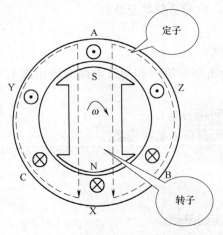

图 3-1　三相交流发电机基本原理图

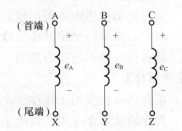

图 3-2　三相绕组结构示意图

用正弦波形和相量图表示，则如图 3-3 所示。

项目3 三相交流电路负载的连接

磁极是转动的,也称转子。它的磁极由直流电流通过励磁绕组而形成,产生沿空气隙按正弦规律分布的磁场。

当转子由原动机带动,并以匀速按顺时针方向转动时,则每相电枢绕组依次切割磁力线,其中产生频率相同,幅值相等的正弦电动势 e_A、e_B、e_C。电动势的参考方向选定为自绕组的末端指向首端。

由图3-1可见,若三相绕组从图中所示位置开始旋转,当S极的轴线正转到A处时,A相的电动势达到正的幅值。经过120°后S极轴线转到B处,B相的电动势达到正的幅值。同理,再由此经过120°后,C相的电动势达到正的幅值。周而复始。所以 e_A 与 e_B 在相位上相差120°,e_B 与 e_C 也相差120°。若以A相电压作为参考正弦量,则它们的瞬时表达式为

$$e_A = E_m \sin \omega t \tag{3-1}$$

$$e_B = E_m \sin(\omega t - 120°) \tag{3-2}$$

$$e_C = E_m \sin(\omega t + 120°) \tag{3-3}$$

用相量表示为

$$\dot{E}_A = E \angle 0° \tag{3-4}$$

$$\dot{E}_B = E \angle -120° \tag{3-5}$$

$$\dot{E}_C = E \angle 120° \tag{3-6}$$

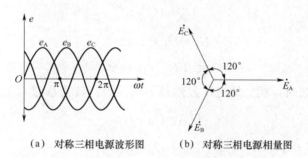

(a) 对称三相电源波形图　　(b) 对称三相电源相量图

图3-3 对称三相电源的波形图和相量图

从波形图和相量图很显然可得到这样的结论:三相对称电动势的瞬时值之和及相量和均为零。即

$$e_A + e_B + e_C = 0 \tag{3-7}$$

$$\dot{E}_A + \dot{E}_B + \dot{E}_C = 0 \tag{3-8}$$

相电压依次出现最大值的顺序称为相序。在图3-1中,电源的顺序为A—B—C—A称为正相序,简称正序;把C—B—A—C称为负相序,简称负序。

实际上,三相交流发电机就是一个三相电源。理想情况下,发电机每个绕组的电路模型是一个电压源。相序是一个十分重要的概念,为使电力系统能够安全可靠地运行,通常统一规定技术标准,规定:三相交流发电机或三相变压器的引出线、配电站的三相电源线,以黄、绿、红3种颜色分别表示A、B、C三相。

二、三相电源的连接方式

在上述发电机中,若三相绕组产生的电动势各自单独向负载供电,可得3个独立的单相

交流电路,这就需要6根输电线,在三相供电系统中,都要将三相绕组做一定连接后再向负载供电。连接方法通常有两种:星形连接和三角形连接。

(一) 电源的星形连接

将三相绕组的3个末端X、Y、Z连接在一起后,同3个首端一起向外引出4根供电线,如图3-4所示,这种连接方式称为三相电源的星形连接,一般用"Y"表示。

星形连接时,三相绕组末端X、Y、Z的连接点称为中性点,用N表示,从N点引出的一根线称为中性线。在低压供电系统中,中性点通常是接地的,其对大地的电位为零,因而在这种情况下,中性线又被俗称为地线或零线。从首端A、B、C引出的3根供电线称为相线或端线,俗称火线。三相电源中的3条火线与中性线间的电压称为相电压,其有效值用 U_{AN}、U_{BN}、U_{CN} 表示,一般用 U_P 表示;而任意两火线间的电压,称为线电压,其有效值用 U_{AB}、U_{BC}、U_{CA} 表示,一般用 U_L 表示。相电压的参考方向,选定为从火线指向中性线,线电压的参考方向,如 U_{AB},是自A线指向B线。三相电源的相电压基本上等于三相电动势(忽略内阻抗压降),所以相电压也是对称的。以A相电压为参考相量,则有

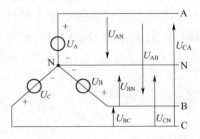

图3-4 三相电源的星形连接

$$\dot{U}_A = U_P \angle 0° \quad (3-9)$$

$$\dot{U}_B = U_P \angle -120° \quad (3-10)$$

$$\dot{U}_C = U_P \angle +120° \quad (3-11)$$

三相电源星形接法时,相、线电压显然是不相等的。其关系为

$$\dot{U}_{AB} = \dot{U}_A - \dot{U}_B \quad (3-12)$$

$$\dot{U}_{BC} = \dot{U}_B - \dot{U}_C \quad (3-13)$$

$$\dot{U}_{CA} = \dot{U}_C - \dot{U}_A \quad (3-14)$$

相电压和线电压之间的关系用相量图表示,如图3-5所示。

从相量图中很容易得到

$$\dot{U}_{AB} = \sqrt{3} U_P \angle 30° = \sqrt{3} \dot{U}_A \angle 30° \quad (3-15)$$

$$\dot{U}_{BC} = \sqrt{3} U_P \angle -90° = \sqrt{3} \dot{U}_B \angle 30° \quad (3-16)$$

$$\dot{U}_{CA} = \sqrt{3} U_P \angle 150° = \sqrt{3} \dot{U}_C \angle 30° \quad (3-17)$$

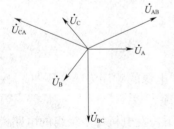

图3-5 相电压和线电压之间的关系

由于 $\dot{U}_A$、$\dot{U}_B$、$\dot{U}_C$ 是三相对称电压,所以,$\dot{U}_{AB}$、$\dot{U}_{BC}$、$\dot{U}_{CA}$ 也是大小相等、频率相同,彼此间相位差相差120°的三相对称电压。同理,任一时刻3个线电压的代数和为零。显然,$U_L = \sqrt{3} U_P$,相位超前于相应的相电压30°。

(二) 电源的三角形连接

将三相电源中每相绕组的首端依次与另一相绕组的末端连接在一起,形成闭合回路,然

后从3个连接点引出3根供电线,如图3-6所示,这种连接方式称为三相电源的三角形连接,一般用"△"表示。三相电压为对称三相电压。显然这时线电压等于相电压,即

$$U_L = U_P \tag{3-18}$$

三相电源连接成一回路,回路中电流为零。

注意: 各相始、末端不能接错,否则回路中将产生很大的回路电流,危及电源安全。

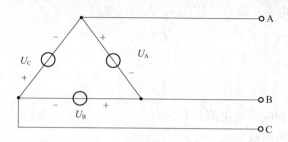

图3-6 三相电源的三角形连接

就供电方式而言,由3根端线和1根中性线组成的供电方式称为三相四线制,只有3根端线组成的供电方式称为三相三线制。

采用三相三线制供电方式,由于没有中性线,只能向用户提供一种电压。一般三相交流发电机都采用星形连接。高压输电采用三相三线制,低压供电采用三相四线制。

特别需要注意的是,在工业用电系统中如果只引出3根导线(三相三线制),那么就都是火线(没有中线),这时所说的三相电压大小均指线电压U_L;而民用电源则需要引出中线,所说的电压大小均指相电压U_P。

知识点3.2 三相负载的连接方式

掌握三相负载不同连接形式的特点;掌握三相负载不同连接形式时,负载线电压和相电压、线电流和相电流的关系;为后续进一步学习打下基础。

由三相电源供电的电路称为三相电路。三相电路中的负载一般可以分为两类。一类是对称负载,如三相交流电动机,其特征是每相负载的复阻抗相等(阻抗值相等,阻抗角相等)。即

$$Z_A = Z_B = Z_C = Z = |Z| \angle \varphi$$

另一类是非对称负载,如电灯、家用电器等,它们只需单相电源供电即可工作,这类负载各相的阻抗一般不可能相等。

负载接入三相电源时应遵守两个原则:一是加于负载的电压必须等于负载的额定电压;二是应尽可能使电源的各相负载均匀、对称,从而使三相电源趋于平衡。据此,三相电路的负载可构成星形(Y)连接或三角形(△)连接两种方式。不论采用哪种连接形式,其每相负载首、末端之间的电压,称为负载的相电压;两相负载首端之间的电压,称为负载的线电压。

在这里讨论的主要是电源作星形连接时负载的连接方法。

一、三相负载的Y连接

如图3-7所示,将三相负载的末端连接在一起,这个连接点用N′表示,与三相电源的

中性点 N 相连，三相负载的首端分别接到 3 根火线上，这种连接形式称为三相负载的星形连接，这种连接方式的电路称为负载星形连接的三相四线制电路，每相负载的阻抗为 Z_A、Z_B、Z_C。此种连接形式，不论负载对称与否，其相电压总是对称的。负载上相、线电压等于三相电源的相、线电压。

三相电路中流过火线的电流 i_A、i_B、i_C 称为线电流，其有效值用 I_L 表示；流过负载的电流 i_a、i_b、i_c 称为相电流，其有效值用 I_P 表示。显然

$$i_a = i_A \tag{3-19}$$

$$i_b = i_B \tag{3-20}$$

$$i_c = i_C \tag{3-21}$$

即负载相电流等于相应的线电流，$I_P = I_L$。 (3-22)

流过中线的电流称为中线电流，记作 I_N。

采用此种接法时，每相电流为

$$\dot{I}_A = \frac{\dot{U}_A}{Z_A} \tag{3-23}$$

$$\dot{I}_B = \frac{\dot{U}_B}{Z_B} \tag{3-24}$$

$$\dot{I}_C = \frac{\dot{U}_C}{Z_C} \tag{3-25}$$

中线电流为

$$\dot{I}_N = \dot{I}_A + \dot{I}_B + \dot{I}_C \tag{3-26}$$

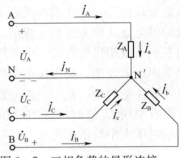

图 3-7 三相负载的星形连接

若为对称 Y 负载，线电压等于 $\sqrt{3}$ 倍相电压，相位超前相电压 30°；线电流等于相电流。中线电流为零，即 $\dot{I}_N = \dot{I}_A + \dot{I}_B + \dot{I}_C = 0$。此时中线就不再起作用了，可以省去，变为三相三线制供电。低压供电系统中的动力负载（电动机）就是采用这样的供电方式。由于负载对称，三相三线制电路的相电压依然对称，各量的计算方法同上。对称负载时，由于相线电流对称，只需计算一相，推出另外两相即可。

【例 3-1】 如图 3-8 所示，已知三相电源的线电压 $\dot{U}_{AB} = 380\angle 30°$ V，阻抗 $Z_A = 10\angle 37°\,\Omega$，$Z_B = 10\angle 30°\,\Omega$，$Z_C = 10\angle 53°\,\Omega$。求各线电流和中线电流。

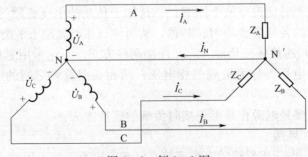

图 3-8 例 3-1 图

项目3 三相交流电路负载的连接

解：因为题目中给出的负载阻抗值和相位角都不相同，故为不对称负载。在负载不对称的情况下，每相负载单独计算。显然，每相负载两端的电压与对应的电源相电压相等。

$$\dot{U}_{AB}=380\angle 30°\text{（V）}$$

则 $\dot{U}_A=220\angle 0°$（V），$\dot{U}_B=220\angle -120°$（V），$\dot{U}_C=220\angle 120°$（V）

$$\dot{I}_A=\frac{\dot{U}_A}{Z_A}=\frac{220\angle 0°}{10\angle 37°}=22\angle -37°\text{（A）}$$

$$\dot{I}_B=\frac{\dot{U}_B}{Z_B}=\frac{220\angle 120°}{10\angle 30°}=22\angle -150°\text{（A）}$$

$$\dot{I}_C=\frac{\dot{U}_C}{Z_C}=\frac{220\angle 120°}{10\angle 53°}=22\angle 67°\text{（A）}$$

$$\dot{I}_N=\dot{I}_A+\dot{I}_B+\dot{I}_C$$
$$=22\angle 37°+22\angle 150°+22\angle 67°$$
$$=(17.57-j13.24-19.05-j11+8.6+j20.25)$$
$$=7.12-j3.99=8.18\angle -29.5°\text{（A）}$$

从上面例题中可以看出，若三相负载不对称时，中性线电流不会是零，中线绝对不能去掉。中性线的存在，保证了每相负载两端的电压是电源的相电压，保证了三相负载能独立正常工作，各相负载有变化都不会影响到其他项。否则，负载上的相电压将会出现不对称现象，有的相高于额定电压，有的相低于额定电压，负载不能正常工作，这是绝对不允许的。因此，星形连接的不对称负载，必须采用三相四线制电路。而且为了确保中线的可靠性，一般在中线上加装钢芯，使其具有足够的机械强度，在中线里不准安装开关和熔断器。这时中性线电流可从向量图求得。

二、三相负载的△连接

图3-9所示为负载△连接的三相电路。负载依次连接到电源的两根火线之间，称为负载的三角形连接。因为各相负载都直接联接在电源的两根火线之间，所以负载的相电压就是电源的线电压。无论负载对称与否，其相电压总是对称的。即

$$U_{AB}=U_{BC}=U_{CA}=U_L=U_P$$

负载的相电流 I_P（I_{AB}，I_{BC}，I_{CA}）与线电流 I_L（I_A，I_B，I_C）显然不同。由电路的基本定律可以得出

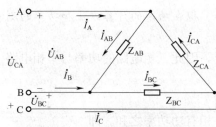

图3-9 三相负载的三角形连接

$$\dot{I}_{AB}=\frac{\dot{U}_{AB}}{Z_{AB}} \tag{3-27}$$

$$\dot{I}_{BC}=\frac{\dot{U}_{BC}}{Z_{BC}} \tag{3-28}$$

$$\dot{I}_{CA}=\frac{\dot{U}_{CA}}{Z_{CA}} \tag{3-29}$$

$$\dot{I}_A=\dot{I}_{AB}-\dot{I}_{CA} \tag{3-30}$$

$$\dot{I}_B = \dot{I}_{BC} - \dot{I}_{AB} \tag{3-31}$$

$$\dot{I}_C = \dot{I}_{CA} - \dot{I}_{BC} \tag{3-32}$$

若为对称负载，则相、线电流对称。根据基尔霍夫电流定律，可得到 3 个线电流为

$$I_A = \sqrt{3} I_{AB} \qquad \dot{I}_A 滞后于 \dot{I}_{AB} 30° \tag{3-33}$$

$$I_B = \sqrt{3} I_{BC} \qquad \dot{I}_B 滞后于 \dot{I}_{BC} 30° \tag{3-34}$$

$$I_C = \sqrt{3} I_{CA} \qquad \dot{I}_C 滞后于 \dot{I}_{CA} 30° \tag{3-35}$$

由上述可得，线电流的大小是相电流的 $\sqrt{3}$ 倍。即

$$I_L = \sqrt{3} I_P \tag{3-36}$$

相位上滞后于相应的相电流 30°。计算时，只需计算一相，其他两相推出即可。

三相负载不对称时，三相电路的每相负载需分别进行计算。

结论：负载作△连接时只能形成三相三线制电路。显然不管负载是否对称（相等），电路中负载相电压 U_P 都等于线电压 U_L。当三相负载对称时，即各相负载完全相同，相电流和线电流也一定对称。线电流的大小是相电流的 $\sqrt{3}$ 倍。

【例 3-2】 对称三相电阻炉作三角形连接，每相电阻为 38 Ω，接于线电压为 380 V 的对称三相电源上，试求负载相电流 I_P、线电流 I_L。

解： 由于三角形连接时 $U_L = U_P$

所以
$$I_P = \frac{U_P}{R_P} = \frac{380}{38} = 10 \text{ (A)}$$

$$I_L = \sqrt{3} I_P = \sqrt{3} \times 10 \approx 17.32 \text{ (A)}$$

知识点 3.3　三相交流电路的功率

掌握对称和不对称三相电路中有功功率、无功功率、视在功率的计算方法和功率的测量方法等；为后续进一步学习打下基础。

三相交流电路可以看成是 3 个单相交流电路的组合，因此三相电路的功率与单相电路一样，分有功功率、无功功率和视在功率。

一、有功功率

无论电路对称与否，三相电路的有功功率都等于各相有功功率之和。即

$$P = P_A + P_B + P_C \tag{3-37}$$

(1) 负载星形连接时。

$$P = P_A + P_B + P_C$$
$$= U_A I_A \cos \varphi_A + U_B I_B \cos \varphi_B + U_C I_C \cos \varphi_C \tag{3-38}$$

其中，φ_A、φ_B、φ_C 分别为 A 相、B 相、C 相负载的阻抗角。

(2) 负载三角形连接时。

$$P = P_{AB} + P_{BC} + P_{CA}$$
$$= U_{AB} I_{AB} \cos \varphi_{AB} + U_{BC} I_{BC} \cos \varphi_{BC} + U_{CA} I_{CA} \cos \varphi_{CA} \tag{3-39}$$

其中，φ_{AB}、φ_{BC}、φ_{CA} 分别是 AB 相、BC 相、CA 相负载的阻抗角。

在负载对称的三相电路中，各相电流、相电压及功率因数都相等，因此，三相电路的有功功率为每相负载有功功率的 3 倍。对于负载星形连接的三相对称电路有

$$P = 3P_A$$
$$= 3U_A I_A \cos\varphi$$
$$= 3U_P I_P \cos\varphi \tag{3-40}$$

又因负载为星形连接时 $U_L = \sqrt{3} U_P$，$I_L = I_P$

所以有 $P = 3 \cdot \dfrac{1}{\sqrt{3}} U_L I_L \cos\varphi = \sqrt{3} U_L I_L \cos\varphi$ \hfill (3-41)

其中，φ 为每相负载阻抗的阻抗角，也即为该相负载两端电压与流过该负载的相电流的相位差。

对于负载为三角形连接的三相对称电路，有以下关系：

$$P = 3P_{AB} = 3U_{AB} I_{AB} \cos\varphi = 3U_L I_P \cos\varphi$$

由于 $I_L = \sqrt{3} I_P$

有 $P = 3U_L \cdot \dfrac{1}{\sqrt{3}} I_L \cos\varphi = \sqrt{3} U_L I_L \cos\varphi$ \hfill (3-42)

同理，φ 为每相负载阻抗的阻抗角。

即无论星形或三角形的负载，只要电路对称，一定有

$$P = \sqrt{3} U_L I_L \cos\varphi \tag{3-43}$$

对于不对称负载，需要分别计算出各相的电压、电流、功率因数，方可得出总的有功功率。

二、无功功率

无论电路对称与否，无功功率都等于各相无功功率之和。即

$$Q = Q_A + Q_B + Q_C \tag{3-44}$$

在对称情况下，相电流与相电压及功率因数都相等，则

$$Q = Q_A + Q_B + Q_C = 3U_P I_P \sin\varphi \tag{3-45}$$

即无论星形或三角形连接的负载，只要电路对称，一定有

$$Q = 3U_P I_P \sin\varphi = \sqrt{3} U_L I_L \sin\varphi \tag{3-46}$$

三、视在功率

三相电路视在功率为

$$S = 3U_P I_P = \sqrt{3} U_L I_L = \sqrt{P^2 + Q^2} \tag{3-47}$$

即 P、Q、S 之间也存在着功率三角形的关系。

说明：(1) 对称三相负载功率因数 $\cos\varphi$ 就是每一相负载的功率因数，而 φ 则是每相负载的阻抗角，即相电压与相电流的相位差角。

(2) 当电源电压不变时，对称负载由星形连接改为三角形连接后，尽管功率计算形式相同，但负载实际消耗的功率却不同。三角形连接负载的相电压、相电流及功率均为星形连接时的 $\sqrt{3}$ 倍。

(3) 在工程实际中,设备铭牌上所标注的额定电压和额定电流值都是指线电压和线电流。主要是线电压和线电流比较容易测量,如电动机电路。所以功率的计算公式常以线电压、线电流表示。式中的 U_L、I_L 是线电压、线电流。

【例3-3】 有一对称三相负载,每相电阻为 $R=6\ \Omega$,电抗 $X=8\ \Omega$,三相电源的线电压为 $U_L=380\ V$。求:(1) 负载作星形连接时的功率 P_Y;(2) 负载作三角形连接时的功率 $P_\triangle$。

解:每相阻抗均为 $|Z|=\sqrt{6^2+8^2}=10\ \Omega$,功率因数 $\lambda=\cos\varphi=\dfrac{R}{|Z|}=0.6$

(1) 负载作星形连接时:

相电压 $\qquad\qquad\qquad\qquad U_{YP}=\dfrac{U_L}{\sqrt{3}}=220\ (V)$

线电流等于相电流 $\qquad\qquad I_{YL}=I_{YP}=\dfrac{U_{YP}}{|Z|}=22\ (A)$

负载的功率 $\qquad\qquad\qquad P_Y=\sqrt{3}U_{YL}I_{YL}\cos\varphi=8.7\ (kW)$

(2) 负载作三角形连接时:

相电压等于线电压 $\qquad\qquad U_{\triangle P}=U_{\triangle L}=380\ (V)$

相电流 $\qquad\qquad\qquad\qquad I_{\triangle L}=\dfrac{U_{\triangle P}}{|Z|}=38\ (A)$

线电流 $\qquad\qquad\qquad\qquad I_{\triangle L}=\sqrt{3}I_{\triangle P}=66\ (A)$

负载的功率 $\qquad\qquad\qquad P_\triangle=\sqrt{3}U_{\triangle L}I_{\triangle L}\cos\varphi=26\ (kW)$

由此例题可看到:电源电压不变时,同一负载由星形改为三角形连接时功率增加到原来的3倍。

项目实施 三相交流电路负载的连接

一、目的要求

(1) 掌握三相负载作星形连接、三角形连接的方法,验证这两种接法下线、相电压及线、相电流之间的关系。

(2) 充分理解三相四线供电系统中中线的作用。

二、预习要求

(1) 三相负载根据什么条件作星形或三角形连接?

(2) 复习三相交流电路有关内容,试分析三相星形连接不对称负载在无中线情况下,当某相负载开路或短路时会出现什么情况?如果接上中线,情况又如何?

三、所用器材

(1) 交流电压表(0~500 V)×1块(D33);

(2) 交流电流表(0~5 A)×1块(D32);

(3) 万用表×1块(自备);

(4) 三相自耦调压器×1台(DG01);

(5) 三相灯组负载(220 V、15 W白炽灯)×9个(DG08);

(6) 电门插座×3个(DG09)。

四、基本知识

原理说明：

(1) 三相负载可接成星形（又称Y接）或三角形（又称△接）。当三相对称负载作Y连接时，线电压 U_L 是相电压 U_P 的 $\sqrt{3}$ 倍。线电流 I_L 等于相电流 I_P，即

$$U_L = \sqrt{3} U_P, \quad I_L = I_P$$

在这种情况下，流过中线的电流 $I_N = 0$，所以可以省去中线。

当对称三相负载作△连接时，有 $I_L = \sqrt{3} I_P$, $\quad U_L = U_P$。

(2) 不对称三相负载作Y连接时，必须采用三相四线制接法。而且中线必须牢固连接，以保证三相不对称负载的每相电压维持对称不变。

倘若中线断开，会导致三相负载电压的不对称，致使负载轻的那一相的相电压过高，使负载遭受损坏；负载重的一相相电压又过低，使负载不能正常工作。尤其是对于三相照明负载，无条件地一律采用Y接法。

(3) 当不对称负载作△连接时，$I_L \neq \sqrt{3} I_P$，但只要电源的线电压 U_L 对称，加在三相负载上的电压仍是对称的，对各相负载工作没有影响。

五、内容及步骤

(1) 三相负载星形连接（三相四线制供电）。按图 3-10 所示线路组接实验电路。即三相灯组负载经三相自耦调压器接通三相对称电源。将三相调压器的旋柄置于输出为 0 V 的位置（逆时针旋到底）。经指导教师检查合格后，方可开启实验台电源，然后调节调压器的输出，使输出的三相线电压为 220 V，并按下述内容完成各项实验，分别测量三相负载的线电压、相电压、线电流、相电流、中线电流、电源与负载中点间的电压。将所测得的数据记入表 3-1 中，并观察各相灯组亮暗的变化程度，特别要注意观察中线的作用。

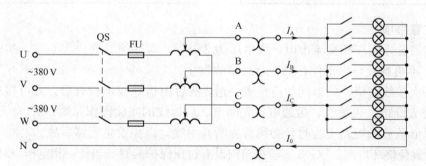

图 3-10 三相负载接线图

表 3-1 线电流、线电压、相电压等测量值

测量数据 实验内容（负载情况）	开灯盏数			线电流/A			线电压/V			相电压/V			中线电流 I_0/A	中点电压 U_{N0}/V
	A相	B相	C相	I_A	I_B	I_C	U_{AB}	U_{BC}	U_{CA}	U_{A0}	U_{B0}	U_{C0}		
Y_0 接平衡负载	3	3	3											
Y 接平衡负载	3	3	3											
Y_0 接不平衡负载	1	2	3											
Y 接不平衡负载	1	2	3											
Y_0 接 B 相断开	1		3											

续表

测量数据 实验内容（负载情况）	开灯盏数			线电流/A			线电压/V			相电压/V			中线电流 I_0/A	中点电压 U_{N0}/V
	A相	B相	C相	I_A	I_B	I_C	U_{AB}	U_{BC}	U_{CA}	U_{A0}	U_{B0}	U_{C0}		
Y接B相断开	1		3											
Y接B相短路	1		3											

（2）负载三角形连接（三相三线制供电）。按图3-11所示改接线路，经指导教师检查合格后接通三相电源，并调节调压器，使其输出线电压为220 V，并按表3-2的内容进行测试。

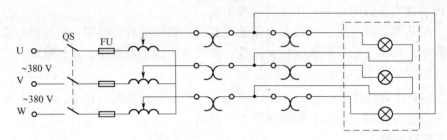

图 3-11　三相三线制供电

表 3-2　改线后的线电压、线电流与相电流值

测量数据 负载情况	开灯盏数			线电压＝相电压/V			线电流/A			相电流/A		
	A—B相	B—C相	C—A相	U_{AB}	U_{BC}	U_{CA}	I_A	I_B	I_C	I_{AB}	I_{BC}	I_{CA}
三相平衡	3	3	3									
三相不平衡	1	2	3									

六、注意事项

（1）本实验采用三相交流市电，线电压为380 V，应穿绝缘鞋进实验室。实验时要注意人身安全，不可触及导电部件，防止意外事故发生。

（2）每次接线完毕，同组同学应自查一遍，然后由指导教师检查后，方可接通电源，必须严格遵守先断电、再接线、后通电；先断电、后拆线的实验操作原则。

（3）星形负载做短路实验时，必须首先断开中线，以免发生短路事故。

（4）为避免烧坏灯泡，DG08实验挂箱内设有过压保护装置。当任一相电压＞245 V时，即声光报警并跳闸。因此，在作Y连接不平衡负载或缺相实验时，所加线电压应以最高相电压＜240 V为宜。

七、思考题

本次实验中为什么要通过三相调压器将380 V的市电线电压降为220 V的线电压使用？不对称三角形连接的负载，能否正常工作？实验是否能证明这一点？

八、实验报告要求

（1）用实验测得的数据验证对称三相电路中的$\sqrt{3}$关系。

（2）用实验数据和观察到的现象，总结三相四线供电系统中中线的作用。

（3）根据不对称负载三角形连接时的相电流值作相量图，并求出线电流值，然后与实验测得的线电流作比较，并分析之。

知识拓展

知识点 3.4　工业企业供电知识

了解电力系统、供电系统的基本知识，负荷的分类及要求，掌握系统额定电压的确定和中性点的运行方式分析等知识。

一、电力系统和供配电系统概述

电能是一种清洁的二次能源。现在电能已广泛应用于国民经济、社会生产和人民生活的各个方面。绝大多数电能都由发电厂提供，电力工业已成为我国实现现代化的基础，得到迅猛发展。到 2011 年年底，我国发电机装机容量达 10.6 亿千瓦，发电量达 4.8 万亿千瓦时，居世界第一位。工业用电量已占全部用电量的 50%～70%，是电力系统的最大电能用户，供配电系统的任务就是用户所需电能的供应和分配，供配电系统是电力系统的重要组成部分。用户所需的电能，绝大多数是由公共电力系统供给的。

电力系统是由发电厂、变电所、电力线路和电能用户组成的一个整体。如图 3-12 所示。

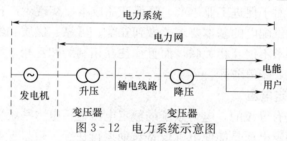

图 3-12　电力系统示意图

为了充分利用动力资源，降低发电成本，发电厂往往远离城市和电能用户，例如，火力发电厂大都建在靠近一次能源的地区，水力发电厂建在水利资源丰富的远离城市的地方，核能发电厂厂址也受种种条件限制。因此，这就需要输送和分配电能，将发电厂发出的电能经过升压、输送、降压和分配，传送给用户。

变电所的功能是接受电能、变换电压和分配电能。为了实现电能的远距离输送和将电能分配到用户，需将发电机电压进行多次电压变换，这个任务由变电所完成。变电所由电力变压器、配电装置和二次装置等构成。按变电所的性质和任务不同，可分为升压变电所和降压变电所，除与发电机相连的变电所为升压变电所外，其余均为降压变电所。按变电所的地位和作用不同，又分为枢纽变电所、地区变电所和用户变电所。

电力线路将发电厂、变电所和电能用户连接起来，完成输送电能和分配电能的任务。电力线路有各种不同的电压等级，通常将 220 kV 及以上的电力线路称输电线路，110 kV 及以下的电力线路称为配电线路。配电线路又分为高压配电线路（110 kV）、中压配电线路（35～60 kV）和低压配电线路（380/220 V），前者一般作为城市配电网骨架和特大型企业供电线路，中者为城市主要配网和大中型企业供电线路，后者一般为城市和企业的低压配网。

电能用户又称电力负荷，所有消耗电能的用电设备或用电单位称为电能用户。电能用户按行业可分为工业用户、农业用户、市政商业用户和居民用户等。

供配电系统是电力系统的电能用户，也是电力系统的重要组成部分。它由总降变电所、高压配电所、配电线路、车间变电所或建筑物变电所和用电设备组成。

总降变电所是企业电能供应的枢纽。它将35～110 kV的外部供电电源电压降为6～10 kV高压配电电压，供给高压配电所、车间变电所和高压用电设备。

高压配电所集中接受6～10 kV电压，再分配到附近各车间变电所或建筑物变电所和高压用电设备。一般负荷分散、厂区大的大型企业设置高压配电所。

配电线路分为6～10 kV厂内高压配电线路和380/220 V厂内低压配电线路。高压配电线路将总降变电所与高压配电所、车间变电所或建筑物变电所和高压用电设备连接起来。低压配电线路将车间变电所的380/220 V电压送各低压用电设备。

车间变电所或建筑物变电所将6～10 kV电压降为380/220 V电压，供低压用电设备用。

用电设备按用途可分为动力用电设备、工艺用电设备、电热用电设备、试验用电设备和照明用电设备等。

应当指出，对于某个具体的供配电系统，可能上述各部分都有，也可能只有其中的几个部分，这主要取决于电力负荷的大小和厂区的大小。不同的供配电系统，不仅组成不完全相同，而且相同部分的构成也会有较大的差异。通常大型企业都设总降变电所，中小型企业仅设全厂6～10 kV变电所或配电所，某些特别重要的企业还设自备发电厂作为备用电源。

做好供配电工作，对于促进工业生产、降低产品成本、实现生产自动化和工业现代化有着十分重要的意义。对供配电的基本要求要做到安全、可靠、优质和经济。

应当指出，上述要求不但互相关联，而且往往互相制约和互相矛盾。因此考虑满足上述要求时，必须全面考虑，统筹兼顾。

二、电力系统的额定电压

电力系统的电压是有等级的，电力系统的额定电压包括电力系统中各种发电、供电、用电设备的额定电压。额定电压是能使电气设备长期运行在经济效果最好的电压，它是国家根据国民经济发展的需要，电力工业的水平和发展趋势，经全面技术经济分析后确定的。我国规定的三相交流电网和电力设备的额定电压，见表3-3。

表3-3 我国交流电网和电力设备的额定电压

分类	电网和用电设备额定电压/kV	发电机额定电压/kV	电力变压器额定电压/kV	
			一次绕组	二次绕组
低压	0.38	0.4	0.38/0.22	0.4/0.23
	0.66	0.69	0.66/0.38	0.69/0.4
高压	3	3.15	3，3.15	3.15，3.3
	6	6.3	6，6.3	6.3，6.6
	10	10.5	10，10.5	10.5，11
	—	13.8，15.75，18，20，22，24，26	13.8，15.75，18.20，22，24，26	
	35	—	35	38.5
	66	—	66	72.6
	110	—	110	121
	220	—	220	242
	330	—	330	363
	500	—	500	550

注：表中斜线"/"左边的数字为线电压，右边的数字为相电压。

电网（线路）的额定电压只能选用国家规定的额定电压，它是确定各类电气设备额定电压的基本依据。

用电设备的额定电压：当线路输送电力负荷时，要产生电压降，沿线路的电压分布通常是首端高于末端，因此，沿线各用电设备的端电压将不同，线路的额定电压实际就是线路首末两端电压的平均值。为使各用电设备的电压偏移差异不大，用电设备的额定电压与同级电网（线路）的额定电压相同。

发电机的额定电压：由于用电设备的电压偏移为±5%，而线路的允许电压降为10%，这就要求线路首端电压为额定电压的105%，末端电压为额定电压的95%。因此，发电机的额定电压为线路额定电压的105%。

三、电力负荷

用户有各种用电设备，它们的工作特征和重要性各不相同，对供电的可靠性和供电的质量要求也不同。因此，应对用电设备或负荷分类，以满足负荷对供电可靠性的要求，保证供电质量，降低供电成本。

（一）按对供电可靠性要求的负荷分类

我国将电力负荷按其对供电可靠性的要求及中断供电在政治上、经济上造成的损失或影响的程度划分为一级负荷、二级负荷和三级负荷三级。

（1）一级负荷为中断供电将造成人身伤亡者；中断供电将在政治上、经济上造成重大损失者，如重大设备损坏、重大产品报废、用重要原料生产的产品大量报废，国民经济中重点企业的连续性生产过程被打乱而需要长时间恢复等；中断供电将影响有重大政治、经济影响的用电单位的正常工作的负荷。

在一般负荷中，当中断供电将发生中毒、爆炸和火灾等情况的负荷，以及特别重要场所的不允许中断供电的负荷，称为特别重要的负荷。

一级负荷应由两个独立电源供电。所谓独立电源，就是当一个电源发生故障时，另一个电源应不致同时受到损坏。在一级负荷中的特别重要负荷，除上述两个独立电源外，还必须增设应急电源。为保证对特别重要负荷的供电，严禁将其他负荷接入应急供电系统。应急电源一般有独立于正常电源的发电机组、干电池、蓄电池；供电网络中有效地独立于正常电源的专门馈电线路。

（2）二级负荷为中断供电将在政治上、经济上造成较大损失者，如主要设备损坏、大量产品报废，连续性生产过程被打乱需较长时间才能恢复，重点企业大量减产等；中断供电系统将影响重要用电单位正常工作的负荷者；中断供电将造成大型影剧院、大型商场等较多人员集中的重要公共场所秩序混乱者。

二级负荷应由两条回线路供电，供电变压器亦应有两台（两台变压器不一定在同一变电所）。做到当电力变压器发生故障或电力线路发生常见故障时，不致中断供电或中断后能迅速恢复。

（3）三级负荷为不属于一级和二级负荷者。对一些非连续性生产的中小型企业，停电仅影响产量或造成少量产品报废的用电设备，以及一般民用建筑的用电负荷等均属三级负荷。三级负荷对供电电源没有特殊要求，一般由单回电力线路供电。

（二）按工作制的负荷分类

电力负荷按其工作制可分为连续工作制负荷、短时工作制负荷和反复短时工作制负荷三类。

(1) 连续工作制负荷是指长时间连续工作的用电设备，其特点是负荷比较稳定，连续工作发热使其达到热平衡状态，其温度达到稳定温度，用电设备大都属于这类设备。如泵类、通风机、压缩机、电炉、运输设备、照明设备等。

(2) 短时工作制负荷是指工作时间短、停歇时间长的用电设备。其运行特点为工作时温度达不到稳定温度，停歇时其温度降到环境温度，此负荷在用电设备中所占比例很小。如机床的横梁升降、刀架快速移动电动机、闸门电动机等。

(3) 反复短时工作制负荷是指时而工作、时而停歇、反复运行的设备，其运行特点为工作时温度达不到稳定温度，停歇时也达不到环境温度。如起重机、电梯、电焊机等。

反复短时工作制负荷可用负荷持续率（或暂载率）ε来表示。

$$\varepsilon = \frac{t_W}{t_W + t_0} \times 100\% = \frac{t_W}{T} \times 100\%$$

式中：t_W——工作时间；

t_0——停歇时间；

T——工作周期。

项目总结

目前，世界各国的电力系统中电能的产生、传输和供电方式绝大多数都采用三相交流供电系统。三相交流是交流电源的一种供电方式，它由3个不同相的交流电源同时供电，这3个电源的电动势最大值相等，频率相同，相位互差120°，称为对称三相电动势。

在三相供电系统中，都要将三相绕组作一定连接后再向负载供电。连接方法通常有两种：星形连接和三角形连接。

将三相绕组的3个末端X、Y、Z连接在一起后，同3个首端一起向外引出4根供电线，这种连接方式称为三相电源的星形连接，一般用"Y"表示。

星形连接时，三相绕组末端X、Y、Z的连接点称为中性点，用N表示，从N点引出的一根线称为中性线。在低压供电系统中，中性点通常是接地的，其对大地的电位为零，因而在这种情况下，中性线又俗称为地线或零线。从首端A、B、C引出的3根供电线称为相线或端线，俗称火线。三相电源中的3条火线与中性线间的电压称为相电压，线电压与相电压之间的关系是$U_L = \sqrt{3} U_P$，相位超前于相应的相电压30°。

将三相电源中每相绕组的首端依次与另一相绕组的末端连接在一起，形成闭合回路，然后从3个连接点引出3根供电线，这种连接方式称为三相电源的三角形连接，一般用"△"表示。三相电压为对称三相电压。显然这时线电压等于相电压，即：$U_L = U_P$。

负载接入三相电源时有星形和三角形两种接法。

项目练习

1. 何谓火线？何谓零线？试述中线的作用。

2. 当额定电压为220 V的照明负载连接于线电压为220 V的三相四线制电路时，与连接于线电压为380 V的三相四线制电路时，连接形式是否相同，为什么？

3. 为什么开关一定要接在相线（即火线）上？

4. 在负载作Y连接的对称三相电路中，已知每相负载均为 $|Z| = 20\ \Omega$，设线电压 $U_L = 380\ \text{V}$，试求各相电流（也就是线电流）。

5. 一台三相交流电动机，定子绕组星形连接于 $U_L = 380\ \text{V}$ 的对称三相电源上，其线电流 $I_L = 2.2\ \text{A}$，$\cos\varphi = 0.8$，试求每相绕组的阻抗 Z。

6. 用线电压为 380 V 的三相四线制电源给某照明电路供电。已知 A 相和 B 相各接有 40 盏、C 相接有 20 盏 220 V、100 W 的白炽灯，应采用Y连接还是△连接？并求各相的相电流、线电流和中性线电流。

7. 三相对称负载三角形连接，其线电流 $I_L = 5.5\ \text{A}$，有功功率为 $P = 7\ 760\ \text{W}$，功率因数 $\cos\varphi = 0.8$，求电源的线电压 U_L、电路的无功功率 Q 和每相阻抗 Z。

8. 三相异步电动机的 3 个阻抗相同的绕组连接成三角形，接于线电压 $U_L = 380\ \text{V}$ 的对称三相电源上，若每相阻抗 $Z = 8 + \text{j}6\ \Omega$，试求此电动机工作时的相电流 I_P、线电流 I_L 和三相电功率 P。

9. 电路如图 3-13 所示三相负载星形连接电路，已知三相电源的线电压 $\dot{U}_{AB} = 380\angle 30°\text{V}$，阻抗 $Z_A = 20\angle 37°\Omega$，$Z_B = 20\angle 30°\Omega$，$Z_C = 20\angle 53°\Omega$，求：三相功率 P。

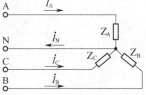

图 3-13　习题 9 图

10. 在图 3-14 所示电路中，三相四线制电路上接有对称星形连接的白炽灯负载，其总功率为 180 W。此外，在 C 相上接有额定电压为 220 V、功率为 40 W、功率因数 $\cos\varphi = 0.5$ 的日光灯一支，试求电流 $\dot{I}_A$，$\dot{I}_B$，$\dot{I}_C$ 和 $\dot{I}_N$。设 $\dot{U}_A = 220\angle 0°\ \text{V}$。

11. 在线电压为 380 V 的三相电源上，接两组电阻性对称负载，如图 3-15 所示，试求线路电流 $\dot{I}$。

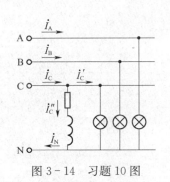

图 3-14　习题 10 图　　　　图 3-15　习题 11 图

12. 三相对称负载三角形连接，其线电流为 $I_L = 5.5\ \text{A}$，有功功率为 $P = 7\ 760\ \text{W}$，功率因数 $\cos\varphi = 0.8$，求电源的线电压 U_L、电路的无功功率 Q 和每相阻抗 Z。

13. 对称三相负载星形连接，已知每相阻抗为 $Z = 31 + \text{j}22\ \Omega$，电源线电压为 380 V，求三相交流电路的有功功率、无功功率、视在功率和功率因数。

14. 对称三相电阻炉作三角形连接，每相电阻为 38 Ω，接于线电压为 380 V 的对称三相电源上，试求负载相电流 I_P、线电流 I_L 和三相有功功率 P，并绘出各电压电流的相量图。

15. 对称三相电源，线电压 $U_L = 380\ \text{V}$，对称三相感性负载作三角形连接，若测得线电

流 $I_L=17.3$ A，三相功率 $P=9.12$ kW，求每相负载的电阻和感抗。

16. 对称三相电源，线电压 $U_L=380$ V，对称三相感性负载作星形连接，若测得线电流 $I_L=17.3$ A，三相功率 $P=9.12$ kW，求每相负载的电阻和感抗。

17. 为什么远距离输电要采用高电压？

项目 4

变压器的连接与测试

项目导入

在各种制造生产过程中,需要各种各样的动力设备,而所有动力设备的能量来源离不开电源——变压器。变压器是应用非常广泛的电气设备。在电力系统中,从输电的角度,在电功率一定的状况下,为了减少损耗,需要用高电压。发电机发出的电压需经变压器升压,然后再经高压输电线路输送到远地。变压器的主要作用是实现电压变换、电流变换和阻抗变换。变压器的连接与特性测试是本项目要解决的问题。

项目分析

【知识结构】

磁的基本知识;磁路的基本定律和铁磁性物质的磁化情况;变压器的基本结构与工作原理;变压器的特点。

【学习目标】

◆ 掌握磁路的基本定律;
◆ 掌握变压器的结构与工作原理。

【能力目标】

◆ 会利用磁路的基本定律解决实际问题;
◆ 会分析变压器的运行特点。

【素质目标】

◆ 能够分析变压器的运行特点及工作过程中的故障分析,并能提出合理的解决方案;
◆ 具有进一步学习专业知识的能力。

相关知识

知识点 变 压 器

掌握变压器的基本结构与工作原理,并能据此熟悉变压器的特点。

一、变压器的工作原理

变压器的结构示意图及表示符号如图 4-1 所示。

原绕组匝数为 N_1,电压为 U_1,电流为 I_1,主磁电动势为 E_1,漏磁电动势为 $E_{1\sigma}$;副绕组匝数为 N_2,电压为 U_2,电流为 I_2,主磁电动势为 E_2,漏磁电动势为 $E_{2\sigma}$。

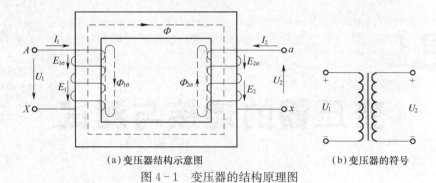

(a) 变压器结构示意图　　(b) 变压器的符号

图 4-1　变压器的结构原理图

(一) 电压变换

原绕组的电压方程为

$$\dot{U}_1=R_1\dot{I}_1+jX_{\sigma1}\dot{I}_1-\dot{E}_1 \tag{4-1}$$

忽略电阻 R_1 和漏抗 $X_{\sigma1}$ 的电压，则

$$U_1\approx E_1=4.44fN_1\Phi_m \tag{4-2}$$

副绕组的电压方程为

$$\dot{U}_2=\dot{E}_2-R_2\dot{I}_2-jX_{\sigma2}\dot{I}_2 \tag{4-3}$$

空载是副绕组电流 $I_2=0$，电压 $U_{20}=E_2$

$$U_{20}=E_2=4.44fN_2\Phi_m \tag{4-4}$$

$$\frac{U_1}{U_{20}}\approx\frac{E_1}{E_2}=\frac{N_1}{N_2}=K \tag{4-5}$$

K 称为变压器的变比。

在负载状态下，由于副绕组的电阻 R_2 和漏抗 X_σ 很小，其上的电压远小于 E_2，仍有

$$U_2\approx E_2=4.44fN\Phi_m$$

$$\frac{U_1}{U_2}\approx\frac{E_1}{E_2}=\frac{N_1}{N_2}=K \tag{4-6}$$

三相变压器的两种接法及电压的变换关系如图 4-2 所示。

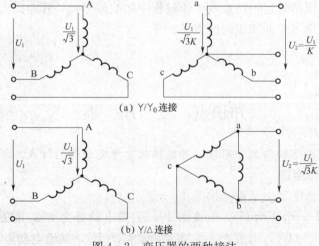

(a) Y/Y₀ 连接

(b) Y/△ 连接

图 4-2　变压器的两种接法

（二）电流变换

由 $U_1 \approx E_1 = 4.44 N_1 f \Phi_m$ 可知，U_1 和 f 不变时，E_1 和 Φ_m 也都基本不变。因此，有负载时产生主磁通的原、副绕组的合成磁动势 $(i_1 N_1 + i_2 N_2)$ 和空载时产生主磁通的原绕组的磁动势 $i_0 N_1$ 基本相等，即

$$i_1 N_1 + i_2 N_2 = i_0 N_1$$

$$I_1 N_1 + I_2 N_2 = I_0 N_1 \tag{4-7}$$

空载电流 i_0 很小，可忽略不计。

$$I_1 N_1 \approx -I_2 N_2$$

$$\frac{I_1}{I_2} \approx -\frac{N_2}{N_1} = -\frac{1}{K} \tag{4-8}$$

（三）阻抗变换

设接在变压器副绕组的负载阻抗 Z 的模为 $|Z|$，则

$$|Z| = \frac{U_2}{I_2} \tag{4-9}$$

Z 反映到原绕组的阻抗模 $|Z'|$ 为

$$|Z'| = \frac{U_1}{I_1} = \frac{KU_2}{\frac{I_2}{K}} = K^2 \frac{U_2}{I_2} = K^2 |Z| \tag{4-10}$$

二、变压器的使用

（一）电压变化率

$$\Delta U = \frac{U_{20} - U_2}{U_{20}} \times 100\% \tag{4-11}$$

电压变化率反映电压 U_2 的变化程度。通常希望 U_2 的变动越小越好，一般变压器的电压变化率约为 5%。

（二）损耗与效率

损耗 $\quad\quad\quad\quad\quad\quad \Delta P = \Delta P_{Cu} + \Delta P_{Fe}$

铜损 $\quad\quad\quad\quad\quad\quad \Delta P_{Cu} = I_1^2 R + I_2^2 R$

铁损 ΔP_{Fe} 包括磁滞损耗和涡流损耗。

（三）额定值

(1) 额定电压 U_N：指变压器副绕组空载时各绕组的电压。三相变压器是指线电压。

(2) 额定电流 I_N：指允许绕组长时间连续工作的线电流。

(3) 额定容量 S_N：在额定工作条件下变压器的视在功率。

单相变压器： $\quad\quad S_{2N} = U_{2N} I_{2N} \approx U_{1N} I_{1N} \tag{4-12}$

三相变压器： $\quad\quad S_{2N} = \sqrt{3} U_{2N} I_{2N} \approx \sqrt{3} U_{1N} I_{1N} \tag{4-13}$

（四）变压器线圈极性的测定

(1) 同极性端的标记，如图 4-3 所示。

(2) 同极性端的测定，如图 4-4 所示。

毫安表的指针正偏 1 和 3 是同极性端；反偏 1 和 4 是同极性端。

$U_{13} = U_{12} - U_{34}$ 时，1 和 3 是同极性端；$U_{13} = U_{12} + U_{34}$ 时，1 和 4 是同极性端。

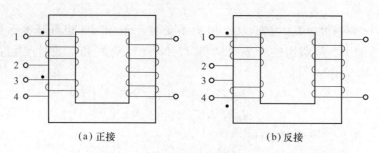

(a) 正接　　　　　　　　(b) 反接

图 4-3　同极性端的标记

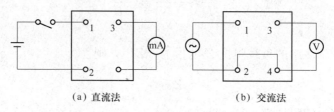

(a) 直流法　　　　　　　(b) 交流法

图 4-4　极性端测定方法

三、特殊变压器

（一）自耦变压器（见图 4-5）

特点：副绕组是原绕组的一部分，原、副压绕组不但有磁的联系，也有电的联系。

$$\frac{I_1}{I_2}=\frac{N_2}{N_1}=\frac{1}{K}$$

$$\frac{U_1}{U_2}=\frac{N_1}{N_2}=K$$

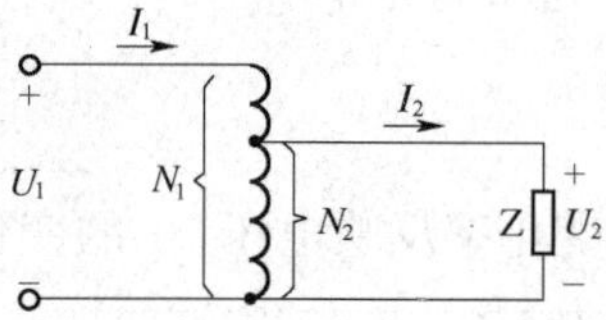

图 4-5　自耦变压器

（二）仪用互感器

（1）电流互感器（见图 4-6）：原绕组线径较粗，匝数很少，与被测电路负载串联；副绕组线径较细，匝数很多，与电流表及功率表、电度表、继电器的电流线圈串联。用于将大电流变换为小电流。使用时副绕组电路不允许开路。

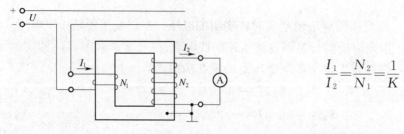

$$\frac{I_1}{I_2}=\frac{N_2}{N_1}=\frac{1}{K}$$

图 4-6　电流互感器

（2）电压互感器（见图 4-7）：电压互感器的原绕组匝数很多，并联于待测电路两端；副绕组匝数较少，与电压表及电度表、功率表、继电器的电压线圈并联。用于将高电压变换成低电压。使用时副绕组不允许短路。

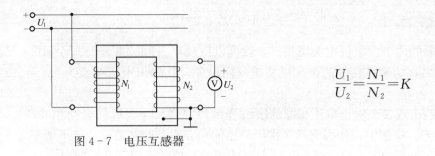

$$\frac{U_1}{U_2}=\frac{N_1}{N_2}=K$$

图 4-7 电压互感器

项目实施　变压器的连接与测试

一、目的要求

深入了解变压器的性能，学会灵活运用变压器。

二、所用器材

(1) 交流电压表（0～500 V）×2 块（D33）；

(2) 试验变压器（220 V/15 V，0.3 A；5 V，0.3 A）×1 台（DG08）。

三、基本知识

原理说明

一只变压器都有一个初级绕组和一个或多个次级绕组。如果一只变压器有多个次级绕组，那么，在某些情况下，通过改变变压器各绕组端子的连接方式，常可满足一些临时性的需求。

如图 4-8 所示的变压器，有两个 8.2 V、0.5 A 的次级绕组。现在，如果想得到一组稍低于 8 V 的电压，用这只变压器（不能拆它），能实现吗？

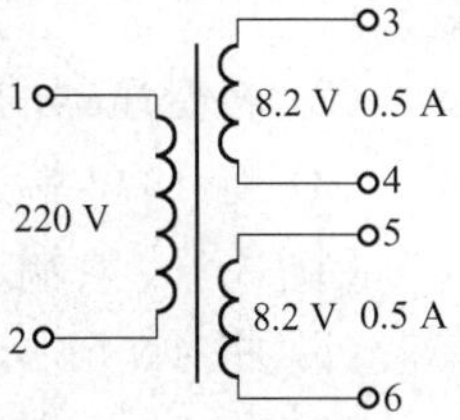

要降低（或升高）变压器次级绕组的输出电压，有 3 种方法，具体如下。

图 4-8 变压器

(1) 降低（或升高）初级输入电压——这需要用到调压器，还受到额定电压的限制。

(2) 减少（或增加）次级绕组匝数。

(3) 增加（或减少）初级绕组匝数。

后两种方法似乎都要拆变压器才能做到。但是，针对这个问题，不拆变压器也能实现：只要把一个 8.2 V 绕组串入初级绕组（注意同名端应头尾相串），再接入 220 V 电源，则变压器的另一个次级绕组的输出电压就会改变。

变压器初、次级绕组的每伏匝数基本上是相同的，设为 n，则该变压器原初级绕组的匝数为 $220n$ 匝，两个次级绕组的匝数分别为 $8.2n$ 和 $8.2n$ 匝。把一个次级绕组正串入初级绕组后，初级绕组就变成 $(220+8.2)n$ 匝。当变压器初级绕组的匝数改变时，由于变压器次级绕组的输出电压与初级绕组的匝数成反比，所以将一个 8.2 V 绕组串入初级绕组后，另一个 8.2 V 绕组的输出电压（U_{01}）就变为：$U_{01}=\dfrac{220n}{(220+8.2)n}\times 8.2\ \text{V}=7.91\ \text{V}$

同理，如果把 8.2 V 绕组反串入初级绕组，再接入 220 V 电源，则另一个 8.2 V 绕组的输出电压（U_{02}）就变为：$U_{02}=\dfrac{220n}{(220-8.2)n}\times 8.2\text{ V}=8.52\text{ V}$

(1) 将此变压器的两个次级绕组头尾相串，就可以得到 $U_{03}=8.2\text{ V}+8.2\text{ V}=16.4\text{ V}$ 的次级输出电压。反之，如果将它的两个次级绕组反向串联，其输出电压就成为 $U_{04}=8.2\text{ V}-8.2\text{ V}=0\text{ V}$。

(2) 还可以将两个或多个输出电压相同的次级绕组相并联（注意应同名端相并联），以获得较大的负载电流。本例中，如果将两个次级绕组同相并联，则其负载电流可增至 1 A。

(3) 在将一个变压器的各个绕组进行串、并联使用时，应注意以下几个问题。

① 两个或多个次级绕组，即使输出电压不同，均可正向或反向串联使用，但串联后的绕组允许流过的电流应≤其中最小的额定电流值。

② 两个或多个输出电压相同的绕组，可同相并联使用。并联后的负载电流可增加到并联前各绕组的额定电流之和，但不允许反相并联使用。

③ 输出电压不相同的绕组，绝对不允许并联使用，以免由于绕组内部产生环流而烧坏绕组。

④ 有多个抽头的绕组，一般只能取其中一组（任意两个端子）来与其他绕组串联或并联使用。并联使用时，该两端子间的电压应与被并绕组的电压相等。

⑤ 变压器的各绕组之间的串、并联都为临时性或应急性使用。长期性的应用仍应采用规范设计的变压器。

四、内容及步骤

(1) 用交流法判别变压器各绕组的同名端。

(2) 将变压器的1、2两端接交流 220 V，测量并记录两个次级绕组的输出电压。

(3) 将 1、3 端连通，2、4 两端接交流 220 V，测量并记录 5、6 两端的电压。

(4) 将 1、4 端连通，2、3 两端接交流 220 V，测量并记录 5、6 两端的电压。

(5) 将 4、5 端连通，1、2 两端接交流 220 V，测量并记录 3、6 两端的电压。

(6) 将 3、5 端连通，1、2 两端接交流 220 V，测量并记录 4、6 两端的电压。

(7) 将 3、5 端连通，4、6 端连通，1、2 两端接交流 220 V，测量并记录 3、4 两端的电压。

五、注意事项

(1) 由于实验中用到 220 V 交流电源，因此操作时应注意安全。做每个实验和测试之前，均应先将调压器的输出电压调为 0 V，在接好连线和仪表并经检查无误后，再慢慢将调压器的输出电压调到 220 V。测试、记录完毕后立即将调压器的输出电压调为 0 V。

(2) 图 4-8 中，变压器两个次级绕组所标注的输出电压是在额定负载下的输出电压。本实验中所测得的各个次级绕组的电压实际上是空载电压，要比所标注的电压高。

(3) 实验内容（7）中，必须确保 3、5（或 4、6）为同名端，否则会烧坏变压器。

六、思考题

(1) 如图 4-8 所示变压器的初级额定电流是多少（变压器效率以 85% 计）？

(2) U_{02} 的计算公式是如何得出的？

(3) 将变压器的不同绕组串联使用时，要注意什么？

七、实验报告要求

总结变压器几种连接方法及其使用条件。

项目4 变压器的连接与测试

项目总结

变压器是一种静止的、将某一等级的交流电压和电流转换为同频率的另一等级的交流电压和电流的设备。

功能：变电压——电力系统；变电流——电流互感器；变阻抗——电子电路中的阻抗匹配。

项目练习

1. 磁场的基本物理量有哪些？试说明它们的相互关系和单位。
2. 在一个磁感应强度 $B=1$ T 的均匀磁场中，面积 $S=20$ cm^2 的某一平面垂直于磁场方向放置，求穿过平面 S 的磁通。
3. 铁磁材料的磁导率为何不是常数？用螺丝刀在铁磁材料上摩擦后，可吊起小螺丝的原理是什么？
4. 一个直流电磁铁运行了一段时间后，由于某种原因，气隙增大，试问其吸引力有何改变？如果是交流电磁铁，情况又怎样？
5. 几何形状、匝数和芯子尺寸完全相等的两个环形线圈，其中一个用木芯，另一个用铁芯。当这两个线圈通入等值的电流时，两个线圈芯子中的 B，Φ，μ 值是否相等？为什么？
6. 要绕制一个铁芯线圈，已知电源电压 $U=220$ V，频率 $f=50$ Hz，今量得铁芯截面积为 30.2 cm^2，铁芯由硅钢片叠成，设叠片间隙系数为 0.91。

   （1）如取 $B=1.2$ T，问线圈匝数为多少？

   （2）如磁路平均长度为 60 cm，问励磁电流应为多大？
7. 在电力系统中，为什么要采用高压送电而用电设备又必须低压供电？
8. 变压器除具有变压作用外，还具有什么作用？举出你所见、所用的变压器。
9. 什么是变压器的变比？确定变压器的变比有哪几种方法？
10. 一台变压器，原、副边的匝数分别为 4 000/200，其变比为 20。在保持变比不变的情况下，能否将原、副边分别减小为 2 000/100，或 400/20 甚至 20/1？
11. 自耦变压器有何特点？使用时应注意哪些问题？

项目 5

电动机的典型控制电路

项目导入

在各种自动化装配线上，用作工位转化的桁架机械手需要进行前进、后退等操作动作，这些动作是如何实现的呢？这就需要由三相异步电动机来进行控制。本项目着重讨论通过电动机是如何来实现上述各种运动情况的。

项目分析

【知识结构】

三相异步电动机的基本构造及工作原理，三相异步电动机的电磁转矩与机械特性，三相异步电动机的启动，调速与制动原理，电动机的基本控制线路，常见机床的控制电路。

【学习目标】
- ◆ 掌握三相异步电动机的工作原理；
- ◆ 掌握电动机的基本控制线路。

【能力目标】
- ◆ 会利用三相异步电动机的工作原理解决实际问题；
- ◆ 会分析三相异步电动机的基本控制线路。

【素质目标】
- ◆ 能够分析三相异步电动机基本控制线路，检查故障，并能提出合理的解决方案；
- ◆ 具有进一步学习专业知识的能力。

相关知识

知识点 5.1 认识异步电动机

熟悉三相异步电动机的结构、特点；掌握三相异步电动机的工作原理；掌握铭牌数据的含义，为下一步学习奠定基础。

电机是电动机和发电机的统称，它是一种实现电能量转换的电磁装置。拖动生产机械，将电能转换为机械能的电机称为电动机；作为电源，将机械能转换为电能的电机称为发电机。由于电流有交、直流之分，所以电机也分为交流电机和直流电机两大类。

项目5 电动机的典型控制电路

一、三相异步电动机的结构

三相异步电动机的种类很多,但各类三相异步电动机的基本结构是相同的,它们都由定子和转子这两大基本部分组成,在定子和转子之间具有一定的气隙。此外,还有端盖、轴承、接线盒、吊环等其他附件,如图5-1所示。

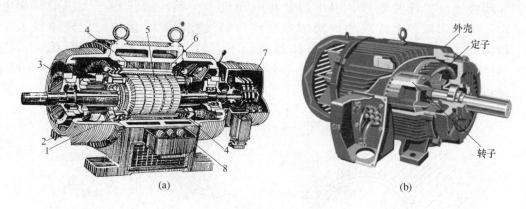

图5-1 三相异步电动机的结构
1—转子绕组;2—端盖;3—轴承;4—定子绕组;5—转子;6—定子;7—集电环;8—出线盒

(一)定子部分

定子是用来产生旋转磁场的。三相电动机的定子一般由外壳、定子铁芯、定子绕组等部分组成。

1. 外壳

三相电动机外壳包括机座、端盖、轴承盖、接线盒及吊环等部件。

机座:由铸铁或铸钢浇铸成型,它的作用是保护和固定三相电动机的定子绕组。中小型三相电动机的机座还有两个端盖支承着转子,它是三相电动机机械结构的重要组成部分。通常,机座的外表要求散热性能好,所以一般都铸有散热片。

端盖:用铸铁或铸钢浇铸成型,它的作用是把转子固定在定子内腔中心,使转子能够在定子中均匀地旋转。

轴承盖:也是铸铁或铸钢浇铸成型的,它的作用是固定转子,使转子不能轴向移动,另外起存放润滑油和保护轴承的作用。

接线盒:一般是用铸铁浇铸,其作用是保护和固定绕组的引出线端子。

吊环:一般是用铸钢制造,安装在机座的上端,用来起吊、搬抬三相电动机。

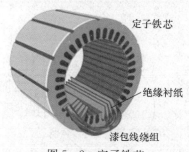

图5-2 定子铁芯

2. 定子铁芯

异步电动机定子铁芯是电动机磁路的一部分,由0.35~0.5 mm厚表面涂有绝缘漆的薄硅钢片叠压而成,如图5-2所示。由于硅钢片较薄且片与片之间是绝缘的,所以减少了由于交变磁通通过而引起的铁芯涡流损耗。铁芯内有均匀分布的槽口,用来嵌放定子绕组。

3. 定子绕组

定子绕组是三相电动机的电路部分，三相电动机有三相绕组，通入三相对称电流时，就会产生旋转磁场。三相绕组由 3 个彼此独立的绕组组成，且每个绕组又由若干线圈连接而成。每个绕组即为一相，每个绕组在空间相差 120°电角度。线圈由绝缘铜导线或绝缘铝导线绕制。中小型三相电动机多采用圆漆包线，大中型三相电动机的定子线圈则用较大截面的绝缘扁铜线或扁铝线绕制后，再按一定规律嵌入定子铁芯槽内。定子三相绕组的 6 个出线端都引至接线盒上，首端分别标为 U_1，V_1，W_1，末端分别标为 U_2，V_2，W_2。这 6 个出线端在接线盒里的排列如图 5-3 所示，可以接成星形或三角形。

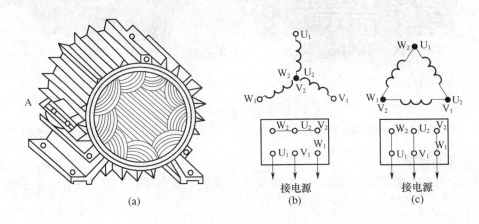

图 5-3 定子绕组及其接线端

（二）转子部分

1. 转子铁芯

转子铁芯是用 0.5 mm 厚的硅钢片叠压而成，套在转轴上，作用和定子铁芯相同，一方面作为电动机磁路的一部分，另一方面用来安放转子绕组。

2. 转子绕组

异步电动机的转子绕组分为绕线形与笼形两种，由此分为绕线转子异步电动机与笼形异步电动机。

（1）绕线形绕组。与定子绕组一样也是一个三相绕组，一般接成星形，三相引出线分别接到转轴上的 3 个与转轴绝缘的集电环上，通过电刷装置与外电路相连，这就有可能在转子电路中串接电阻或电动势以改善电动机的运行性能，如图 5-4 所示。

（2）笼形绕组。在转子铁芯的每一个槽中插入一根铜条，在铜条两端各用一个铜环（称为端环）把导条连接起来，称为铜排转子，如图 5-5（a）所示。也可用铸铝的方法，把转子导条和端环风扇叶片用铝液一次浇铸而成，称为铸铝转子，如图 5-5（b）所示。100 kW 以下的异步电动机一般采用铸铝转子。

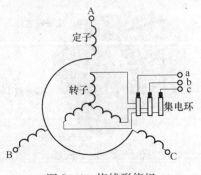

图 5-4 绕线形绕组

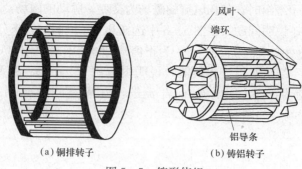

(a) 铜排转子　　　　　　　(b) 铸铝转子

图 5-5　笼形绕组

(三) 其他部分

其他部分包括端盖、风扇等。端盖除了起防护作用外，在端盖上还装有轴承，用以支承转子轴。风扇则用来通风冷却电动机。三相异步电动机的定子与转子之间的空气隙，一般仅为 0.2～1.5 mm。气隙太大，电动机运行时的功率因数降低；气隙太小，使装配困难，运行不可靠，高次谐波磁场增强，从而使附加损耗增加及使启动性能变差。

二、三相异步电动机的工作原理

三相异步电动机是根据磁场与在载流导体相互作用下产生电磁力的原理而制成的。要了解其工作原理，首先必须理解旋转磁场的产生及其性质。

(一) 旋转磁场

1. 旋转磁场的产生

三相异步电动机的定子铁芯中放有三相对称绕组 U_1U_2，V_1V_2，W_1W_2。设将三相绕组接成星形绕组，绕组中通入三相对称电流。

图 5-6 所示为最简单的三相异步电动机转子转动演示图，三相异步电动机的定子绕组对称放置在定子槽中，即三相绕组的首端 U_1，V_1，W_1（或末端 U_2，V_2，W_2）的空间位置相差 120°。若三相绕组连接成星形，末端 U_2，V_2，W_2 相连，首端 U_1，V_1，W_1 接到三相对称电源上，则在定子绕组中通过三相对称电流 i_U，i_V，i_W（习惯规定电流参考方向由首端指向末端），即

$$i_U = I_m \sin \omega t$$
$$i_V = I_m \sin (\omega t - 120°)$$
$$i_W = I_m \sin (\omega t + 120°) \quad (5-1)$$

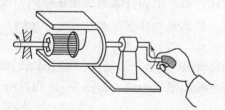

图 5-6　异步电动机转子转动的演示

图 5-7 (a) 为星形三相绕组，三相对称电流的波形如图 5-7 (b) 所示。

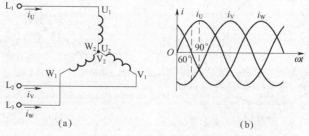

图 5-7　三相对称电流

当三相电流流入定子绕组时,各相电流的磁场为交变、脉动的磁场,而三相电流的合成磁场则是一旋转磁场。为了说明问题,在图 5-8 中选择几个不同瞬间,来分析旋转磁场的形成。

(1) $t=0$ 瞬间 ($i_U=0$,i_V 为负值,i_W 为正值),此时 U 相绕组($U_1 U_2$ 绕组)内没有电流;V 相绕组($V_1 V_2$ 绕组)电流为负值,说明电流由 V_2 流进,由 V_1 流出;而 W 相绕组($W_1 W_2$ 绕组)电流为正,说明电流由 W_1 流进,由 W_2 流出。运用右手螺旋定则,可以确定这一瞬间的合成磁场,如图 5-8(a)所示,为一对极(两极)磁场。

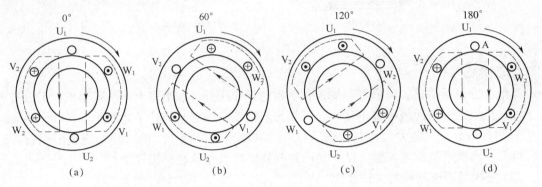

图 5-8 两极旋转磁场

(2) $t=T/6$ 瞬间 (i_U 为正值,i_V 为负值,$i_W=0$),此时 U 相绕组电流为正,电流由 U_1 流进,由 U_2 流出;V 相绕组电流未变;W 相绕组内没有电流。合成磁场如图 5-8(b)所示,同 $t=0$ 瞬间相比,合成磁场沿顺时针方向旋转了 60°。

(3) $t=T/3$ 瞬间 (i_U 为正值,$i_V=0$,i_W 为负值),此时合成磁场沿顺时针方向又旋转了 60°。如图 5-8(c)所示。

(4) $t=T/2$ 瞬间 ($i_U=0$,i_V 为正值,i_W 为负值),此时与 $t=0$ 瞬间相比,合成磁场共旋转了 180°。如图 5-8(d)所示。

由此可见,随着定子绕组中三相对称电流的不断变化,所产生的合成磁场也在空间不断地旋转。由上述两极旋转磁场可以看出,电流变化一周,合成磁场在空间旋转 360°(1 转),且旋转方向与线圈中电流的相序一致。

以上分析的是每相绕组只有一个线圈的情况,产生的旋转磁场具有一对磁极。旋转磁场的极数与定子绕组的排列有关。如果每相定子绕组分别由两个线圈串联而成,如图 5-9(a)所

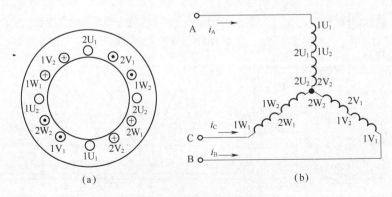

图 5-9 四极定子绕组

示,其中,U 相绕组由线圈 $1U_11U_2$ 和 $2U_12U_2$ 串联组成,V 相绕组由 $1V_11V_2$ 和 $2V_12V_2$ 串联组成,W 相绕组由 $1W_11W_2$ 和 $2W_12W_2$ 串联组成,如图 5-9(b)所示当三相对称电流通过这些线圈时,便能产生两对极旋转磁场(四极)。

采用上述同样的分析方法,四极旋转磁场在电流变化一周时,旋转磁场在空间旋转 180°。

2. 旋转磁场的转速

由以上分析可以看出,旋转磁场的转速与磁极对数、定子电流的频率之间存在着一定的关系。一对极的旋转磁场,电流变化一周时,磁场在空间转过 360°(一转);两对极的旋转磁场,电流变化一周,磁场在空间转过 180°(1/2 转)。以此类推,当旋转磁场具有 p 对磁极时,电流变化一周,其旋转磁场就在空间转过 $1/p$ 转。

通常转速是以每分钟的转数来表示的,所以旋转磁场的计算公式为

$$n_1 = 60f_1/p \tag{5-2}$$

式中:n_1——旋转磁场的转速,又称同步转速,r/min;
f_1——定子电流的频率,Hz;
p——旋转磁场的极对数。

国产异步电动机定子绕组的电流频率为 50 Hz,所以不同极对数的异步电动机所对应的旋转磁场的转数也就不同,见表 5-1。

表 5-1 异步电动机转数和极对数的关系

p	1	2	3	4
$n_1/(\text{r} \cdot \text{min}^{-1})$	3 000	1 500	1 000	750

旋转磁场的转向与电流的相序一致,参见图 5-8 和图 5-9,电流的相序为 U-V-W,则磁场的旋转方向为顺时针。必须指出,电动机三相绕组的任一相都可以是 U 相(或 V 相、W 相),而电源的相序总是固定的(正序)。因此,如果将 3 根电源线中的任意两根(如 U 相和 V 相)对调,也就是说,电源的 U 相接到 V 相绕组上,电源的 V 相接到 U 相绕组上,在 V 相绕组中流过的电流是 U 相电流 i_U,而在 U 相绕组中,流过的是 V 相电流 i_V,这时,三相对称的定子绕组中电流的相序为 U—W—V(逆时针),所以旋转磁场的转向也变为逆时针。

(二)三相异步电动机的工作原理

当电动机的定子绕组通过三相交流电时,便在气隙中产生旋转磁场。设旋转磁场以 n_1 的速度顺时针旋转,则静止的转子绕组同旋转磁场就有了相对运动,从而在转子导体中产生感应电动势,其方向可根据右手定则判断(假定磁场不动,导体以相反的方向切割磁感线)。如图 5-10 所示,可以确定出上半部导体的感应电动势垂直纸面向外,下半部导体的感应电动势垂直纸面向里。由于转子电路为闭合电路,在感应电动势的作用下,产生了感应电流。

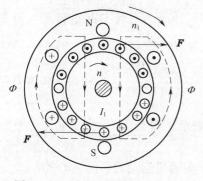

图 5-10 异步电动机的工作原理

由于载流导体在磁场中要受到力的作用,因此,可以用左手定则确定转子导体所受电磁力方向,如图 5-10 所示。这些电磁力对转轴形成一电磁转矩,其作用方向

同旋转磁场的旋转方向一致。这样，转子便以一定的速度沿旋转磁场的旋转方向转动起来。

从上面的分析可以知道，异步电动机电磁转矩的产生必须具备以下条件：①气隙中有旋转磁场；②转子导体中有感应电流。不难知道，在三相对称的定子绕组中通以三相对称的电流就能产生旋转磁场，而闭合的转子绕组在感应电动势的作用下能够形成感应电流，从而产生相应的电磁力矩。

如果旋转磁场反转，则转子的旋转方向也随之改变。

异步电动机转子的旋转方向虽然和旋转磁场的方向一致，但其转速 n 始终小于同步转速 n_1。这是由异步电动机的工作原理决定的。如果 $n=n_1$，则转子与磁场之间便无相对运动，转子导体将不再切割磁感线，因而其感应电动势、感应电流及电磁转矩均为零。所以这种电动机的转速不可能等于同步转速，只能以 $n<n_1$ 的转速而旋转。正因为如此，此类电动机才称为异步电动机。由于该类电动机的转子电流是由电磁感应而产生的，所以又称为感应电动机。

当转子获得的电磁转矩 T 与其他机械作用在轴上的负载转矩 T_c 相等时，电动机就以某一转速稳定运转；若负载发生变化，当 $T>T_c$ 时，则电动机加速；当 $T<T_c$ 时，电动机减速。

电动机不带机械负载的状态称为空载。这时负载转矩是由轴与轴承的摩擦力及风阻力造成的，称为空载转矩，其值很小。这时电动机的电磁转矩也很小，但其转速 n_0（或称空载转速）很高，接近于同步转速。

异步电动机的工作原理与变压器有许多相似之处，如两者都是以工作磁通为媒介来传递能量；异步电动机每相定子绕组的感应电动势 E_1 也近似与外加电源电压 U_1 平衡，即

$$U_1 \approx E_1 = 4.44 f_1 N_1 \Phi K_1 \tag{5-3}$$

在式（5-3）中，K_1 为定子绕组系数，与电动机的结构有关；Φ 为旋转磁场的每极平均磁通。

同样，异步电动机定子电路与转子电路的电流也满足磁通势平衡关系，即

$$i_1 N_1 + i_2 N_2 = i_0 N_1 \tag{5-4}$$

由式（5-4）可知：当异步电动机负载增大时，转子电流增大，在外加电压不变时，定子绕组电流也增大，从而抵消转子磁通势对旋转磁通的影响。可见，同变压器类似，定子绕组电流是由转子电流决定的。

当然，异步电动机与变压器也有许多不同之处。例如，变压器是静止的，而异步电动机是旋转的；异步电动机的负载是机械负载，输出机械功率，而变压器的负载为电负载，输出的是电功率；此外，异步电动机的定子与转子之间有空气隙，所以它的空载电流较大（为额定电流的 20%～40%），异步电动机的定子电流频率与转子电流频率一般是不同的。

（三）转差率

异步电动机的转子转速 n 低于同步转速 n_1，两者的差值 (n_1-n) 称为转差。转差就是转子与旋转磁场之间的相对转速。

转差率就是相对转速（转差）与同步转速之比，用 s 表示，即

$$s = (n_1-n)/n \tag{5-5}$$

转差率是分析异步电动机转速特征的一个重要参数。在电动机启动的瞬间，$n=0$，$s=1$；当电动机转速达到同步转速（为理想空载转速，电动机实际运行中不可能达到）时，

$n=n_1$，$s=0$。由此可见，异步电动机在运行状态下，转差率的范围为（$0<s<1$）。

在额定状态下运行时，$s=0.02\sim0.06$。

由式（5-2）和式（5-5）可得

$$n=(1-s)n_1=(1-s)60f_1/p \qquad (5-6)$$

【例 5-1】 一台三相四极 50 Hz 异步电动机，已知额定转速为 $n_N=1\,425$ r/min。求额定转差率 s_N。

解： 该电动机的同步转速为

$$n_1=60f/p=60\times50/2=1\,500\,(\text{r/min})$$

因而电动机的额定转差率为

$$s_N=(n_1-n)/n_1=(1\,500-1\,425)/1\,500=0.05$$

三、三相异步电动机的铭牌数据

三相异步电动机的额定值刻印在每台电动机的铭牌上，一般包括下列数据。

(1) 型号：为了适应不同用途和不同工作环境的需要，电动机制成不同的系列，每种系列用各种型号表示。如 Y 132 M-4。

Y——三相异步电动机，其中三相异步电动机的产品名称代号还有：YR 为绕线式异步电动机，YB 为防爆型异步电动机，YQ 为高启动转距异步电动机；

132——机座中心高，mm；

M——机座长度代号；

4——磁极数。

(2) 接法：这是指定子三相绕组的接法。一般鼠笼式电动机的接线盒中有 6 根引出线，标有 U_1、V_1、W_1、U_2、V_2、W_2。其中，U_1、U_2 是第一相绕组的两端；V_1、V_2 是第二相绕组的两端；W_1、W_2 是第三相绕组的两端。如果 U_1、V_1、W_1 分别为三相绕组的始端（头），则 U_2、V_2、W_2 是相应的末端（尾）。这 6 个引出线端在接电源之前，相互间必须正确连接。连接方法有星形（Y）连接和三角形（△）连接两种（见图 5-11）。通常三相异步电动机自 3 kW 以下者，连接成星形；自 4 kW 以上者，连接成三角形。

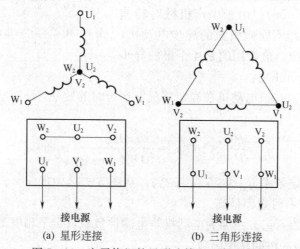

(a) 星形连接　　(b) 三角形连接

图 5-11　定子绕组的星形连接和三角形连接

(3) 额定功率 P_N：是指电动机在制造厂所规定的额定情况下运行时，其输出端的机械

功率，单位一般为千瓦（kW）。对三相异步电机，其额定功率为

$$P_{\mathrm{N}} = U_{\mathrm{N}} I_{\mathrm{N}} \eta_{\mathrm{N}} \cos \varphi_{\mathrm{N}} \tag{5-7}$$

式中：η_{N}，$\cos \varphi_{\mathrm{N}}$——额定情况下的效率和功率因数。

（4）额定电压 U_{N}：是指电动机额定运行时，外加于定子绕组上的线电压，单位为伏（V）。

一般规定电动机的工作电压不应高于或低于额定值的 5%。当工作电压高于额定值时，磁通将增大，将使励磁电流大大增加，电流大于额定电流，使绕组发热。同时，由于磁通的增大，铁损耗（与磁通平方成正比）也增大，使定子铁芯过热；当工作电压低于额定值时，引起输出转矩减小，转速下降，电流增加，也使绕组过热，这对电动机的运行也是不利的。

我国生产的 Y 系列中小型异步电动机，其额定功率在 3 kW 以上的，额定电压为 380 V，绕组为三角形连接。额定功率在 3 kW 及以下的，额定电压为 380/220 V，绕组为 Y/△ 连接（即电源线电压为 380 V 时，电动机绕组为星形连接；电源线电压为 220 V 时，电动机绕组为三角形连接）。

（5）额定电流 I_{N}：是指电动机在额定电压和额定输出功率时定子绕组的线电流，单位为安（A）。

当电动机空载时，转子转速接近于旋转磁场的同步转速，两者之间相对转速很小，所以转子电流近似为零，这时定子电流几乎全为建立旋转磁场的励磁电流。当输出功率增大时，转子电流和定子电流都随着相应增大，如图 5-12 中的 $I_1 = f(P_2)$ 曲线所示。图中是一台 10 kW 三相异步电动机的工作特性曲线。

（6）额定频率 f_{N}：我国电力网的频率为 50 Hz，因此除外销产品外，国内用的异步电动机的额定频率为 50 Hz。

（7）额定转速 n_{N}：是指电动机在额定电压、额定频率下，输出端有额定功率输出时，转子的转速，单位为转/分（r/min）。由于生产机械对转速的要求不同，需要生产不同磁极数的异步电动机，因此有不同的转速等级。最常用的是 4 个极的异步电动机（$n_0 = 1\,500$ r/min）。

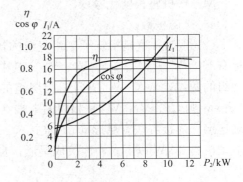

图 5-12 三相异步电动机的工作特性曲线

（8）额定效率 η_{N}：是指电动机在额定情况下运行时的效率，是额定输出功率与额定输入功率的比值。即

$$\eta_{\mathrm{N}} = \frac{P_{\mathrm{N2}}}{P_{\mathrm{N1}}} \times 100\% = \frac{P_{\mathrm{N}}}{\sqrt{3} U_{\mathrm{N}} I_{\mathrm{N}} \cos \varphi_{\mathrm{N}}} \times 100\% \tag{5-8}$$

异步电动机的额定效率 η_{N} 为 75%～92%。从图 5-12 中的 $\eta = f(P_2)$ 曲线可以看出，在额定功率的 75% 左右时效率最高。

（9）额定功率因数 $\cos \varphi_{\mathrm{N}}$：因为电动机是电感性负载，定子相电流比相电压滞后一个 φ 角，$\cos \varphi$ 就是异步电动机的功率因数。

三相异步电动机的功率因数较低，在额定负载时为 0.7～0.9，而在轻载和空载时更低，空载时只有 0.2～0.3。因此，必须正确选择电动机的容量，防止"大马拉小车"，并力求缩

短空载的时间。图 5-12 中的 $\cos \varphi = f(P_2)$ 曲线反映的是功率因数和输出功率之间的关系。

（10）绝缘等级：它是按电动机绕组所用的绝缘材料在使用时容许的极限温度来分级的。所谓极限温度，是指电动机绝缘结构中最热点的最高容许温度。其技术数据见表 5-2。

表 5-2 绝缘等级与极限温度

绝缘等级	A	E	B	F	H
极限温度/℃	105	120	130	155	180

（11）工作方式：也称为定额，是对电动机在铭牌规定的技术条件下运行持续时间的限制，以保证电动机的温度不超过允许值。电动机的工作方式可分为以下 3 种。

① 连续工作：在额定情况下可长期连续工作，如水泵、通风机、机床等设备所用的异步电动机。

② 短时工作：在额定情况下持续运行的时间不允许超过规定的时限（min）。有 15、30、60、90 四种。否则会使电动机过热。

③ 断续工作：可按一系列相同的工作周期，以间歇方式运行，如吊车和起重机等。

除此而外，还有其他电动机的主要技术参数，如过载系数 λ_m（T_m/T_N）、启动系数 λ_s（T_{st}/T_N）及启动电流与额定电流比 I_{st}/I_N 等。

知识点 5.2 异步电动机的电磁转矩与机械特性

掌握三相异步电动机的电磁转矩与机械特性。

如前所述，异步电动机之所以能够转动，是因为转子绕组中产生感应电动势，从而产生转子电流，这是电流同旋转磁场的磁通作用产生电磁转矩的缘故。因此，在讨论电动机的转矩之前，必须弄清楚转子电路的各物理量及它们之间的关系。

一、转子电路各量的分析

（一）转子电动势与转子电流频率

与变压器类似，转子绕组中感应电动势 E_2 的有效值为

$$E_2 = 4.44 K_2 f_2 N_2 \Phi \tag{5-9}$$

式中：K_2——转子绕组系数；

f_2——转子电流频率。

因为旋转磁场和转子之间的相对转速为 $n_1 - n$，所以有

$$f_2 = p(n_1-n)/60 = [(n_1-n)/n_1] \times pn_1/60 = sf_1 \tag{5-10}$$

从式（5-10）可知，转子电流频率与转差率有关，也就是与转速 n 有关。在电动机启动瞬间，即 $n=0$，则 $s=1$，$f_2 = f_1$；在额定负载下，$s = 0.02 \sim 0.06$，当 $f_1 = 50$ Hz 时，转子电流频率为 1~3 Hz。

将式（5-10）代入式（5-9）可得

$$E_2 = 4.44 K_2 s f_1 N_2 \Phi = s E_{20} \tag{5-11}$$

式中：$E_{20} = 4.44 K_2 f_1 N_2 \Phi$，为转子静止时（启动瞬间）的感应电动势。式（5-11）表明，转子电动势与转差率也有关。

(二) 转子电抗

转子电抗是由转子漏磁通 $\Phi_{\sigma 2}$ 引起的,其值为

$$X_{\sigma 2}=2\pi f_2 L_{\sigma 2}=sX_{20} \tag{5-12}$$

式中:$L_{\sigma 2}$——转子绕组的漏电抗;

X_{20}——转子静止时的电抗,$X_{20}=2\pi f_1 L_{\sigma 2}$。

由式(5-12)可知,转子旋转得越快,则转子电抗越小。

(三) 转子电流

转子绕组的电阻为 R_2,电抗为 $X_{\sigma 2}$,故其阻抗为 $Z_{\sigma 2}=\sqrt{R^2+(sX_{20})^2}$

因此,转子电流为

$$I_2=\frac{E_2}{|Z_{\sigma 2}|}=\frac{sE_{20}}{\sqrt{R^2+(sX_{20})^2}} \tag{5-13}$$

式(5-13)表明,转子电流随转差率的增大而增大,其变化规律如图 5-13 所示。

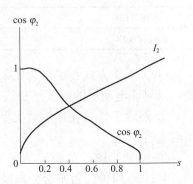

图 5-13 转子电流变化规律

(四) 转子功率因素

转子电路为感性电路,其转子电流总是滞后于转子电势 φ_2 角度,所以转子电流功率因数为

$$\cos\varphi_2=\frac{R_2}{|Z_{\sigma 2}|}=\frac{R_2}{\sqrt{R_2^2+(sX_{20})^2}} \tag{5-14}$$

式(5-14)说明,转子电路的功率因数随转差率的增大而下降。其变化规律如图 5-14 所示。

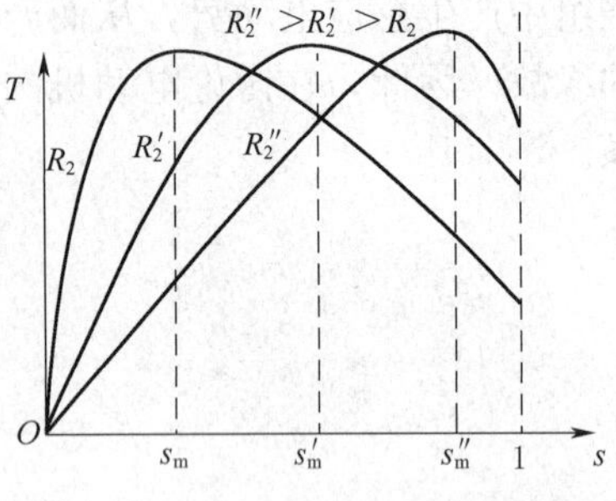

二、三相异步电动机的电磁转矩

电磁转矩由转子导体中的电流 I_2 与旋转磁场每极的主磁通 Φ 相互作用而产生,电磁转矩的大小与 I_2 及 Φ 成正比。转子电路是交流电路,且电路性质为感性,故转子电流 I_2 滞后于转子感应电动势 E_2 一个相位角差 φ_2,其功率因数是 $\cos\varphi_2$。转子电流可分为有功分量 $I_2\cos\varphi_2$ 和无功分量 $I_2\sin\varphi_2$ 两部分,只有其有功分量才能与旋转磁场相互作用产生电磁转矩对外做机械功,

图 5-14 不同转子电阻时的转矩曲线

即输出有功功率。因此,电磁转矩实际上是与转子电流 I_2 的有功分量成正比,即

$$T=K_T\Phi I_2\cos\varphi_2 \tag{5-15}$$

式中:K_T 是与电动机结构有关的常数。

三相异步电动机的电磁关系与变压器相似,它的定子电路和转子电路相当于变压器的原绕组和副绕组,旋转磁场的主磁通将定子和转子交链在一起。而异步电动机的转子电路是旋转的,且电动机的磁路中存在一个很小的空气隙。以下按变压器的方法来进行分析。

(一) 旋转磁场主磁通与电源电压 U_1 的关系

电源电压 U_1 与主磁通最大值 Φ_m 的关系是

项目 5 电动机的典型控制电路

$$U_1 \approx E_1 = 4.44 f_1 N_1 \Phi_m$$

当定子绕组接到三相交流电压 U_1 后,所产生的旋转磁场在定子每相绕组中产生感应电动势 E_1。

$$U_1 \approx E_1 = 4.44 K_1 f_1 N_1 \Phi \text{ 或 } \Phi \approx U_1/4.44 K_1 f_1 N_1 \qquad (5-16)$$

式中：f_1——外加电源电压 U_1 和定子绕组感应电动势的频率；

N_1——定子每相绕组的匝数；

Φ——旋转磁场的每极磁通量；

K_1——定子绕组系数($K_1 < 1$)。

式(5-16)说明：当电源电压 U_1 和频率 f_1 一定时,异步电动机旋转磁场的每极磁通量 Φ 基本不变。

(二)转子电流 I_2、功率因数 $\cos \varphi_2$ 与转差率的关系

在电动机启动瞬间 $n=0$,$s=1$,转子仍处于静止。在转子导体中感应出电动势 E_{20},其有效值为

$$E_{20} = 4.44 K_2 f_1 N_2 \Phi \qquad (5-17)$$

式中：K_2——转子绕组的绕组系数($K_2 < 1$)；

N_2——转子每相绕组的匝数。

这时转子感应电动势的频率 $f_2 = f_1$。

转子每相绕组的感抗为

$$X_{20} = 2\pi f_1 L_2 \qquad (5-18)$$

式中：L_2——转子每相绕组的电感。

当电动机正常运行时,转子转速为 n,旋转磁场的磁通为 Φ,它与转子导体间的相对切割速度为 $(n_1 - n)$。由式(5-10)可求得转子中感应电动势 E_2 的频率为

$$f_2 = \frac{p(n_1-n)}{60} = \frac{n_1-n}{n_1} \cdot \frac{pn_1}{60} = sf_1 \qquad (5-19)$$

式(5-19)表明：转子转动时,转子绕组感应电动势的频率 f_2 与转差率 s 成正比。当 s 很小时,f_2 也很小。电动机额定运行时,f_2 只有 2~3 Hz。

这时转子绕组感应电动势 E_2 的有效值为

$$E_2 = 4.44 K_2 f_2 N_2 \Phi = sE_{20} \qquad (5-20)$$

转子的每相感抗为

$$X_2 = 2\pi f_2 L_2 = 2\pi s f_1 L_2 = sX_{20} \qquad (5-21)$$

由此可得出转子电流

$$I_2 = \frac{E_2}{\sqrt{R_2^2 + X_2^2}} = \frac{sE_{20}}{\sqrt{R_2^2 + (sX_{20})^2}} \qquad (5-22)$$

式中：R_2——转子每相绕组的电阻。

转子每相绕组的功率因数为

$$\cos\varphi_2 = \frac{R_2}{\sqrt{R_2^2 + X_2^2}} = \frac{R_2}{\sqrt{R_2^2 + (sX_{20})^2}} \tag{5-23}$$

结论：转子电路的电动势 E_2、频率 f_2、感抗 X_2、电流 I_2 及功率因数 $\cos\varphi_2$ 都与转差率 s 有关。

（三）异步电动机的电磁转矩

将式（5-22）、式（5-23）代入式（5-15）中即可得出

$$T = K_T\Phi \cdot \frac{sE_{20}}{\sqrt{R_2^2+(sX_{20})^2}} \cdot \frac{R_2}{\sqrt{R_2^2+(sX_{20})^2}} = K_T\Phi \frac{sE_{20} \cdot R_2}{R_2^2+(sX_{20})^2}$$

由式（5-16），上式也可写成

$$T = K_T U_1^2 \frac{sR_2}{R_2^2+(sX_{20})^2} \tag{5-24}$$

式中：K_T——常数；
U_1——定子绕组的相电压；
s——转差率；
R_2——转子每相绕组的电阻；
X_{20}——转子静止时每相绕组的感抗。

由此可见，电磁转矩 T 与相电压 U_1 的平方成正比，所以电源电压的波动对电动机的电磁转矩将产生很大的影响。

例如，10 kV 及以下高压供电和低压供电用户，电压允许的偏差范围是额定电压的 $\pm7\%$。

三、三相异步电动机的机械特性

当电源电压 U_1 和频率 f_1 一定，且 R_2、X_{20} 都是常量时，电磁转矩 T 只随转差率 s 变化，用 $T=f(s)$ 来表示，称为异步电动机的转矩特性曲线，如图 5-15（a）所示。在实际工作中，通常用异步电动机的机械特性来分析问题。所谓机械特性，就是在电源电压不变的条件下，电动机的转速 n 和电磁转矩 T 之间的关系，即 $n=f(T)$，如图 5-15（b）所示。

把 $T=f(s)$ 曲线连同两根坐标轴顺时针方向转 90°就得到了 $n=f(T)$ 曲线。故实质上，上述两根曲线是一样的，只是表示形式不同而已。

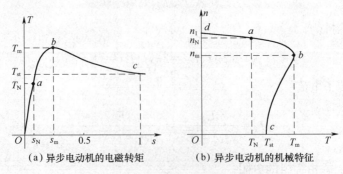

(a) 异步电动机的电磁转矩　　(b) 异步电动机的机械特征

图 5-15　转矩特性曲线

(一) 三个重要经验转矩

利用机械特性来分析电动机的运行情况，以便正确地使用电动机。机械特性上3个不同工作点所对应的3个有特征意义的重要转矩，以下分别介绍。

1. 额定转矩 T_N

电动机等运行时其电磁转矩 T 应与阻力矩 T_c 相平衡，即 $T = T_c$。电动机的阻力矩主要是轴上机械负载的转矩 T_2 和电动机的机械损耗转矩 T_0，由于 T_0 一般很小，可忽略不计，所以

$$T_c = T_2 + T_0 \approx T_2$$

电动机等速运行时其电磁转矩等于轴上的输出转矩，即机械负载转矩，由此可得到

$$T \approx T_2 = \frac{P_2}{\omega} = \frac{P_2 \times 10^3}{2n\pi/60} = 9\,550 \frac{P_2}{n} \tag{5-25}$$

式中：P_2——电动机上输出的机械功率，kW；

　　　n——电动机转速，r/min；

T 的单位是牛顿·米（N·m）。

额定转矩 T_N 是电动机在带动轴上的额定机械负载时产生的转矩。这时电动机处于额定状态，即输出功率、转速、转差率均为额定值。

根据电动机铭牌上所标志的 P_N 和 n_N，应用式（5-25）即可求得 T_N，即

$$T_N = 9\,550 \frac{P_N}{n_N} \tag{5-26}$$

2. 最大转矩 T_m

最大转矩 T_m 是三相异步电动机所能产生的最大电磁转矩。特性曲线上为 b 点，它所对应的转速 n_m、转差率 s_m 称为临界转速和临界转差率。将式（5-24）代入对 s 求导，令 $dT/ds = 0$，即可得出

$$s_m = R_2/X_{20} \tag{5-27}$$

而 $n_m = n_1(1-s_m) = n_1(1-R_2/X_{20})$，因此得

$$T_m = K_T' U_1^2 \frac{1}{2X_{20}} \tag{5-28}$$

一方面 s_m 与 R_2 有关，R_2 越大，s_m 也越大，如图 5-16（a）所示。另一方面 T_m 与 U_1^2 成正比，如图 5-16（b）所示。$U_1' < U_1$ 时，对应同一负载转矩 T_2，电动机转速下降，$n_1' < n_1$。当 U_1 进一步减小，T_2 将超过电动机的最大转矩 T_m，即 $T_2 > T_m$，电动机将停转（$n=0$）。这时电动机的电流马上升高到额定电流的 5~7 倍，电动机将严重过热，甚至烧毁，这种现象叫"闷车"，或称为"堵转"。

在较短的时间内，电动机的负载转矩可以超过额定负载转矩而不致立即过热。为了反映异步电动机短时允许过载的能力，常用过载系数 λ_m 来表示，即

$$\lambda_m = \frac{T_m}{T_N} \tag{5-29}$$

λ_m 是电动机最大转矩 T_m 与额定转矩 T_N 之比，异步电动机的 λ_m 一般为 1.8~2.2。

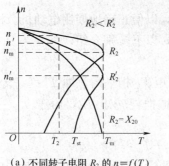 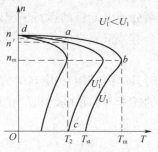

(a) 不同转子电阻 R_2 的 $n=f(T)$ 的曲线（U_1 为常数）　　(b) 不同电源电压 U_1 的 $n=f(T)$ 的曲线（R_2 为常数）

图 5-16　电磁转矩特性曲线

3. 启动转矩 T_{st}

电动机接通电源的瞬间（$n=0$，$s=1$），电动机的电磁转矩称为启动转矩，用 T_{st} 表示。

$$T_{st}=K'_T U_1^2 \frac{R_2}{R_2^2+(sX_{20})^2}$$

电动机的启动转矩 T_{st} 必须大于电动机静止时的负载转矩 T_2 才能启动。T_{st} 大，启动快，启动过程短。通常用 T_{st} 与额定转矩 T_N 之比来表示异步电动机的启动能力，称为启动系数，用 λ_s 表示

$$\lambda_s = \frac{T_{st}}{T_N} \tag{5-30}$$

一般三相鼠笼式异步电动机的 λ_s 为 0.8~2。

（二）电动机的稳定运行

异步电动机接通电源后，只要启动转矩 T_{st} 大于机轴上的负载转矩 T_2，转子便启动旋转。由机械特性曲线 $n=0$ 的 c 点沿 cb 段加速运行，因 cb 段电磁转矩 T 随着转速 n 升高而不断增大，一直到临界点 b（$T=T_m$）。经过 b 点后，由于 T 随 n 的增大而减小，故加速度也逐渐减小，直到 a 点，$T=T_2$，电动机就以恒定速度 n 稳定运行。如图 5-17 所示。

若由于某种原因使负载转矩增加，即 $T'_2 > T_2$，电动机会沿特性曲线 ab 段减速。当 n 下降到 n'，对应于曲线的 a' 点，达到新的稳定状态，$T'_2 = T$，电动机将以较低的转速 n' 稳定

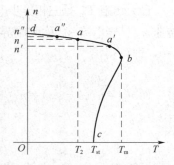

图 5-17　电动机的稳定运行

运行。反之，若负载转矩变小，即 $T''_2 < T$，电动机将沿着曲线 ad 段加速，当 n 上升到 n''，对应于曲线的 a'' 点，达到稳定状态，$T''_2 = T$，电动机将以较高的转速 n'' 稳定运行。由此可见，在机械特性的 db 段内，当机械负载转矩发生变化时，电动机能自动调节电磁转矩，使之适应负载转矩的变化，而保持稳定运行。这段称为稳定运行区。在 db 段内，较大的转矩变化对应的转速变化很小，故称异步电动机有硬的机械特性。机械特性的 bc 段称为不稳定运行区。电动机堵转时，其定子绕组仍接在电源上，而转子却静止不动。这时转子及定子绕组中的电流剧增，若不及时切除电源，电动机将迅速过热而烧毁。

知识点 5.3 三相异步电动机的启动、调速和制动

在掌握三相异步电动机的电磁转矩与机械特性基础上,掌握三相异步电动机的启动、调速与制动原理。

一般情况下,要求异步电动机具有理想的工作特性,例如,启动转矩足够大但启动电流不能太大,有较大且平滑的调速范围,制动可靠、准确等。

一、三相异步电动机的启动

从异步电动机接入电源,转子开始转动到稳定运转的过程,称为启动。在启动开始的瞬间($n=0$,$s=1$),转子和定子绕组都有很大的启动电流。一般中小型鼠笼式电动机的定子启动电流(线电流)是额定电流的 4~7 倍。过大的启动电流会造成输电线路的电压降增大,容易对处在同一电网中的其他电器设备的工作造成危害,例如,使照明灯的亮度减弱,使邻近异步电动机的转矩减小等。另外,虽然转子电流较大,但由于转子电路的功率因数 $\cos\varphi_2$ 很低,启动转矩并不是很大。

为了改善电动机的启动过程,电动机在启动时既要把启动电流限制在一定数值之内,同时要有足够大的启动转矩,以便缩短启动过程,提高生产效率。

下面分别介绍鼠笼式电动机和绕线式电动机的启动方法。

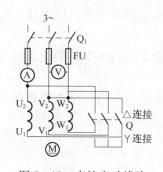

图 5-18 直接启动线路

(一)鼠笼式电动机的启动

鼠笼式电动机的启动方式有直接启动和降压启动两种。

1. 直接启动

直接启动(也称全压启动)就是将电动机直接接入电网使其在额定电压下启动,如图 5-18 所示。

这种方法最简单,设备少,投资少,启动时间短,但启动电流较大,启动转矩小,一般只适合小容量电动机(7.5 kW 以下)的启动。

较大容量的电动机,在电源容量也较大的情况下,可参考以下经验公式确定能否直接启动。

$$I_{st}/I_N = 3/4 + [供电变压器容量(kVA)/4] \times 电动机容量(kW) \quad (5-31)$$

式(5-31)的左边为电动机的启动电流倍数,右边为电源允许的启动电流倍数。只有满足该条件,才能直接启动。

2. 降压启动

降压启动的主要目的是限制启动电流,但同时也限制了启动转矩,因此这种方法只是用于在轻载或空载的情况下启动。常用的降压启动方法有以下几种。

(1)定子电路中串电抗器启动。这种启动方法是在电动机定子绕组的电路中串入一个三相电抗器,其接线如图 5-19 所示。

启动时,先合上电源开关 QS_1,此时利用电抗器的分压,使加到电动机两端的电压降低,从而降低了启动电流;待电动机的转速升高而接近额定转速时,再将开关 QS_2 闭合,电抗器被短接,电动机便在额定电压下正常运转。

(2) Y-△启动。这种方法只适用于正常运转时定子绕组进行三角形连接的电动机。启动时，先将定子绕组改接成星形，使加在每相绕组上的电压降低到额定电压的 $\frac{1}{\sqrt{3}}$，从而降低了启动电流；待电动机转速升高后，再将绕组接成三角形，使其在额定电压下运行。Y-△启动线路如图 5-20 所示。

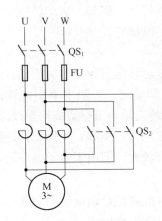

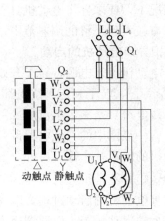

图 5-19 定子电路串电抗器启动　　　　图 5-20 Y-△启动

可以证明，星形启动时的启动电流（线电流）仅为三角形直接启动时电流（线电流）的 1/3，即 $I_{Yst}=(1/3)I_{\triangle st}$，其启动转矩也为后者的 1/3，即 $T_{Yst}=(1/3)T_{\triangle st}$。

Y-△启动的优点是启动设备简单、成本低、能量损失小。目前，4～100 kW 的电动机均设计成 380 V 三角形连接，所以，这种方法有很广泛的应用意义。

(3) 自耦变压器启动。对容量较大或正常运行时进行星形连接的电动机，可应用自耦变压器降压启动。此自耦变压器称为启动补偿器，其电路接线如图 5-21 所示。自耦变压器的一次绕组接电源，启动时，将开关接到"启动"位置，则低压侧接电动机的定子绕组，使电动机在低压下启动；待电动机转速升高到一定值，将开关切换到"运行"位置，电动机便在额定电压下运行。

自耦变压器上备有抽头，以便根据所要求的启动转矩来选择不同的电压。如 QJ3 型抽头比（U_2/U_1）为 40%、60%、80%。

同样可以证明，自耦变压器降压启动电流为直接启动电流的 $1/K^2$，其启动转矩也为后者的 $1/K^2$。这里，K 为变压器的变压比（$K=U_2/U_1$）。

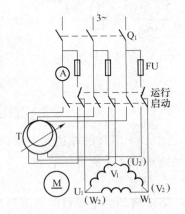

图 5-21 自耦变压器启动

自耦变压器降压启动的优点是不受电动机绕组接线方法的限制，可按照允许的启动电流和所需的启动转矩选择不同的抽头，常用于启动容量较大的电动机。其缺点是设备费用高，不宜频繁启动。

【例 5-2】 某厂的电源容量为 560 kV·A，一皮带运输机采用三相鼠笼式异步电动机拖动,其技术数据为:$P_N=40\text{ kW}$,三角形连接,全压启动电流为额定电流的7倍,启动转矩为额定转矩的1.8倍,要求带$0.8T_N$负载启动,试问应采用什么方法启动?

解:由题意,$I_{st}/I_N=7$,$T_{st}/T_N=1.8$

(1) 试用全压启动。

由经验公式:$3/4+$供电变压器容量$/4\times$电动机容量$=3/4+560\times10^3/4\times40\times10^3=4.25<7$

可见电网容许的启动电流倍数为4.25,小于全压启动电流倍数7,故不能全压启动。

(2) 试用Y-△降压启动。

因电动机正常运行时三角形连接
$$I'_{st}=1/3 I_{st}=1/3\times7I_N=2.33I_N<4.25I_N$$
$$T'_{st}=1/3 T_{st}=1/3\times1.8T_N=0.6T_N<0.8T_N$$

可见虽然启动电流小于电网容许值,但启动转矩不符合要求,不能采用。

(3) 试用自耦变压器降压启动。

因为用自耦变压器降压启动,希望流过电网的电流为$I'_{st}<4.25I_N$。

自耦变压器降压的变压比的二次方满足$K^2\geqslant I_{st}/I'_{st}=7\times I_N/4.25\times I_N=1.647$。

则抽头变压比$\dfrac{1}{K}\leqslant\dfrac{1}{\sqrt{1.647}}=0.77$,取标准抽头0.73,即$1/K=0.73$。

校验启动电流为$I'_{st}=I_{st}/K^2=7\times I_N\times 0.73^2=3.73\ I_N<4.25I_N$。

校验启动转矩为$T'_{st}=T_s/K^2=1.8\times T_N\times 0.73^2=0.96T_N>0.8T_N$。

可见由抽头为0.73的自耦变压器降压启动,启动电流和启动转矩符合电网和负载的要求。

(二) 绕线式电动机的启动

绕线式电动机是在转子电路中接入电阻来启动的,如图5-22所示。启动时,先将启动变阻器调到最大值,使转子电路电阻最大,从而降低启动电流和提高启动转矩。随着转子转速的升高,逐步减小变阻器电阻。启动完毕时,切除启动电阻。

绕线式电动机常用于要求启动转矩较大的频繁启动的生产机械上,如卷扬机、锻压机、起重机及转炉等。

绕线式电动机还有另一种启动方法,是在转子回路中串联一个频敏变阻器,具体电路原理可参阅有关资料。

二、三相异步电动机的反转

根据电动机的转动原理,如果旋转磁场反转,则转子的转向也随之改变。改变三相电源的相序(即把任意两相线对调),就可改变旋转磁场的方向。

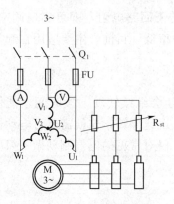

图5-22 绕线式电动机转子绕组串电阻启动

三、三相异步电动机的调速

为了满足生产过程的需要,提高生产效率,许多生产机械都有调速要求。所谓调速,就是在同一负载下使电动机得到不同的转速。生产机械采用电气调速,可以大大简化机械变速机构。

由式(5-2)知,改变电动机的转速可有3种方式,即改变电源频率f_1、极对数p和转差率s。

（一）变频调速

近年来，交流变频调速在国内外发展非常迅速。由于晶闸管变流技术的日趋成熟和可靠，变频调速在生产实际中的应用非常普遍，它打破了直流拖动在调速领域中的统治地位。交流变频调速需要有一套专门的变频设备，所以价格较高。但由于其调速范围大，平滑性好，实用面广，能做到无极调速，因此它的应用日趋广泛。

（二）变极调速

改变磁极对数，可有级地改变电动机的转速。增加磁极对数，可以降低电动机的转速，但磁极对数只能成整数倍地变化，因此，该调速方法无法做到平滑调速。

变极调速的实质是改变电动机旋转磁场的转速。在生产实际中，极对数可以改变的电动机称为多速电动机，如双速、三速、四速等。双速电动机定子每相绕组由两个相同部分组成，这两部分若串联连接，则获得的磁极对数为两部分并联时的两倍，如图 5-23 所示。

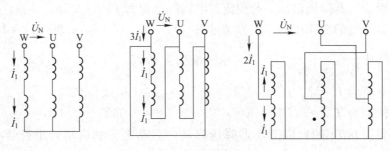

图 5-23　磁极对数改变的方法

因为变极调速经济、简便，因而在金属切削机床中经常应用。

（三）变转差率调速

在绕线式电动机的转子电路中，接入调速变阻器，改变转子回路电阻，即可实现调速。这种调速方法也能平滑地调节电动机的转速，但能耗较大，效率低，目前，主要应用在起重设备中。

四、三相异步电动机的制动

由于电动机转动部分有惯性，所以电动机脱离电源后，还会继续转动一段时间才能停止。为了提高生产效率，保障安全，某些生产机械要求电动机迅速停转，这就需要对电动机进行制动，制动的方法较多，如机械制动、电气制动等。以下仅对常见的电气制动做一简要介绍。

（一）能耗制动

这种制动方法是在电动机脱离三相电源的同时，将定子绕组接入直流电源，从而在电动机中产生一个不旋转的直流磁场，如图 5-24 所示。此时，由于转子的惯性而继续旋转，根据右手定则和左手定则不难确定，转子感应电流和直流磁场相互作用所产生的电磁转矩与转子转动方向相反，称为制动转矩，电动机在制动转矩的作用下就很快停止。由于该制动方法是把电动机的旋转转动动能转化为电能消耗在转子电阻上，故称能耗制动。该制动用断开 QS、闭合 SA 来实现。

能耗制动能量消耗小，制动平稳，无冲击，但需要直流电源，主要应用于要求平稳准确停车的场合。

（二）反接制动

在反接停车时，可将三相电源中的任一两相电源接线对调，此时旋转磁场便反向旋转，转子绕组中的感应电流及电磁转矩方向改变，与转子转动方向相反，因而成为制动转矩。在制动转矩的作用下，电动机的转速很快降到零。应当注意，当电动机的转速接近于零时，应及时切断电源，以防电动机旋转。反接制动的电路原理如图 5-25 所示。该制动通过断开 QS_1、接通 QS_2 来实现。

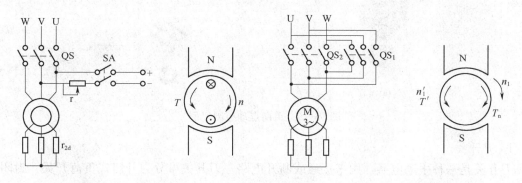

图 5-24 能耗制动　　　　　　图 5-25 反接制动

反接制动线路简单，制动力大，制动效果好，但由于制动过程中冲击大，制动电流大，不宜在频繁制动的场合下使用。

知识点 5.4　电动机的基本控制电路

了解常用低压电器的使用方法；掌握电动机的基本控制电路。

以三相异步电动机及控制电路为重点，介绍常用低压电器的结构、功能和用途及三相异步电动机典型控制电路的工作原理。

电器元件在电路中组成基本控制电路，对电动机实现单向控制、点动控制、正反转控制、行程控制、顺序控制、时间控制、降压启动等。下面分别介绍这几种基本电路。

一、单向点动控制

【案例导入】

单向点动控制线路常用于电动葫芦的操作、地面操作的小型行车及某些机床辅助运动的电气控制（见图 5-26）。通过这种简单的电气控制线路的学习，可以熟悉安装控制线路的基本步骤。

【案例思考】

电动机是如何实现图 5-26 中的控制的呢？

（一）涉及的新元件介绍——常用低压电器

根据其在电路中所起作用的不同，电器可分为控制电器和保护电器。控制电器主要控制接通或断开，如刀开关、接触器等。保护电器主要的作用是使得电源、设备等不工作在短路或过载等非正常状态，如热继电器、熔断器等都属于保护电器。

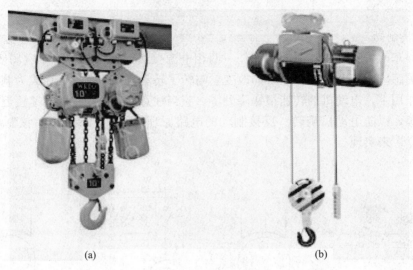

图 5-26 单向点动控制实例

1. 刀开关

刀开关是一种手动电器,用来接通或断开电路。刀开关可分为开启式负荷开关、封闭式负荷开关和熔断式刀开关等。

(1) 开启式负荷开关。开启式负荷开关又称闸刀开关,其外形如图 5-27 所示。闸刀开关没有灭弧装置,仅以上、下胶盖为掩护以防止电弧伤人,通常作为隔离开关,也用于不频繁的接通或断开的电路中。闸刀开关的型号有 HK1、HK2 等系列。

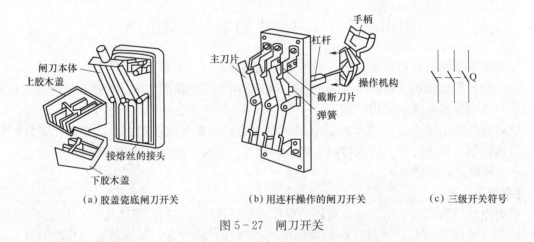

(a) 胶盖瓷底闸刀开关　　(b) 用连杆操作的闸刀开关　　(c) 三级开关符号

图 5-27 闸刀开关

(2) 封闭式负荷开关。封闭式负荷开关又称铁壳开关,其结构如图 5-28 所示。它与闸刀开关基本相同,但在铁壳开关内装有速断弹簧,它的作用是使闸刀快速接通或断开,以消除电弧。另外,在铁壳开关内还设有连锁装置,即在闸刀闭合状态时,开关盖不能开启,以保证安全。铁壳开关的型号有 HH10、HH11 等系列。

(3) 组合开关。组合开关又称为转换开关。组合开关的外形如图 5-29 所示,它的刀片(动触头)是转动的,能组成各种不同的线路。动触片装在有手柄的绝缘方轴上,方轴可 90°旋转,动触片随方轴的旋转使其与静触片接通或断开。组合开关的型号有 HZ5、HZ10、

HZ15 等系列。

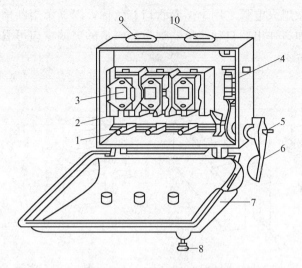

图 5-28 封闭式负荷开关
1—U 形动触刀；2—静夹座；3—瓷插式熔断器；4—速断弹簧；5—转轴；
6—操作手柄；7—开关盖；8—开关盖锁紧螺栓；9—进线孔；10—出线孔

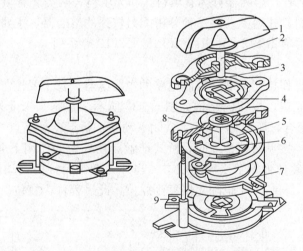

图 5-29 组合开关
1—手柄；2—转轴；3—弹簧；4—凸轮；5—绝缘垫板；
6—动触点；7—静触点；8—绝缘方轴；9—接线柱

2. 熔断器

熔断器俗称保险丝。它主要有熔断体和绝缘管或绝缘座组成，熔断体（熔丝）是熔断器的核心部分。熔断器应与电路串联，它的主要作用是做短路或严重过载保护。熔断器可分为瓷插式熔断器、螺旋式熔断器及管式熔断器等。

（1）瓷插式熔断器。瓷插式熔断器结构如图 5-30 所示。因为瓷插式熔断器具有结构简单、价廉、外形小、更换熔丝方便等优点，所以被广泛应用于中小容量的控制系统中。瓷插式熔断器的型号为 RC1A 系列。

(2) 螺旋式熔断器。螺旋式熔断器的外形和结构如图 5-31 所示。在熔断管内装有熔丝，并填充石英砂，做熄灭电弧之用。熔断管口有色标，以显示熔断信号。当熔断器熔断的时候，色标被反作用弹簧弹出后自动脱落，通过瓷帽上的玻璃窗口可看见。螺旋式熔断器的型号有 RL1、RL7 等系列。

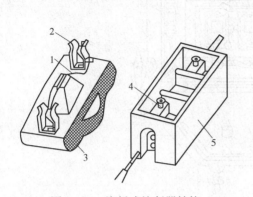 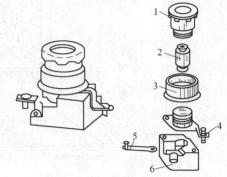

图 5-30　瓷插式熔断器结构
1—熔丝；2—动触点；
3—瓷盖；4—静触点；5—瓷体

图 5-31　螺旋式熔断器
1—瓷帽；2—熔断管；3—瓷套；
4—上接线盒；5—下接线盒；6—瓷座

(3) 管式熔断器。管式熔断器分为有填料式和无填料式两类。有填料管式熔断器结构如图 5-32 所示。有填料管式熔断器是一种分析能力较强的熔断器，主要用于要求分断较大电流的场合。常用的型号有 RT12、RT14、RT15、RT17 等系列。

3. 按钮

按钮是一种手动操作接通或断开控制电路的主要电器，它主要控制接触器和继电器，也可作为电路中的电气联锁。按钮的结构如图 5-33 所示。常态（未受外力）时，静触点 1、2 通过桥式动触点 5 闭合，所以称 1、2 为常闭（动断）触点；静触点 3、4 分断，所以称为常开（动合）触点；当按下按钮帽 6 时，桥式动触点在外力的作用下向下运动，使 1、2 分断，3、4 闭合。此时复位弹簧 7 受压力状态。当外力撤销后，桥式动触点在弹簧的作用下回到原位，静触点 1、2 和 3、4 也随之恢复到原位，此过程称为复位。

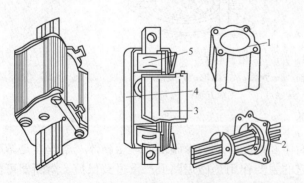 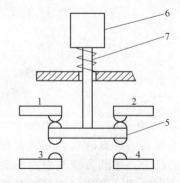

图 5-32　有填料管式熔断器
1—管体；2—熔体；3—熔断体；4—瓷底座；5—弹簧夹

图 5-33　按钮的结构示意图
1，2，3，4—静触点；5—桥式动触点；
6—按钮帽；7—复位弹簧

按钮的种类较多。按钮按触头的分合状况可分为常开按钮（或启动按钮）、常闭按钮（或停止按钮）和复合按钮。按钮可做成单个的（称单联按钮）、两个的（又称双联按钮）和多个的。按钮的类型如图 5-34 所示。按钮的型号有 LA10、LA20 和 LA25 等系列。

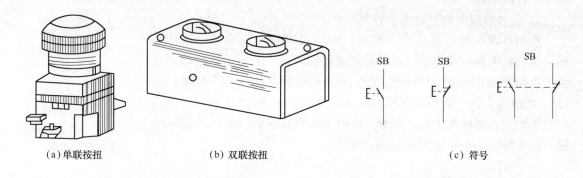

(a) 单联按扭　　　　(b) 双联按扭　　　　(c) 符号

图 5-34　按钮的外形及符号

4. 接触器

接触器是用来频繁接通和断开电路的自动切换电器，它具有手动切换所不能实现的遥控功能，同时还具有欠电压、失电压保护的功能，但却不具备短路保护和过载保护功能。接触器的主要控制对象是电动机。

接触器触头按通断能力，可分为主触头和辅助触头。主触头主要用于通断较大电流的电路（此电路称为主电路），它的体积较大，一般由 3 对常开触头组成。辅助触头主要用于通断较小电流的电路（此电路称控制电路），它的体积较小，有常开触头和常闭触头之分。接触器按线圈电流类型的不同可分为交流接触器和直流接触器。交流接触器的外形和结构如图 5-35 所示。当给交流接触器的线圈通入交流电时，在铁芯上会产生电磁吸力，克服弹簧的反作用力，将衔铁吸合；衔铁的运动带动动触桥的运动，使静触点闭合。将电磁线圈断电后，铁芯上的电磁吸力消失，衔铁在弹簧的作用下回到原位，触点也随之回到原始状态。交流接触器的型号有 CJ0、CJ12 和 CJ20 等系列。

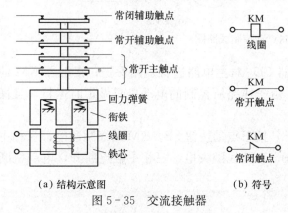

(a) 结构示意图　　(b) 符号

图 5-35　交流接触器

（二）单向点动控制电路的设计

单向控制是指对电动机实现一个旋转方向的控制。单向点动控制可用刀开关控制，也可用接触器控制。

1. 刀开关控制的单向控制电路

刀开关控制的单向控制电路如图 5-36 所示。图中 QS 为刀开关，M 为三相笼形异步电动机，FU 为三相熔断器，U、V、W 为三相电源。当合上刀开关 QS 时，三相电源与电动机接通，电动机开始旋转。当断开开关 QS 时三相电动机因断电而停止。

上述控制所用的电器元件较少，电路也比较简单，但在启动和停止时不方便、不安全，也不能实现失压、欠压和过载保护。所以，此电路适用于不频繁启动的小容量电动机。在实际中，应用较多的是用接触器控制电路。

2. 接触器控制的单向点动控制电路

所谓点动控制，是指按下按钮，电动机因通电而运转；松开按钮，电动机因断电而停止。点动控制电路如图 5-37 所示。原理图分为主电路和控制电路两部分。主电路是从电源 $L_1 L_2 L_3$ 经电源开关 QS、熔断器 FU_1、接触器 KM 的主触点到电动机 M 的电路，它流过的电流较大。熔断器 FU_2、按钮 SB 和接触器 KM 的线圈组成控制电路，接在线路 L_{32} 和 L_{22} 间，流过的电流较小。

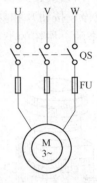

图 5-36 刀开关控制的单向控制电路

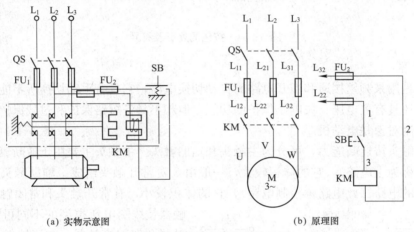

(a) 实物示意图　　　　　(b) 原理图

图 5-37 单向点动控制线路图

主电路中刀开关 QS 起隔离作用，熔断器 FU_1 对主电路进行短路保护；接触器 KM 的主触点控制电动机 M 的启动、运行和停车。由于线路所控制的电动机只做短时运行，且操作者在近处监视，一般不设过载保护环节。

它的工作过程较为简单：合上刀开关 QS，按下点动按钮 SB，KM 的线圈通电，三相主触点闭合，电动机运行；当松开点动按钮 SB，KM 线圈失电，三相主触点断开，电动机断电，停止运转。

二、单向连续运转控制

【案例导入】

单向连续运转控制线路常用于只需要单方向运转的小功率电动机的控制，如小型通风机、水泵及皮带运输机等机械设备。

(一) 涉及的新元件介绍——热继电器

继电器是一种根据外来信号接通或断开电路以实现对电路的控制和保护作用的自动切换电器。继电器一般不直接控制电路，其反映的是控制信号。继电器的种类很多，根据用途可分为控制继电器和保护继电器；根据反映的不同信号可分为电压继电器、电流继电器、中间继电器、时间继电器、热继电器等。

热继电器是利用发热元件感受到的热量而动作的一种保护继电器,主要对电动机实现过载保护、短相保护和电流不平衡运动等。

热继电器的工作原理示意图如图 5-38 所示。热继电器的发热元件(电阻丝)绕在具有不同热膨胀系数的双金属片上,下层金属膨胀系数大,上层膨胀系数小。当电路中电流超过容许值而使双金属片受热时,双金属片的自由端便向上弯曲与扣板脱离接触,扣板在弹簧的拉力下将常闭触点断开。触点是接在电动机的控制电路中的,控制电路断开便使接触器的线圈断电,从而断开电动机的主电路,达到保护的目的。热继电器的型号有 JR0、JR15 和 JR20 等系列。

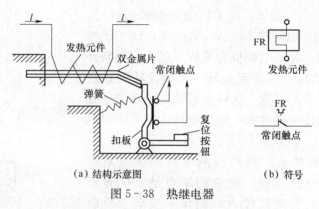

(a) 结构示意图　　(b) 符号

图 5-38　热继电器

(二) 单向连续运转控制电路的设计

该设计主要能够实现电动机启动后持续运行,用按钮和接触器组成的单向连续运转控制电动机的电器原理图如图 5-39 所示。图中的 KM 为接触器,SA 为停止按钮,SB 为启动按钮,FR 为热继电器,FU 为熔断器。

电路的工作原理如下:当合上刀开关 QF,按下启动按钮 SB 时,KM 的线圈通电,其三相主触点闭合,使电动机通入三相电源而旋转。同时,与启动按钮 SB 并联的 KM 常开辅助触点也闭合,此时,若放开 SB,KM 线圈仍保持通电状态。这种依靠接触器自身的常开辅助触点使其线圈保持通电的电路,称为自锁电路。辅助常开触点称为自锁触点。当电动机需要停止时,按下停止按钮 SA,KM 线圈断电,使它的三相触点断开,电动机断电停止。同时,KM 的常开

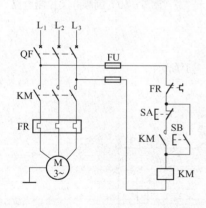

图 5-39　接触器控制的单向启动控制电路

辅助触点也断开。此时,即使放开停止按钮 SA,KM 线圈也不会通电,电动机不能自行启动。若使电动机再次启动,则需要再次按下启动按钮 SB。此电路具有短路保护、过载保护、失压和欠压保护的功能。

三、正、反向运转控制

【案例导入】

在汽车制造装配过程中,有的生产机械要求能够正、反两个方向运行,如工作台的前进与后退,主轴的正转与反转,小型升降机、起重吊钩的上升与下降等,这就要求电动机必须

可以正、反转。

若要实现电动机反向控制，只需将电源的3根相线任意对调两根（称换向）即可。对电动机正、反转的控制方式一般有倒顺开关控制和接触器控制两种。

（一）倒顺开关控制的正、反转控制电路

倒顺开关也称可逆转换开关，如图5-40中的S就是倒顺开关。静触点有6个位置。当合上刀开关QF后，再扳动S的手柄使其在顺的位置，动触点就会向左转动，电路按L_1—U，L_2—V，L_3—W的正向顺序接通电动机，此时，电动机为正转；当扳动S，使手柄处在倒的位置时，动触点就会向右转动，电路按L_1—W，L_2—V，L_3—U的反向顺序接通电动机，此时电动机为反转。在使用倒顺开关时应注意，当电动机由正转到反转，或由反转到正转时，必须将手柄扳到停的位置。这样可避免电动机定子绕组突然接通反向电而使电流过大，防止电动机定子绕组因过热而烧坏。

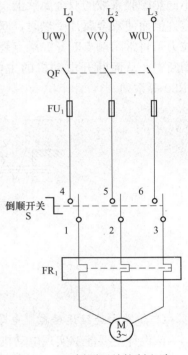

图5-40 倒顺开关控制电路

用倒顺开关控制的正、反转控制电路的优点是所用电器元件较少，电路简单。但它的缺点是，在频繁换向时，操作人员的劳动强度大，操作不安全。所以这种电路一般用于额定电流在10 A、功率在3 kW以下的小容量电动机。在实际中应用较多的是用接触器控制电路。

（二）接触器控制的正、反转控制电路

1. 无联锁的正、反转控制电路

用接触器控制的无联锁的正、反转控制电路如图5-41所示。

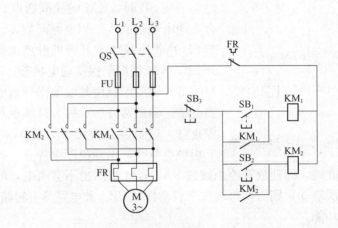

图5-41 用接触器控制的正、反转控制电路

当合上刀开关QS，按下正转启动按钮SB_1时，KM_1线圈通电，KM_1三相主触点闭合，电动机旋转。同时，KM_1辅助常开触点闭合自锁。若电动机反转时，按下反转按钮SB_2，

KM$_2$ 线圈通电，KM$_2$ 的三相触点闭合，电源 L$_1$ 和 L$_3$ 对调，实现换相，此时电动机为反转。

此电路存在的问题是：当正转时，KM$_1$ 通电，若按下 SB$_2$，KM$_2$ 也通电，在主电路中，会发生电源直接短路的故障。因此，此电路在实际中不能采用。

2. 接触器控制的有联锁的正、反转控制电路

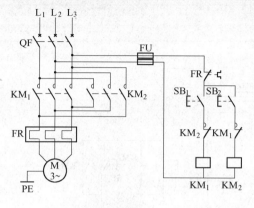

为了克服上述电路的缺点，常用具有联锁的控制电路。具有电气联锁的控制电路如图 5-42 所示。

当按下 SB$_1$ 时，KM$_1$ 通电，KM$_1$ 的辅助常闭触点断开，这时，如果按下 SB$_2$，KM$_2$ 的线圈就不会通电，这就保证了电路的安全。这种将一个接触器的辅助常闭触点串联在另一个线圈电路中，是两个接触器相互制约的控制，称为互锁控制或联锁控制。利用接触器（或继电器）的辅助常闭触点的联锁，称电气联锁（或接触器联锁）。

图 5-42 接触器联锁的正、反转控制电路

（三）按钮联锁（机械联锁）正、反转控制

在正、反转控制电路中，除采用电气联锁外，还可采用机械联锁，如图 5-43 所示。SB$_1$ 和 SB$_2$ 的常闭按钮串联在对方的常开触点电路中。这种利用按钮的常开、常闭触点，在电路中互相牵制的接法，称为机械联锁（或按钮联锁）。

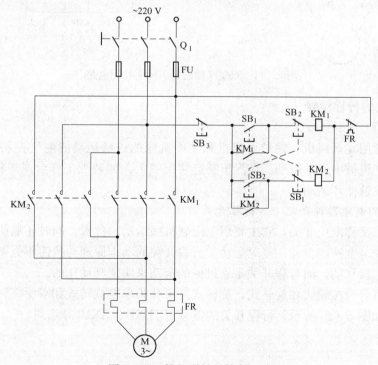

图 5-43 按钮联锁的控制电路

(四)双重联锁的正、反向电路控制

具有电气、机械双重联锁的控制电路是电路中常见的,也是最可靠的正、反转控制电路。它能实现由正转到反转,或由反转直接到正转的控制。如图 5-44 所示。

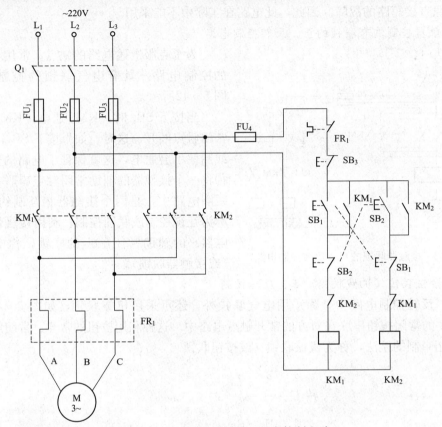

图 5-44 双重联锁的正、反向控制电路

四、电动机的行程控制
【案例导入】

行程控制常用在运料机、锅炉上煤机和某些机床的进给运动的电气控制,如在万能铣床、镗床等生产机械中经常用到。在汽车制造装配线上,如装配工作台或焊枪行走小车等,有时也都需要往返循环运动。

(一)涉及的新元器件介绍——行程开关

行程开关,又称限位开关,它主要用于限制机械运动的位置,同时还能使机械设备实现自动停止、反向、变速或自动往复等运动。行程开关的动作原理与按钮相似,二者的区别在于:按钮是用来操作的,而行程开关是靠机械的运动来实现其动作的。

行程开关可分为按钮式和旋转式,旋转式又可分为单轮旋转式和双轮旋转式两种,它们的外形及符号如图 5-45 所示。行程开关的型号有 JLXK、LX19 等系列。

项目 5 电动机的典型控制电路

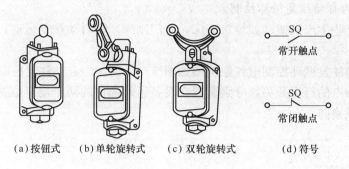

(a) 按钮式　(b) 单轮旋转式　(c) 双轮旋转式　(d) 符号

图 5-45　行程开关

(二) 电动机行程控制设计

行程控制要用到行程开关。利用生产机械运动部件上的挡铁与行程开关碰撞,使其触点动作来接通或断开电路,以达到控制生产机械运动部件位置或行程的控制,称为行程控制(或位置控制、限位控制)。行程控制是生产过程自动化中应用较为广泛的控制方法之一。

行程控制的电路如图 5-46 所示,它是在双重互锁正、反转控制电路的基础上,增加了两个行程开关 SQ_1、SQ_2。

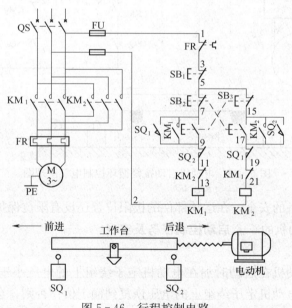

图 5-46　行程控制电路

行程控制电路的工作原理如下:按下正转按钮 SB_3,KM_1 通电,电动机正转,拖动工作台向左运行。当达到极限位置,挡铁碰撞 SQ_1 时,使 SQ_1 的常闭触点断开,KM_1 线圈断电,电动机因断电自动停止,达到保护的目的。同理,按下反转按钮 SB_2,KM_2 通电,电动机反转,拖动工作台向右运动。到达极限位置,挡铁碰撞 SQ_2 时,使 SQ_2 的常闭触点断开,KM_2 线圈断电,电动机因断电自动停止。此电路除短路、过载、失压、欠压保护外,还具有行程保护。

（三）电动机的自动往复循环控制

在生产中，有些生产机械（如导轨磨床、龙门刨床）需自动往复运动，不断循环，以使工件能连续加工。

电动机的自动往复循环控制电气原理图如图 5-47 所示。自动往复控制线路里设有两只带有常开、常闭触点的行程开关，分别装置在设备运动部件的两个规定位置上，以发出返回信号，控制电动机换向。

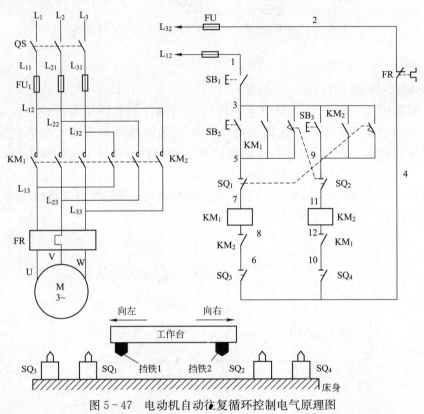

图 5-47 电动机自动往复循环控制电气原理图

为了保护机械设备的安全，在运动部件的极限位置还设有限位保护用的行程开关。

五、笼形异步电动机的Y-△启动控制任务及实现

【案例导入】

降压启动是指电动机在启动时加在电动机定子绕组上的电压小于其额定电压。但应注意，在启动完成后，电动机定子绕组上的电压恢复到额定值；否则，会使电动机损坏。常见的降压启动方式有定子绕组串电阻降压启动、Y-△连接降压启动、自耦变压器降压启动和延边三角形降压启动 4 种。

案例思考：什么样的电动机适合采用星形-三角形（Y-△）连接降压启动方法？

（一）Y-△连接降压启动

星形—三角形（Y-△）连接降压启动适用于正常运行时定子绕组接成三角形的笼形异步电动机。

星形连接和三角形连接的原理如图 5-48 所示。电源电压 $U_{线}$（380 V）不变。图 5-48 (a) 所示为星形连接，电动机的相电压 $U_{相}=U_{线}/\sqrt{3}$，故相电压为 220 V。

项目 5　电动机的典型控制电路

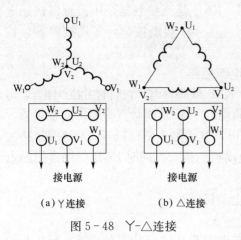

图 5-48　Y-△连接

图 5-48（b）所示为三角形连接，其相电压与线电压相等，为 380 V。所以，启动时采用星形连接，便可实现降压启动；启动完成后，再将电动机连接成三角形，又可使电动机正常运转。

三相笼形异步电动机采用Y-△启动时，定子绕组星形连接状态下启动电压为三角形连接直接启动电压的 $\dfrac{1}{\sqrt{3}}$。启动转矩与启动电压的平方成正比，因而启动转矩为三角形连接直接启动转矩的 1/3，启动电流也为三角形连接直接启动的 1/3。可见，采用Y-△的降压启动方法可以起到限制启动电流的作用，且该方法简单，价格便宜，因此在轻载或空载情况下，一般应优先采用。我国采用Y-△启动方法的电动机额定电压都是 380 V，绕组是△接法。

1. 按钮转换的Y-△启动控制

采用按钮操作，用接触器接通电源和改换电动机绕组的接法，这种方法不但方便，而且还可以对电动机进行失压保护。

电动机的按钮转换的Y-△启动控制原理图如图 5-49 所示。

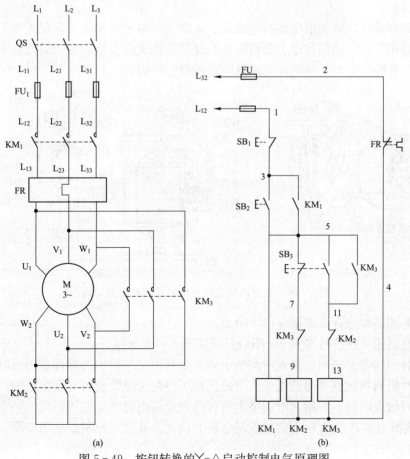

图 5-49　按钮转换的Y-△启动控制电气原理图

主电路中，KM_1 是电源接触器，KM_2 是Y接触器，KM_3 是△接触器，用接触器接通电源和改换电动机绕组。控制电路中，SB_1 为停车按钮，SB_2 为Y启动按钮，复式按钮 SB_3 控制三角形运行状态。

注意：KM_2 和 KM_3 不能同时得电，否则会造成电源短路。

其工作过程为：合上刀开关 QS，按 SB_2，KM_1、KM_2 线圈得电，它们的主触点闭合，电动机Y接法启动。同时，KM_1 辅助常开触点闭合，实现自保，KM_2 常闭触点分断，实现联锁。

待电动机转速接近额定转速时，按 SB_3，KM_2 失电，其主触点复位断开，电动机Y接法解除。同时其辅助触点复位闭合，KM_3 线圈得电，电动机△运行。同时 KM_3 辅助常闭触点分断，实现联锁，常开辅助触点闭合，实现自锁。

停车时按 SB_1，辅助电路断电，各接触器释放，电动机停车。

2. 时间继电器转换的Y-△启动控制

采用时间继电器转换的Y-△启动控制线路，可实现电路从启动状态的Y到运行状态的△的自动转换，可避免因操作人员失误而造成电动机长时间的欠压运行。

(1) 涉及新元件的介绍——时间继电器。时间继电器是在感受到外界信号后，其执行部分需要延迟一定的时间才动作的一种继电器。它是利用电磁原理或机械原理实现触点延时闭合或延时断开的自动控制电器。

时间继电器按延时方式可分为通电延时和断电延时两种。其型号为 JS23、JS11、JS18 和 JS20 等系列。

按工作原理分类，时间继电器有电磁式、电动式、电子式和空气阻尼式等。

这里以应用广泛、结构简单、价格低廉且延时范围大的空气阻尼式时间继电器为主进行介绍。图 5-50 所示为空气阻尼式时间继电器外形、结构。

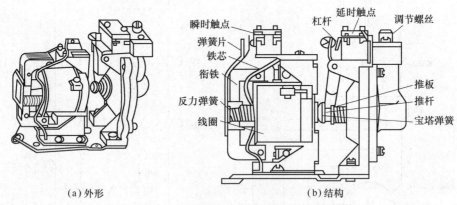

图 5-50　空气阻尼式时间继电器的外形与结构

时间继电器的型号含义如图 5-51 所示。

时间继电器的文字符号为 KT，图形符号如图 5-52 所示。

空气式时间继电器又叫气囊式时间继电器，是利用空气阻尼的原理获得延时的。它由电磁系统、延时机构和触点三部分组成。电磁机构可以是交流的也可以是直流的。触点包括瞬时触点和延时触点两种。控制式时间继电器可以做成通电延时，也可以做成断电延时。

(2) 时间继电器转换的Y-△启动控制电路的设计。其电气控制原理图如图 5-53 所示。

项目5　电动机的典型控制电路

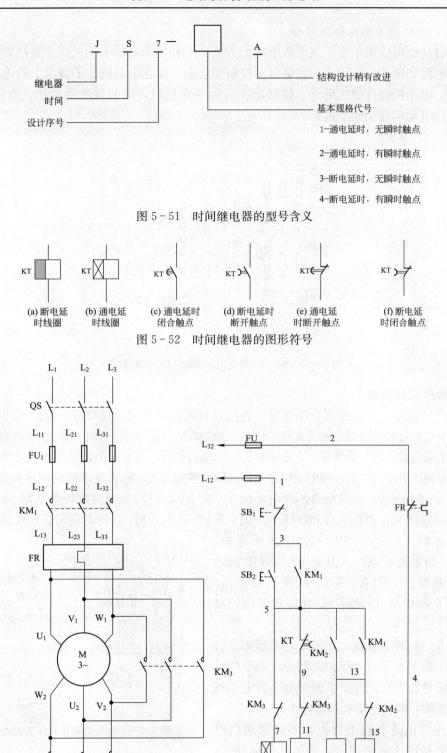

图 5-51　时间继电器的型号含义

图 5-52　时间继电器的图形符号

图 5-53　时间继电器转换的 Y-△ 启动控制电气原理图

111

（二）定子绕组串电阻降压启动

降压启动也可以采用定子绕组串电阻的方法，三相笼形异步电动机定子绕组串电阻降压启动控制电路如图5-54所示。它是自动控制型启动，加在电动机定子绕组上的电压小于其额定电压，电动机进行降压启动。待转速上升到一定值时，时间继电器动作，电阻R被短接，此时，电动机在全压下运行。

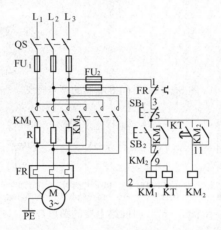

图 5-54 定子绕组串电阻降压启动控制电路

六、顺序控制电路

在生产机械中，往往有多台电动机，各电动机的作用不同，需要按一定的顺序动作，才能保证整个工作过程的合理性和可靠性。例如，X62W型万能铣床上要求主轴电动机启动后，进给电动机才能启动；在平面磨床中，要求砂轮电动机启动后，冷却泵电动机才能启动等。这种只有当一台电动机启动后，另一台电动机才允许启动的控制方式，称为电动机的顺序控制。

如图5-55所示，电路中有两台电动机M_1和M_2，它们分别由接触器KM_1和KM_2控制。工作原理如下：当按下启动按钮SB_2时，KM_1通电，M_1运转，同时，KM_1的常开触点闭合，此时，再按下SB_3，KM_2线圈通电，M_2运行；如果先按SB_3，由于KM_1线圈未通电，其常开触点未闭合，KM_2线圈不会通电。这样保证了必须M_1启动后M_2才能启动的控制要求。

在图5-55所示电路中，采用熔断器和热继电器进行短路保护和过载保护，其中，两个热继电器的常闭触点串联，保证了如果有一台电动机出现过载故障，两台电动机都会停止。

顺序控制电路有以下缺点：要启动两台电动机时需要按两次启动按钮，增加了劳动强度；同时，启动两台电动机的时间差由操作者控制，精度较差。

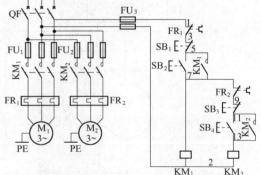

图 5-55 两台电动机顺序启动电路

七、时间控制电路

为了解决顺序控制的缺点，可采用时间控制。用时间继电器来控制两台或多台电动机的启动顺序,称为时间控制。

两台电动机的时间控制电路如图 5-56 所示,图中的 KT 为时间继电器。此电路的工作过程如下:

按下启动按钮 SB_2,KM_1 线圈通电,M_1 运行。在 KM_1 线圈通电的同时,时间继电器 KT 的线圈也通电,经过一段时间,时间继电器的延时常开触点闭合,使 KM_2 线圈通电,KM_2 的三相主触点闭合,电动机 M_2 运行,实现了时间控制;当需要停止时,按下停止按钮 SB_1,接触器线圈断电,两个接触器的三相触点全部断开,电动机因断电而停止。

当 KM_2 线圈通电后,时间继电器 KT 的作用已经完成,所以,用 KM_2 常闭触点断开 KT 线圈,以减少 KT 线圈的能量损耗。

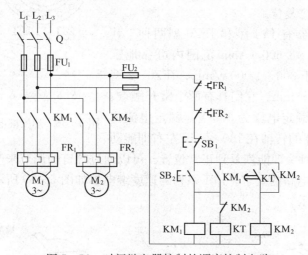

图 5-56 时间继电器控制的顺序控制电路

八、多地控制电路

有些生产设备为了操作方便,需要在两地或多地控制一台电动机,如普通铣床的控制电路,就是一种多地控制电路。这种能在两地或多地控制一台电动机的控制方式,称为电动机的多地控制。在实际应用中,大多为两地控制。

两地控制的电路如图 5-57 所示,图中 SB_{11}、SB_{12} 为甲地的控制按钮,SB_{21}、SB_{22} 为乙地的控制按钮。这种电路的特点是两地的启动按钮并联,两地的停止按钮串联。这样,就可以在甲、乙两地控制同一台电动机,操作起来较为方便。

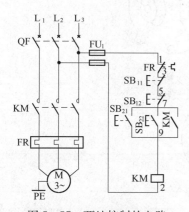

图 5-57 两地控制的电路

九、异步电动机的制动控制任务及实现

(一)反接制动控制

反接制动的关键在于电动机电源相序的改变,且当转速下降接近于零时,能自动将电源切除。为此采用了速度继电器来自动检测电动机的速度变化。

1. 涉及新元件的介绍——速度继电器

速度继电器也称转速继电器。它主要由定子、转子和触点 3 部分组成,转子是一个圆柱形永久磁铁，定子是一个笼形空芯圆环，由硅钢片叠成，并装有笼形绕组。

速度继电器是一种用来反映转速和转向变化的继电器。它的工作方式是依靠电动机的快慢作为输入信号，通过触点的动作信号传递给接触器，再通过接触器实现对电动机的控制。它主要用于反接制动电路中。其外形和结构如图5-58所示。速度继电器是根据电磁感应原理制成的。当电动机旋转时，与电动机同轴的速度继电器转子也随之旋转，圆环带动摆杆在此电磁转矩的作用下顺着电动机偏转一定角度。这样，使速度继电器的常闭触点断开，常开触点闭合。当电动机反转时，就会使另一触点动作。当电动机转速下降到一定数值时，电磁转矩减小，返回杠杆使摆杆复位，各触点也随之复位。

常用的速度继电器有JY1型和JFZ0型两种。其中，JY1型可在700～3 600 r/min范围内可靠地工作；JFZ0-1型适用于300～1 000 r/min；JFZ0-2型适用于1 000～3 600 r/min。它们具有两个常开触点、两个常闭触点，触电额定电压为380 V，额定电流为2 A。一般速度继电器的转轴在130 r/min左右即能动

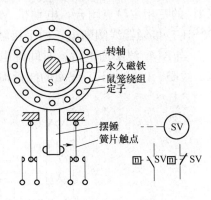

图5-58 速度继电器结构示意图及符号

作，在100 r/min时触头即能恢复到正常位置。可以通过螺钉的调节来改变速度继电器动作的转速，以适应控制电路的要求。JY1系列的速度继电器如图5-59所示。速度继电器的图形符号如图5-60所示。

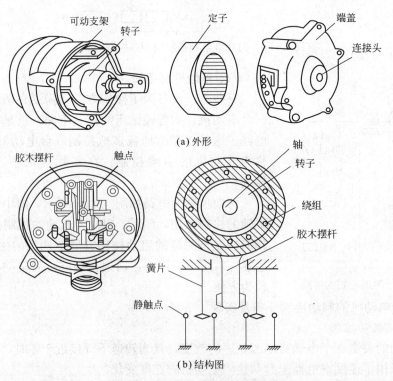

图5-59 JY1系列的速度继电器

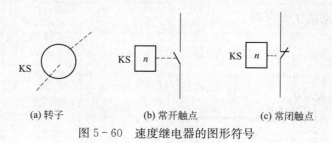

(a) 转子　　　(b) 常开触点　　　(c) 常闭触点

图 5-60　速度继电器的图形符号

2. 反接制动控制电路的设计

电动机反接制动控制的电气原理图如图 5-61 所示。试分析其工作过程。

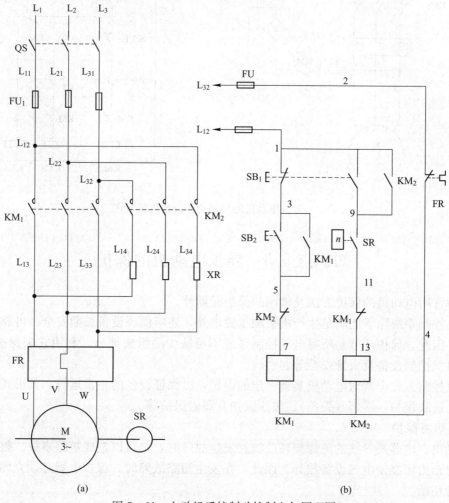

图 5-61　电动机反接制动控制电气原理图

（二）能耗制动

电动机能耗制动的电气原理图如图 5-62 所示。

主电路：增加了一套整流装置，经变压器和整流桥加到了定子绕组上。控制电路：KM_1 接电动机启动，KM_2 接电动机能耗制动，经 KT 时间继电器将制动解除。

试分析能耗制动的工作原理。

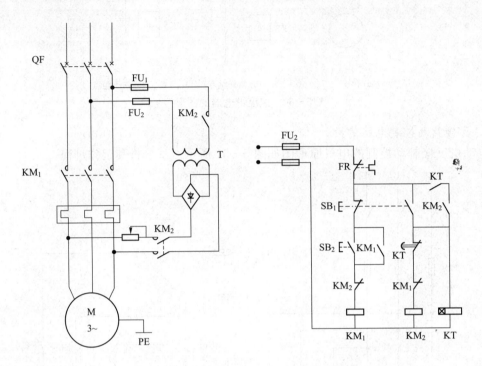

图 5-62 电动机能耗制动控制电气原理图

知识点 5.5 异步电动机的保护

了解常用电动机的保护方法及常用的保护元器件。

电气控制系统除了能满足生产机械加工要求外，还应保证设备长期安全、可靠、无故障地运行。因此，保护环节是所有电气控制系统不可缺少的组成部分，利用它来保护电动机、电网、电气控制设备及人身安全等。

电气控制系统中常对电动机实施一定的保护，以保证设备的正常运行，其形式主要有短路保护，过载保护，零压（失压）、欠压保护及弱磁保护等。

一、短路保护

电动机、电器及导线的绝缘损坏或线路发生故障时，都可以造成短路事故。很大的短路电流和电动力可能使电气设备损坏。因此，在发生短路故障时，保护电器必须立即动作，迅速将电源切断。

常用的短路保护电器是熔断器和自动开关。

自动开关又叫自动空气开关或自动空气断路器。它是刀开关、熔断器、热继电器和欠压继电器的组合，在电路中能起到欠压、失压、过载、短路等保护作用。它既能自动控制，也能手动控制。它的动作参数可以根据用电设备的要求人为调整，使用方便可靠。通常自动开关因其结构不同，可分为装置式和万能式两类。

自动开关的结构如图 5-63 所示。欠电压脱扣器的线圈与电源电压并联。如果电源电压下降到额定电压以下时，电磁吸力小于弹簧的拉力，而使衔铁在弹簧力的作用下撞击杠杆，使搭钩被顶开，锁键带动三相触点在弹簧的作用下向左运动，使电源和电动机分开以达到保护作用。

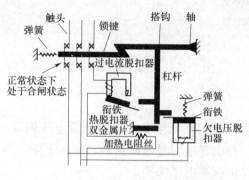

图 5-63 自动空气断路器的结构

电阻丝与电路串联，当电动机过载时，电路中的电流增加，电阻丝发热，使双金属片弯曲，碰撞杠杆，使搭钩被顶开，锁键带动三相触点向左运动，电动机断电。

电路短路时，电路中的电流急剧增加，过电流脱扣器上线圈的电流增加，电磁吸力增加，克服衔铁的自重力，使其向上运动，碰撞杠杆，把搭钩顶开，三相触点把电源和负载断开。

二、过载保护

当电动机负载过大，启动操作频繁或缺相运行时，会使电动机的工作电流长时间超过其额定电流，电动机绕组过热，温升超过其允许值，导致电动机的绝缘材料变脆，寿命缩短，严重时会使电动机损坏。因此，当电动机过载时，保护电器应动作切断电源，使电动机停转，避免电动机在过载下运行。

常用的过载保护元件是热继电器。由于热惯性的原因，热继电器不会受到电动机短时过载冲击电流的影响而瞬时动作，所以在使用热继电器作过载保护的同时，还必须有短路保护，并且选作短路保护的熔断器熔体的额定电流不应超过热继电器发热元件的额定电流的 4 倍。

三、过电流保护

如果在直流电动机和交流绕线式异步电动机启动或制动时，限制电阻被短接，将会造成很大的启动或制动电流。另外，负载的加大也会导致电流增加。过大的电流将会使电动机或机械设备损坏。因此，对直流电动机或绕线式异步电动机常采用过电流保护。

过电流保护常用电磁式过电流继电器实现。当电动机过电流达到过电流继电器的动作值时，继电器动作，使串联在控制电路中的常闭触点断开，切断控制电路，电动机随之脱离电源停转，达到过流保护的目的。一般过电流的动作值为启动电流的 1.2 倍。

四、欠电压保护

当电网电压降低时，电动机便在欠电压下运行。由于电动机的负荷没有改变，所以欠压下电动机转速下降，定子绕组中的电流增加。因为电流增加的幅度尚不足以使熔断器和热继电器动作，所以两种电器起不到保护作用。如不采取保护措施，时间一长将会使电动机过热损坏。另外，欠电压将引起一些电器释放，使电路不能正常工作。因此，应避免电动机在欠电压下运行。

实现欠电压保护的电器是接触器和电磁式电压继电器。其表示符号和含义如图 5-64 与图 5-65 所示。

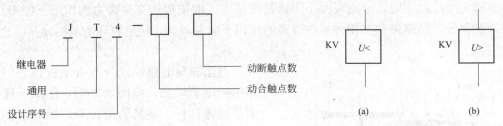

图 5-64　常用继电器的型号含义　　　图 5-65　电磁式电压继电器的图形符号

五、零电压保护

生产机械在工作中，如果由于某种原因而发生电网突然断电，那么在电源电压恢复时，电动机便会自行启动运转，导致人身和设备事故，并引起电网过电流和瞬时电压下降。为了防止在此种情况下出现电动机自动启动而实施的保护叫零电压保护。

常用的失压保护电器是接触器和中间继电器。

当电网停电时，接触器和中间继电器触点复位，切断主电路和控制电源。当电网恢复供电时，若不重新按下启动按钮，电动机就不会自行启动，实现了失压保护。

中间继电器实际上是电压继电器，但它的触点对数多、容量较大，动作灵敏。其主要用途是当其他继电器的触点对数或触点容量不够时，可借助中间继电器扩大它们的触点数和触点容量，起到中间转换的作用。图 5-66 所示为中间继电器外形结构。中间继电器的型号含义如图 5-67 所示。图形符号如图 5-68 所示。

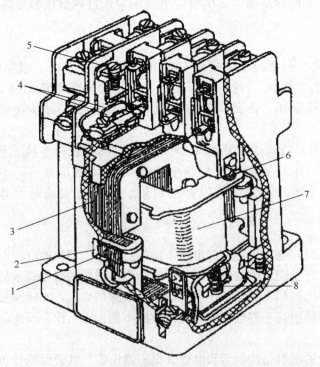

图 5-66　JZ7 型中间继电器外形结构图

1—静触点；2—短路环；3—动铁芯；4—常开触点；5—常闭触点；6—恢复弹簧；7—线圈；8—缓冲弹簧

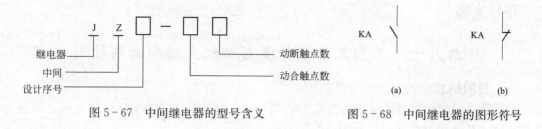

图 5-67 中间继电器的型号含义　　图 5-68 中间继电器的图形符号

六、漏电保护

漏电保护主要用于当发生人身触电或漏电时，能迅速切断电源，保障人身安全，防止触电事故。一般采用漏电保护器进行保护，它不但有漏电保护功能，还兼有过载、短路保护，用于不频繁启、停的电动机。

漏电保护器又称为漏电保护自动开关。漏电保护器按工作原理分，有电压型漏电保护器、电流型漏电保护器、电流型漏电继电器等，常用的主要是电流型的。其原理图如图 5-69 所示。

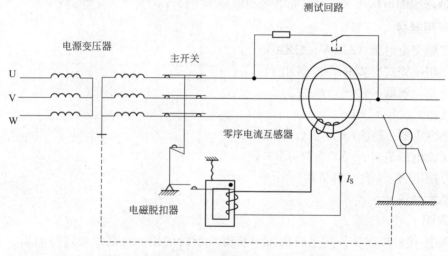

图 5-69　电磁式电流漏电保护器工作原理图

七、在绘制、识读电气原理图时应遵循的原则

(1) 应将主电路、控制电路、指示电路和照明电路分开绘制。

(2) 电源电路应绘成水平线，而受电的动力装置及其保护电路应垂直绘出。控制电路中的能耗元件（如接触器和继电器的线圈、信号灯、照明灯等）应画在电路下方，而电气触点应放在耗能元件的上方。

(3) 在原理图中，各电器的触点应是未通电状态，机械开关应是循环开始前的状态。

(4) 图中从上到下、从左到右表示操作顺序。

(5) 原理图应采用国家规定的国标符号。在不同位置的同一电器元件应标有相同的文字符号。

(6) 在原理图中，若有交叉导线连接点，要用小黑圆点表示，无接电联系的交叉导线则不画小黑圆点。在电路图中，应尽量减少或避免导线的交叉。

项目实施

练习一　三相鼠笼式异步电动机点动和自锁控制

一、目的要求

（1）通过对三相鼠笼式异步电动机点动控制和自锁控制线路的实际安装接线，掌握由电气原理图变换成安装接线图的知识。

（2）通过实验进一步加深理解点动控制和自锁控制的特点。

二、预习要求

（1）试比较点动控制线路与自锁控制线路从结构上看主要区别是什么？从功能上看主要区别是什么？

（2）自锁控制线路在长期工作后可能出现失去自锁作用。试分析产生的原因是什么？

（3）交流接触器线圈的额定电压为220 V，若误接到380 V电源上会产生什么后果？反之，若接触器线圈电压为380 V，而电源线电压为220 V，其结果又如何？

三、所用器材

（1）三相交流电源（220 V）(DG01)；

（2）三相鼠笼式异步电动机（DJ24)×1台；

（3）交流接触器×1个（D61-2）；

（4）按钮×2个（D61-2）；

（5）热继电器（D9305d）×1台（D61-2）；

（6）交流电压表（0~500 V）(D33)；

（7）万用电表×1台（自备）。

四、基本知识

原理说明

（1）继电-接触控制在各类生产机械中获得广泛的应用，凡是需要进行前后、上下、左右、进退等运动的生产机械，均采用传统的典型的正、反转继电-接触控制。

交流电动机继电-接触控制电路的主要设备是交流接触器，其主要构造如下。

① 电磁系统——铁芯、吸引线圈和短路环。

② 触头系统——主触头和辅助触头，还可按吸引线圈得前后触头的动作状态，分动合（常开）、动断（常闭）两类。

③ 消弧系统——在切断大电流的触头上装有灭弧罩，以迅速切断电弧。

④ 接线端子，反作用弹簧等。

（2）在控制回路中常采用接触器的辅助触头来实现自锁和互锁控制。要求接触器线圈得电后能自动保持动作后的状态，这就是自锁，通常用接触器自身的动合触头与启动按钮相并联来实现，以达到电动机的长期运行，这一动合触头称为"自锁触头"。使两个电器不能同时得电动作的控制，称为互锁控制，如为了避免正、反转两个接触器同时得电而造成三相电源短路事故，必须增设互锁控制环节。为操作的方便，也为防止因接触器主触头长期大电流的烧蚀而偶发触头粘连后造成的三相电源短路事故，通常在具有正、反转控制的线路中采用既有接触器的动断辅助触头的电气互锁，又有复合按钮机械互锁的双重互锁的控制环节。

（3）控制按钮通常用以短时通、断小电流的控制回路，以实现近、远距离控制电动机等执行部件的启、停或正、反转控制。按钮是专供人工操作使用。对于复合按钮，其触点的动作规律是：当按下时，其动断触头先断，动合触头后合；当松手时，则动合触头先断，动断触头后合。

（4）在电动机运行过程中，应对可能出现的故障进行保护。

采用熔断器作短路保护，当电动机或电器发生短路时，及时熔断熔体，达到保护线路、保护电源的目的。熔体熔断时间与流过的电流关系称为熔断器的保护特性，这是选择熔体的主要依据。

采用热继电器实现过载保护，使电动机免受长期过载的危害。其主要的技术指标是整定电流值，即电流超过此值的 20% 时，其动断触头应能在一定时间内断开，切断控制回路，动作后只能由人工进行复位。

（5）在电气控制线路中，最常见的故障发生在接触器上。接触器线圈的电压等级通常有 220 V 和 380 V 等，使用时必须认清，切勿疏忽，否则，电压过高易烧坏线圈；电压过低，吸力不够，不易吸合或吸合频繁，这不但会产生很大的噪声，也因磁路气隙增大，致使电流过大，也易烧坏线圈。此外，在接触器铁芯的部分端面嵌装有短路铜环，其作用是为了使铁芯吸合牢靠，消除颤动与噪声，若发现短路环脱落或断裂现象，接触器将会产生很大的震动与噪声。

五、内容及步骤

认识各电器的结构、图形符号、接线方法；抄录电动机及各电器铭牌数据；并用万用电表 Ω 挡检查各电器线圈、触头是否完好。

鼠笼机接成 △ 接法；实验线路电源端接三相自耦调压器输出端 U、V、W，供电线电压为 220 V。

（一）点动控制

按图 5-70 所示点动控制线路进行安装接线，接线时，先接主电路，即从 220 V 三相交流电源的输出端 U、V、W 开始，经接触器 KM 的主触头，热继电器 FR 的热元件到电动机 M 的 3 个线端 A、B、C，用导线按顺序串联起来。主电路连接完整无误后，再连接控制电路，即从 220 V 三相交流电源某输出端（如 V）开始，经过常开按钮 SB$_1$、接触器 KM 的线圈、热继电器 FR 的常闭触头到三相交流电源另一输出端（如 W）。显然这是对接触器 KM 线圈供电的电路。

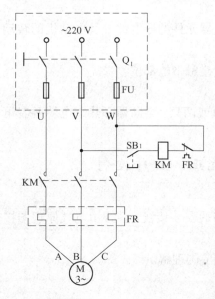

图 5-70 点动控制线路

接好线路，经指导教师检查后，方可进行通电操作。

（1）开启控制屏电源总开关，按启动按钮，调节调压器输出，使输出线电压为 220 V。

（2）按启动按钮 SB$_1$，对电动机 M 进行点动操作，比较按下 SB$_1$ 与松开 SB$_1$ 电动机和接触器的运行情况。

(3) 实验完毕，按控制屏停止按钮，切断实验线路三相交流电源。

（二）自锁控制电路

按图 5-71 所示自锁线路进行接线，它与图 5-70 的不同点在于控制电路中多串联一只常闭按钮 SB_2，同时在 SB_1 上并联 1 只接触器 KM 的常开触头，它起自锁作用。

接好线路，经指导教师检查后，方可进行通电操作。

(1) 按控制屏启动按钮，接通 220 V 三相交流电源。

(2) 按启动按钮 SB_1，松手后观察电动机 M 是否继续运转。

(3) 按停止按钮 SB_2，松手后观察电动机 M 是否停止运转。

(4) 按控制屏停止按钮，切断实验线路三相电源，拆除控制回路中自锁触头 KM，再接通三相电源，启动电动机，观察电动机及接触器的运转情况。从而验证自锁触头的作用。

实验完毕，将自耦调压器调回零位，按控制屏停止按钮，切断实验线路的三相交流电源。

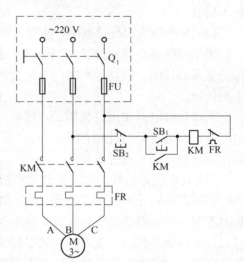

图 5-71　自锁控制电路

六、注意事项

(1) 接线时合理安排挂箱位置，接线要求牢靠、整齐、清楚、安全可靠。

(2) 操作时要胆大、心细、谨慎，不许用手触及各电器元件的导电部分及电动机的转动部分，以免触电及意外损伤。

(3) 通电观察继电器动作情况时，要注意安全，防止碰触带电部位。

七、思考题

在主回路中，熔断器和热继电器热元件可否少用一只或两只？熔断器和热继电器两者可否只采用其中一种就起到短路或过载保护作用？为什么？

练习二　三相鼠笼式异步电动机正、反转控制

一、目的要求

(1) 通过对三相鼠笼式异步电动机正、反转控制线路的安装接线，掌握由电气原理图接成实际操作电路的方法。

(2) 加深对电气控制系统各种保护、自锁、互锁等环节的理解。

(3) 学会分析、排除继电-接触控制线路故障的方法。

二、所用器材

(1) 三相交流电源（220 V）(DG01)

(2) 三相鼠笼式异步电动机（DJ24）×1 台；

(3) 交流接触器（JZC4-40）×2 个（D61-2）；

(4) 按钮×3 个（D61-2）；

(5) 热继电器（D9305d）×1 台（D61-2）；

(6) 交流电压表 (0~500 V)×1台 (D33);
(7) 万用电表×1台 (自备)。

三、基本知识

原理说明：在鼠笼式异步电动机正、反转控制线路中，通过相序的更换来改变电动机的旋转方向。本实验给出两种不同的正、反转控制线路，如图5-72与图5-73所示，具有以下特点。

（一）电气互锁

为了避免接触器 KM_1（正转）、KM_2（反转）同时得电吸合造成三相电源短路，在 KM_1（KM_2）线圈支路中串接有 KM_1（KM_2）动断触头，它们保证了线路工作时 KM_1、KM_2 不会同时得电（见图5-72），以达到电气互锁目的。

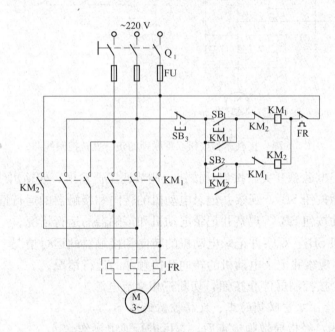

图5-72 接触器联锁的正、反转控制线路

（二）电气和机械双重互锁

除电气互锁外，可再采用复合按钮 SB_1 与 SB_2 组成的机械互锁环节（见图5-73），以求线路工作更加可靠。

（三）线路具有短路，过载，失、欠压保护等功能

四、内容及步骤

认识各电器的结构、图形符号、接线方法；抄录电动机及各电器铭牌数据；并用万用电表 Ω 挡检查各电器线圈、触头是否完好。

鼠笼式异步电动机接成△接法；实验线路电源端接三相自耦调压器输出端 U、V、W，供电线电压为 220 V。

（一）接触器联锁的正、反转控制线路

按图5-72接线，经指导教师检查后，方可进行通电操作。

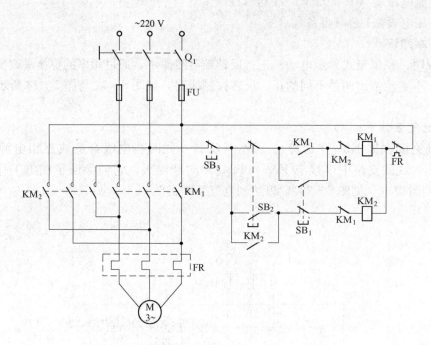

图 5-73 接触器和按钮双重联锁的正、反转控制线路

(1) 开启控制屏电源总开关,按启动按钮,调节调压器输出,使输出线电压为 220 V。
(2) 按正向启动按钮 SB_1,观察并记录电动机的转向和接触器的运行情况。
(3) 按反向启动按钮 SB_2,观察并记录电动机和接触器的运行情况。
(4) 按停止按钮 SB_3,观察并记录电动机的转向和接触器的运行情况。
(5) 再按 SB_2,观察并记录电动机的转向和接触器的运行情况。
(6) 实验完毕,按控制屏停止按钮,切断三相交流电源。

(二) 接触器和按钮双重联锁的正、反转控制线路

按图 5-73 接线,经指导教师检查后,方可进行通电操作。
(1) 按控制屏启动按钮,接通 220 V 三相交流电源。
(2) 按正向启动按钮 SB_1,电动机正向启动,观察电动机的转向及接触器的动作情况。按停止按钮 SB_3,使电动机停转。
(3) 按反向启动按钮 SB_2,电动机反向启动,观察电动机的转向及接触器的动作情况。按停止按钮 SB_3,使电动机停转。
(4) 按正向(或反向)启动按钮,电动机启动后,再去按反向(或正向)启动按钮,观察有何情况发生?
(5) 电动机停稳后,同时按正、反向两只启动按钮,观察有何情况发生?
(6) 失压与欠压保护。

① 按启动按钮 SB_1(或 SB_2),电动机启动后,按控制屏停止按钮,断开实验线路三相电源,模拟电动机失压(或零压)状态,观察电动机与接触器的动作情况,随后,再按控制屏上启动按钮,接通三相电源,但不按 SB_1(或 SB_2),观察电动机能否自行

启动？

②重新启动电动机后，逐渐减小三相自耦调压器的输出电压，直至接触器释放，观察电动机是否自行停转。

(7) 过载保护。打开热继电器的后盖，当电动机启动后，人为地拨动双金属片模拟电动机过载情况，观察电机、电器动作情况。

注意： 此项内容较难操作且危险，有条件可由指导教师作示范操作。

实验完毕，将自耦调压器调回零位，按控制屏停止按钮，切断实验线路电源。

五、注意事项

(1) 接通电源后，按启动按钮（SB_1 或 SB_2），接触器吸合，但电动机不转且发出"嗡嗡"声响；或者虽能启动，但转速很慢。这种故障大多是主回路一相断线或电源缺相。

(2) 接通电源后，按启动按钮（SB_1 或 SB_2），若接触器通断频繁，且发出连续的噼啪声或吸合不牢，发出颤动声，此类故障原因可能是：① 线路接错，将接触器线圈与自身的动断触头串在一条回路上了；② 自锁触头接触不良，时通时断；③ 接触器铁芯上的短路环脱落或断裂；④ 电源电压过低或与接触器线圈电压等级不匹配。

六、思考题

(1) 在电动机正、反转控制线路中，为什么必须保证两个接触器不能同时工作？采用哪些措施可解决此问题，这些方法有何利弊，最佳方案是什么？

(2) 控制线路中，短路，过载，失、欠压保护等功能是如何实现的？在实际运行过程中，这几种保护有何意义？

知识拓展

知识点 5.6 常见机床的控制电路

在掌握电动机的基本控制线路的基础上能据此分析常见机床的控制电路。

通过几种典型机械设备（包括车床、磨床、摇臂转床、万能铣床等）电气控制电路的介绍，为以后工作中从事电气控制系统的设计、安装、调试和维护打下基础。

一、C620-1 型机床电气控制

常见机床结构如图 5-74 所示，它主要由床身、主轴箱、挂轮箱、溜板箱、进给箱、光杠、丝杠、刀架、尾架等部分组成。

C620-1 型常见机床电气控制电路如图 5-75 所示。对它的控制要求如下。

(1) 主轴电动机 M_1 要求正、反转控制，以便加工螺纹。对于 C620-1 型常见机床的正、反转是由机械实现的。

(2) 主轴电动机的启动、停止实现自动控制。C620-1 型常见机床主轴电动机容量较小，所以采用直接启动，停车时采用机械制动。

(3) 在车削加工时，由于温度高，需要冷却，为此，设有一台冷却泵电动机 M_2，冷却泵电动机只需要单方向运行，且要求在主轴电动机启动后才能启动；当主轴电动机停止时要求冷却泵电动机也立即停止。

(4) 电路应有保护环节和安全的局部照明。

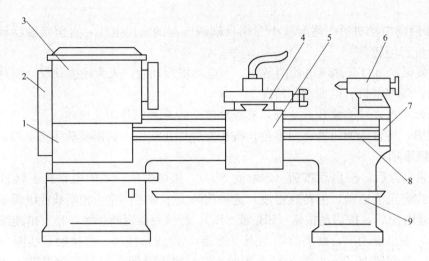

图 5-74 常见机床的结构示意图
1—进给箱；2—挂轮箱；3—主轴箱；4—溜板与刀架；
5—溜板箱；6—尾架；7—丝杠；8—光杠；9—床身

C620-1 型常见机床控制电路的工作原理如下：合上刀开关 Q_1，按下启动按钮 SB_2，接触器 KM 线圈通电，自锁触点闭合自锁，主轴电动机 M_1 通电旋转，若要使用冷却，可合上 Q_2，冷却泵电动机 M_2 通电旋转。需要停止时，按下停止按钮 SB_1，KM_1 线圈断电，电动机停止。

电路中用熔断器 FU_1、FU_2、FU_3 来实现短路保护；用 FR_1、FR_2 来实现过载保护。同时，接触器 KM 还具有失压和欠压的保护作用。照明变压器 T 给照明灯 EL 提供了一个安全电压，由开关 Q_2、Q_3 控制。

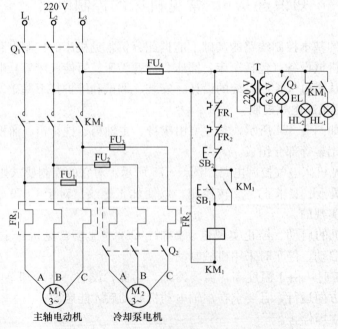

图 5-75 C620-1 型普通车床电器控制电路

二、Z3040型摇臂钻床电气控制系统

Z3040型摇臂钻床的结构如图5-76所示，它主要由底座、内立柱、外立柱、摇臂、主轴箱、工作台等组成。内立柱固定在底座上，在它外面套着空心的外立柱，外立柱可绕着固定的内立柱回转一周。摇臂一端的套筒部分与外立柱滑动配合，借助于丝杠，摇臂可沿着外立柱上下移动，但两者不能做相对转动，因此，摇臂将与外立柱一起相对内立柱回转。主轴箱具有主轴旋转运动部分的全部传动机构和操作机构，包括主电动机在内，主轴箱可沿着摇臂上的水平导轨做径向移动。当进行加工时，利用夹紧机构将主轴箱紧固在摇臂上，外立柱紧固在内立柱上，摇臂紧固在外立柱上，然后进行钻削加工。

图5-77所示为Z3040型摇臂钻床电气控制原理图。

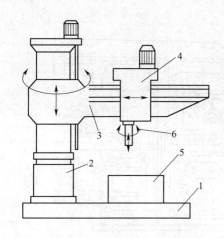

图5-76 Z3040型摇臂钻床结构示意图
1—底座；2—内、外立柱；3—摇臂；
4—主轴箱；5—工作台；6—主轴

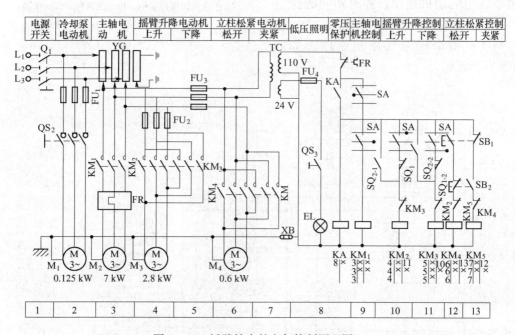

图5-77 摇臂钻床的电气控制原理图

三、X62W型万能铣床电气控制系统

X62W型万能铣床可用于工件的平面、斜面和沟槽的加工，安装分度头后可铣切直齿齿轮、螺旋面，若使用原工作台还可以铣切凸轮和弧形槽，这是一种常见的通用铣床。

一般中小型铣床主拖动都采用三相笼形异步电动机，并且主轴旋转主运动与工作台进给运动分别由单独的电动机拖动。铣床主轴的主运动为刀具的切削运动，它有顺铣和逆铣两种工作方式；工作台的进给运动有水平工作台左右（纵向）、前后（横向）及上下（垂直）方向的运动，还有圆工作台的回转运动。这里以X62W型铣床为代表，分析中小型铣床的控

制电路。

X62W型万能铣床的结构如图5-78所示，它主要由底座、进给电动机、升降台、进给变速手柄及变速盘、溜板、转动部分、工作台、刀杆支架、悬梁、主轴、主轴变速盘、主轴变速手柄、床身、主轴电动机等组成。由此可见铣床的主运动是主轴带动刀杆和铣刀的旋转运动；进给运动包括工作台带动工件在水平的纵、横及垂直3个方向的运动；辅助运动则是工作台在3个方向的快速移动。

X62W型铣床电力拖动和控制要求：机床主轴的主运动和工作台进给运动分别由单独的电动机拖动，并有不同的控制要求；要有安全的局部照明装置。

M7130型磨床电气控制原理图如图5-79所示。

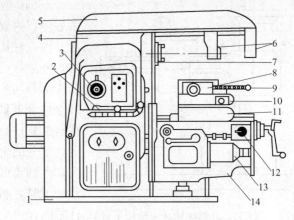

图5-78 万能铣床的结构
1—底座；2—主轴变速手柄；3—主轴变速数字盘；
4—床身；5—悬梁；6—刀杆支架；7—主轴；8—工作台；
9—工作台纵向操作手柄；10—回转台；11—床鞍；
12—工作台升降及横向操作手柄；13—进给变速
手轮及数字盘；14—升降台

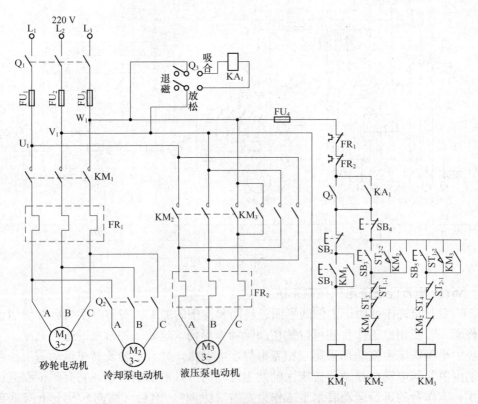

图5-79 M7130型磨床电气控制原理图

128

项目总结

三相异步电动机的种类很多，但各类三相异步电动机的基本结构是相同的，它们都由定子和转子这两大基本部分组成，在定子和转子之间具有一定的气隙。

转差率就是相对转速（即转差）与同步转速之比，用 s 表示，即 $s=(n_1-n)/n$。

鼠笼式电动机的启动方式有直接启动和降压启动两种。

根据电动机的转动原理，如果旋转磁场反转，则转子的转向也随之改变。改变三相电源的相序（即把任意两相线对调），就可改变旋转磁场的方向。

三相异步电动机的调速有变频调速、变极调速、变转差率调速。

三相异步电动机的电气制动有能耗制动和反接制动。

根据其在电路中所起作用的不同，电器可分为控制电器和保护电器。控制电器主要控制接通或断开，如刀开关、接触器等。保护电器主要的作用是使得电源、设备等不工作在短路或过载等非正常状态，如热继电器、熔断器等都属于保护电器。

电气控制系统中常对电动机实施一定的保护，以保证设备的正常运行，其形式主要有短路保护，过载保护，零压（失压）、欠压保护及弱磁保护等。

项目练习

1. 什么是旋转磁场，旋转磁场的转速和旋转方向取决于什么？
2. 三相异步电动机转子的转速能否等于或大于旋转磁场的转速？为什么？
3. 异步电动机的转差率有何意义？在什么情况下，转差率分别为：(1) $s=0$；(2) $s=1$；(3) $s>1$；(4) $0<s<1$；(5) $s<0$。
4. 三相异步电动机的电磁转矩与哪些因素有关？三相异步电动机带动额定负载工作时，若电源电压下降过多，往往会使电动机发热，甚至烧毁，试说明原因。
5. 若三相异步电动机转子被卡住不转，这时接通电源，会引起什么后果？若三相异步电动机在正常运行时，转子突然被卡住，试问这时电动机的电流有何变化？对电动机有何影响？
6. 在三相异步电动机启动瞬间，即 $s=1$ 时，为什么转子电流 I_2 很大，而转子电路的功率因数 $\cos\varphi_2$ 很小？
7. 三相异步电动机只接两根电源线能否产生旋转磁场？
8. 绕线式电动机转子电路断开时，电动机能否旋转？为什么？
9. 如何根据转差率的大小来判别电动机的运行情况？
10. 当异步电动机的定子绕组与电源接通后，若转子被阻，长时间不能转动，对电动机有何危害？如果遇到这种情况，应采取何种措施？
11. 当取出异步电动机的转子修理时，如果在定子绕组上误加额定电压，将会产生什么后果？为什么？
12. 有一台三相异步电动机，铭牌标明 380/220 V，Y/△。试问电动机接成Y和△启动时，启动电流和启动转矩是否一样大？当电源电压为 380 V 时，能否采用Y-△启动？
13. 电动机功率选择太大有什么不好？在什么情况下，电动机的功率因数和效率较高？
14. 绕线式电动机与鼠笼式电动机在结构上有什么不同？

15. 异步电动机在什么情况下进行星形连接或三角形连接？

16. 有一台三相异步电动机，$f=50$ Hz，$n=960$ r/min。试确定电动机的磁极对数、额定转差率及额定转速时转子电流的频率。

17. 判断下列叙述是否正确。

(1) 对称的三相交流电流通入对称的三相绕组中，便能产生一个在空间旋转的、恒速的、幅度呈正弦规律变化的合成磁场。

(2) 在异步电动机的转子电路中，感应电动势和感应电流的频率是随转速而改变的，转速越高，则频率越高；转速越低，则频率越低。

(3) 三相异步电动机在空载启动时，启动电流小；而满载下启动，启动电流大。

(4) 当绕线式三相异步电动机运行时，在转子绕组中串联电阻，是为了限制电动机的启动电流，防止电动机被烧毁。

18. 某三相异步电动机在额定状态下运行，其转速为1 430 r/min，电源频率为50 Hz，求：

(1) 电动机的磁极对数 p；

(2) 额定转差率 s_N；

(3) 额定运行时转子电流频率 f_2；

(4) 额定运行时定子旋转磁场对转子的转速差。

19. 一台三角形连接的三相异步电动机的额定数据如下。

功率	转速	电压	效率	功率因数	I_{st}/I_N	T_{st}/T_N	T_{max}/T_N
7.5 kW	1 470 r/min	380 V	86.2%	0.81	7.0	2.0	2.2

求：(1) 额定电流和启动电流；

(2) 额定转差率；

(3) 额定转矩、最大转矩和启动转矩；

(4) 在额定负载情况下，电动机能否采用Y/△启动？

20. 什么是自锁控制？起自锁作用的主要电器元件是什么？

21. 什么是互锁（连锁）控制？它的主要作用是什么？

22. 在电动机的基本控制电路中，通常应设置哪些保护功能？它们是如何实现的？

23. 在电动机主电路中既然装有熔断器，为什么还要装热继电器？它们各起什么作用？

24. 交流接触器的工作原理是什么？具有哪些功能？

25. 熔断器的作用是什么？热继电器的作用是什么？

26. 接触器是如何工作的？

27. 速度继电器触点的动作与电动机的转速有何关系？

28. 自动开关是哪几种元件的组合？它在电路中具有哪些保护功能？

29. 行程开关与按钮有何相同之处与不同之处？

30. 试绘出用接触器控制的串电阻降压启动的控制电路。

31. 试为某生产机械设计电动机的控制线路，要求如下：(1) 既能点动控制又能连续控制；(2) 具有短路、过载、欠压和失压保护作用。

32. 画出两台电动机 M_1、M_2 顺序启动、逆序停止的电气控制线路，并叙述其工作原理。

33. 有两台三相异步电动机 M_1、M_2，要求：M_1 启动后 M_2 才能启动；M_2 停止后 M_1 才能停止，试画出控制电路。

34. 试画出按时间顺序启动的两台三相异步电动机的控制电路，即按下启动按钮使 M_1 启动，经过一定时间后 M_2 自行启动，按下停止按钮，M_1、M_2 同时停止。

35. 试分析在 M7130 磨床电气控制线路中，电磁吸盘没有吸力的故障原因。

36. 试分析在 Z3040 摇臂钻床电气控制线路中，摇臂不能松开的故障原因。

37. 试分析 X62W 型万能铣床电气控制线路中，工作台不能纵向进给的故障原因。

项目 6

安全用电常识

项目导入

一提到电,通常就会毫不犹豫地联想到电能击伤、击死人,电会引起火灾等可怕的事。因此,人们形象地把电比喻成"电老虎"。电,你真的像人们想象得那么可怕吗?从历年发生的触电死亡事故来看,不懂用电知识所发生的触电死亡事故占二分之一。因此当前安全用电的宣传工作是非常重要的。

为了有效、安全地使用电能,除了认识和掌握电的性能和它的客观规律外,还必须了解安全用电知识、技术及措施。如果对于电能及电气设备使用不合理、安装不妥当,维修不及时或违反电气操作规程等,则可能造成停电停产、损坏设备、引发火灾、甚至人身伤亡等严重事故,因此必须十分重视安全用电知识和安全用电措施。

项目分析

【知识结构】

电流对人体的伤害;可能触电的几种情况;主要的保护措施;能够积极预防电气火灾等。

【学习目标】
- ◆ 了解安全用电、节约电能的途径、方法;
- ◆ 掌握防止触电的主要保护措施。

【能力目标】
- ◆ 掌握触电急救的一些基本知识;
- ◆ 能够积极预防发生电气火灾的能力。

【素质目标】
- ◆ 在教学过程中密切联系生产与生活实际,激发学生的求知欲,培养学生爱岗敬业、崇尚科学的精神;
- ◆ 培养学生养成对待工作和学习一丝不苟、精益求精的习惯。

相关知识

知识点 6.1 安全用电常识

了解安全用电的一些基本常识;熟知可能触电的几种情况。

项目6　安全用电常识

为了有效、安全地使用电能，除了认识和掌握电的性能和它的客观规律外，还必须了解安全用电知识、技术及措施。如果对于电能及电气设备使用不合理、安装不妥当、维修不及时或违反电气操作规程等，则可能造成停电停产、损坏设备、引发火灾、甚至人身伤亡等严重事故，因此必须十分重视安全用电知识和安全用电措施。

一、电流对人体的伤害

当人体触及带电体或与高压带电体之间的距离小于放电距离，以及带电操作不当时所引起的强烈电弧，都会使人体受到电的伤害，以上这些情况，称之为触电。

电流对人体的伤害有三种：电击、电伤和电磁场生理伤害。

（一）电击

当一定的电流通过人体时，使人体肌肉剧烈收缩，失去摆脱电源的能力，人体组织器官受到严重损害，中枢神经麻痹，甚至心脏停止跳动，呼吸停止而死亡，这些都称为电击。电击的危害程度与下列因素有关。

1. 通过人体的电流的大小

通过人体的工频交流电（工频是指交流电的频率为 50 Hz）达 1 mA 左右就会有感觉，引起人的感觉的最小电流称为感知电流。不同人的感知电流也是不同的，成年男性平均感知电流约为 1.1 mA，成年女性约为 0.7 mA。超过 10 mA 会使人感到麻痹或剧痛，呼吸困难，自己不能摆脱电源，人触电后能自主摆脱电源的最大电流称为摆脱电流。不同人的摆脱电流也不相同，成年男性平均摆脱电流约为 16 mA，成年女性约为 10.5 mA。超过 50 mA 且时间超过 1 s，就会有生命危险。能使人丧失生命的电流叫致命电流。

通过人体的电流决定于加在人体上的电压和人体的电阻。人体电阻最大可达 100 kΩ，主要是干燥皮肤表皮上的角质层电阻很大，但只要皮肤湿润、有汗、有损伤，沾有导电灰尘或触电后电流使皮肤遭到破坏，人体电阻将急剧下降，最低可降到 800 Ω。

大小不同的工频电流对人体的作用可见表 6-1。

表 6-1　工频电流对人体的作用

电流/mA	通电时间	生　理　反　应
0～＜0.5	连续通电	没有感觉
0.5～＜5	连续通电	开始有感觉，手指、手腕等处有痛觉，没有痉挛，能够摆脱带电体
5～＜30	数分钟以内	痉挛，不能摆脱带电体，呼吸困难，血压升高，是可以忍受的极限
30～＜50	数秒至数分	心脏跳动不规则，昏迷，血压升高，强烈痉挛，时间过长即引起心室颤动
50～数百	低于心脏搏动周期	受强烈冲击，但未发生心室颤动
50～数百	超过心脏搏动周期	昏迷，心室颤动，接触部位留有电流通过的痕迹
超过数百	低于心脏搏动周期	在心脏搏动周期的特定时刻触电时，发生心室颤动，昏迷，接触部位留有电流通过的痕迹
超过数百	超过心脏搏动周期	心脏停止跳动，昏迷，可能致命的电灼伤

在其他条件相同的情况下，电压越高，则通过人体的电流越大。因此，一般来说，电压越高，触电的危险性越大。为了限制通过人体的电流，我国规定 42 V、36 V、24 V、12 V、6 V 作为安全电压，用于不同程度的有较多触电危险的场合。

如：机床局部照明灯、理发电推剪、小型手持电动工具、电动自行车、部分工程机械等用36 V电压；管道维修时用的手持工作灯、汽车电瓶用12 V电压（有的车用电瓶用6 V电压）等。

注意：安全用电仅仅是为了一旦人员触电时能把通过人体的电流限制在较小范围内，绝不意味着人可以长期接触这样的电压，那样仍是危险的。

2. 电流通过人体持续的时间

通电时间越长，越容易引起心室颤动，电击危险性越大。通电时间越长，体内积累局外能量越多，心室颤动的危险性越大；人的心脏每收缩、扩张一次，中间有约0.1 s的（间歇）易激期对电流最敏感，此时，即使很小的电流也会引起心脏震颤，如果电流通过时间超过1 s，就肯定会遇上这个间歇，造成很大的危险。时间再一长，可能遇上数次，后果更为严重；电流通过人体持续时间一长，人体触电部位的皮肤将遭到破坏，人体电阻降低，危险性进一步增大。

因此，救助触电人员，首先要做到的就是使他尽快脱离电源。

3. 电流通过人体的途径

电流通过头、脊柱、心脏这些重要器官是最危险的。人触电的部位，手和脚的机会最多，从手到手、从手到脚、从脚到脚这三种电流通过的路径对人都很危险，其中尤以从手到脚最危险，因为在这一条路径中，可能通过的重要器官最多。如图6-1所示，图中百分数是通过心脏的电流占通过人体电流的百分数。

另外，手、脚肌肉因触电而剧烈痉挛。对于手来说，可能造成抓紧带电部分无法摆脱；对脚来说，可能造成身体失去平衡，出现坠落、摔伤等二次事故。

4. 电流种类

频率25～300 Hz的交流电，包括工频交流电在内，对人体的伤害最为严重，10 Hz以下和1 000 Hz以上，伤害程度明显减轻；但如电压较高，仍有电击致死的危险。

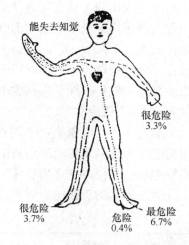

图6-1 电流通过人体的途径

10 000 Hz高频交流电的感知电流，男性约为12 mA、女性约为8 mA；平均摆脱电流，男性约为75 mA、女性约为50 mA；心室颤动电流，通电时间0.03 s时约1 100 mA，通电时间3 s时约500 mA。

直流电感知电流男性约为5.2 mA，女性约为3.5 mA，平均摆脱电流男性约为76 mA，女性约为51 mA；心室颤动电流通电时间0.03 s时约为1 300 mA，通电时间3 s时约为500 mA。

冲击电流能引起短暂而强烈的肌肉收缩，给人以冲击的感觉，但电击致死的危险性较小。当人体电阻为1 000 Ω时，可以认为冲击电流引起心室颤动的界限是27 W·s。

5. 人体的健康状况

当接触电压一定时，流过人体的电流决定于人体电阻。人体电阻越小，则流过人体的电流越大。人体电阻主要包括人体内部电阻和皮肤电阻。如果不计人体表皮角质层的电阻，人体平均电阻可按1 000～3 000 Ω考虑。

人体电阻不是固定不变的。接触电压增加、皮肤潮湿程度增加、通电时间延长、接触面积和接触压力增加、环境温度升高及皮肤破损都会使人体电阻降低。不同条件下的人体电阻可见表6-2。

表6-2 人体电阻（电流经单手双脚） 单位：Ω

接触电压/V	人 体 电 阻			
	皮肤干燥	皮肤潮湿	皮肤湿润	浸入水中
10	7 000	5 500	1 200	600
25	5 000	2 500	1 000	500
50	4 000	2 000	875	400
100	3 000	1 500	770	375
250	1 500	1 000	650	325

人体的健康状况和精神正常与否是决定触电伤害程度的内在因素。疲劳、体弱或患有心脏、神经系统、呼吸系统疾病或酒醉的人触电，由于自身抵抗能力较差，还有可能诱发其他疾病，后果要比正常情况下更为严重。此外，女性和儿童触电的危险性都比较大。

（二）电伤

电流的热效应、化学效应或机械效应对人体外部造成的局部伤害，包括电弧烧伤、烫伤、电烙印都称电伤。

如强烈电弧引起人体的灼伤；强烈电弧的放射作用引起眼睛失明；触电者自高处跌下所导致的摔伤；人体接触电流时，皮肤表面引起的烙伤等都是电伤。电伤事故比电击少，但大面积烧伤也会导致死亡，因此开关、熔断器一定要有防护措施，避免断路时电弧对人造成危害。

（三）电磁场生理伤害

在高频磁场的作用下，人会出现头晕、乏力、记忆力减退、失眠、多梦等神经系统的症状，这些都属于电磁场生理伤害。

电流对人体的伤害是个很复杂的问题，但又不可能进行各种试验，只能从大量积累的资料中分析得出结论，因此不排除出现完全没有估计到的情况，必须积极地采取各种防范措施，防止触电事故的发生。

二、可能触电的几种情况

对于非电专业人员来讲，所用的电源是低压电源，具体到生产中绝大多数为380/220 V、三相四线制、中性点接地（工作接地）的电源。

下面着重讨论在这样的供电系统中触电的可能性，以便有针对性地采取防范措施。

按照人体触及带电体的方式和电流通过人体的途径，触电方式大致有双线触电、单线触电、跨步电压触电和接地电压触电4种。

（一）双线触电

人体同时接触两根火线，加在人体的电压是380 V，这种情况最危险，但出现这种情况的可能性较小。如图6-2所示。

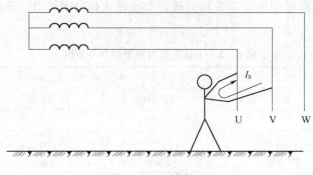

图 6-2 双线触电

(二) 单线触电

人只接触一根火线,但是人站在地上,电源中性线又是接地的,所以加在人体的电压是 220 V,并且电流路径是从手到脚。这种情况也很危险,并且出现的可能性较大。如图 6-3 (a) 所示;图 6-3 (b) 表示供电网无中线或中线不接地时的单线触电。此时电流通过人体进入大地,再经过其他两相对地电容或绝缘电阻流回电源,当绝缘不良时,会有危险。

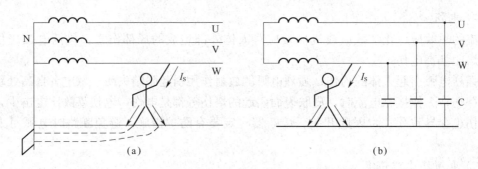

图 6-3 单线触电

如:手持电动工具正在工作,工具漏电,有一根火线与金属外壳连通;又如,固定在机座上的电动机绝缘损坏,有一根火线碰壳,而人此时触及机器;再如,调换灯泡时,手触及带电的螺丝口等。

在 220 V 电压下,用绝缘材料把人与地同时隔开,可以减小触电危险性。

注意:穿普通的胶底鞋或塑料底鞋,踩在可能潮湿的木板或木凳上等都是不可靠的。只有专用的绝缘胶鞋、有瓷绝缘底脚的踏板、专用绝缘橡胶垫才能起到一定的保护作用。

(三) 跨步电压触电

这类事故多发生在故障设备接地体附近,由两脚之间的跨步电压引起的触电事故。正常情况下,接地体只有很小的电流,甚至没有电流流过。当带有电的电线掉落在地面上时,以电线落地的一点为中心,画许多同心圆,这些同心圆之间有不同的电位差。当人在接地体附近跨步行走时,处在不同的电位下,这两个电位的电位差称为跨步电压。如图 6-4 所示。跨步电压与跨步大小有关,人的跨步距离一般按 0.8 m 考虑。

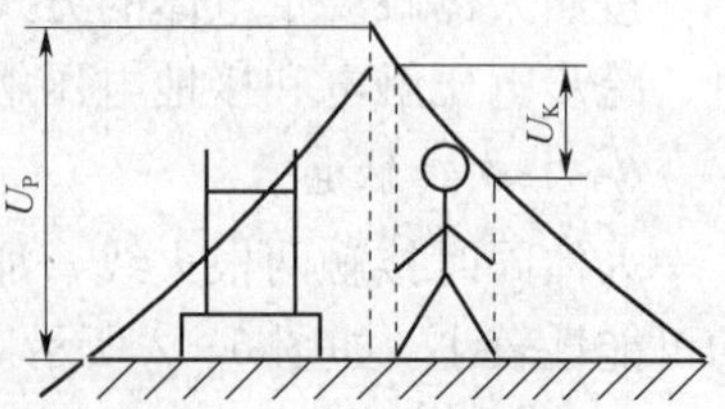

图 6-4 跨步电压触电

在跨步电压作用下,电流通过人体,造成人体跨步电压触电。当跨步电压较高时,就会发生双脚抽筋而倒地,这时有可能使电流通过人体的重要器官,造成严重的触电事故。

(四)接地电压触电

电气设备的外壳正常情况下是不带电的,由于某种原因使外壳带电,人体与电气设备的带电外壳接触而引起的触电称接触电压触电。例如,三相油冷式变压器U相绕组与箱体接触使其带电,人手触及油箱会产生接触电压触电,相当于单相触电。如图6-5所示。

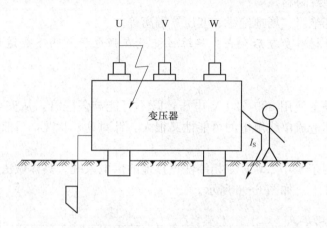

图6-5 接地电压触电

触电事故是突发性事故,在很短的时间内造成极为严重的后果,这是必须认真注意、尽量防止的。

触电事故究其原因很多。如电气设备质量不合格、电气线路或电气设备安装不符合要求等会直接造成触电事故;电气设备运行管理不当,绝缘损坏漏电也会造成触电事故;非电工作业人员处理电气事务,错误操作和违章操作等容易造成触电事故;用电现场混乱,线路错接,特别是插座接线错误更容易造成触电事故等。对于这些,应建立严格的安全用电制度和有效的安全保护措施加以防止。如安全操作规程、安全运行管理和维护检修制度及其他有关规章制度,定期进行电气安全检查并进行经常的群众性的安全教育。

知识点6.2 防触电的安全技术

了解防止发生触电事故的主要保护措施;掌握漏电保护自动开关的工作原理;掌握必要的触电急救知识;为后续进一步学习打下基础。

一、主要保护措施

前面学习了电流对人体的伤害和可能触电的几种情况,了解了这些,就可以有针对性地采取相应的防范措施,避免触电事故的发生。主要的防护措施有使用安全电压、绝缘保护、接零保护、接地保护等。

(一)使用安全电压

这是用于小型电气设备或小容量电气线路的安全措施。根据欧姆定律,电压越大,电流也就越大。因此,可以把可能加在人身上的电压限制在某一范围内,使得在这种电压下,通过人体的电流不超过允许范围，这一电压就叫作安全电压。安全电压的工频有效值不超过 50 V，直流不超过 120 V。我国规定工频有效值的等级为 42 V，36 V，24 V，12 V 和 6 V。与人频繁接触的小型电器，可以使用安全电压供电，但因电压降低后，同等功率的设备电流将增大，设备要变得笨重，连接导线截面也要增大，因此安全低压不适合广泛采用。

（二）绝缘保护

用绝缘物把带电体封闭起来。瓷、玻璃、云母、橡胶、木材、胶木、塑料、布、纸和矿物油等都是常用的绝缘材料。

一般主要有外壳绝缘、场地绝缘、变压器隔离等。

注意：很多绝缘材料受潮后会丧失绝缘性能或在强电场作用下会遭到破坏，丧失绝缘性能。

（三）接零保护

大多数的用电设备使用 380/220 V 电压，既不可能与人隔开，从安全角度看电压又不低，因设备绝缘损坏造成单线触电的可能性又很大。针对这一状况，目前采取的主要措施就是接零保护。

接零保护规定用于 380/220 V 三相中性点接地的供电系统。具体做法是把所有电气设备的金属外壳接到零线上。如图 6-6 所示。

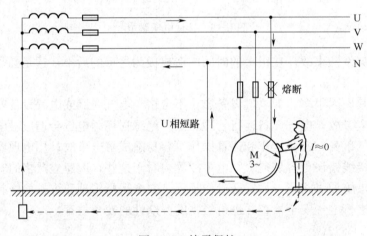

图 6-6 接零保护

接零保护的原理是：在正常情况下，因零线是接地的，所以把它接到设备的金属外壳于人无碍。当设备中有一线碰壳时，即使有人正在接触设备外壳，电流也将从设备外壳经接零线流回电源中性点，这条通路的电阻极小，可以构成短路；而经人体入地后再经接地极回到中性点这条通路电阻要大得多，电流几乎为零。因为电线碰壳这一相已构成短路，电路中的熔断器或自动断路器将把电路切断，可以把碰壳漏电的持续时间减至极短，并能根据熔断器的熔断或自动断路器的动作，及时发现和确定事故的位置并进行处理。

应用接零保护必须特别注意以下几个问题。

(1) 接零线的截面最小尺寸：多股绝缘铜线，1.5 mm²；裸铜线，4 mm²；绝缘铝线，2.5 mm²；裸铝线，6 mm²；圆钢的直径，5 mm（室内）、6 mm（室外）。

(2) 接零保护只能用于中性点接地的供电系统。

(3) 必须保证零线不断路。为此应使零线有足够的截面，一方面使它有必要的机械强度，同时使电阻尽量小以保证在漏电时能形成短路，使漏电的一相熔断器或自动断路器及时切断电路。零线干线不准安装熔断器和开关，熔断器和开关只能安装在火线上，如图6-7所示。

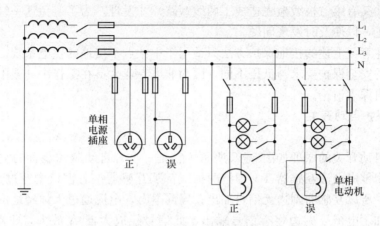

图6-7 零线干线不准安装熔断器和开关图

三相四线制供电线路中，照明等单相负载用220 V电压，与之相关的支路必然要引过一条火线和一条零线，并且可能都装有开关和熔断器，这时的接零保护必须有另一条专用的保护接零线，直接接到零线上，不可与这些单相连接电器的电源零线共用。

(4) 零线每隔一定距离重复接地一次，以保证它的零电位。通常电源中性点接地，要求接地电阻小于4 Ω，重复接地要求接地电阻小于10 Ω。要达到这一要求必须埋设一定的接地装置，通常用多根钢管或角钢按一定的距离布置并垂直埋设后，再用扁钢带通过焊接把它们连在一起，同时还要对埋设点的土壤状况加以考虑，埋设后要实地测量接地电阻值以保证达到上述要求。

(5) 不可用大地作为漏电电流的回路。

（四）接地保护

对于中性点不接地的三相供电系统，可以采用"接地保护"，具体做法是把设备的金属外壳都接地。如图6-8所示。

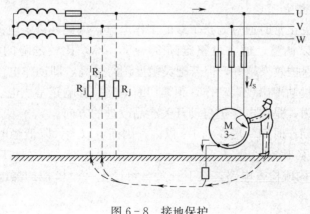

图6-8 接地保护

因为这种供电系统的中性点不接地,三相端线与地相隔的是它们的绝缘电阻,阻值很高,假如一相漏电碰壳,电流要通过绝缘电阻成为回路,数值必然很小,而接地线又与人体并联把漏电电流旁路,保证了人的安全。

这种保护方法的问题是,即使漏电,也因电流很小而长期不被发现,有可能持续到事故进一步扩大(如又有第二根线碰壳造成了两线短路)才发现。为了避免这一结果,电路中要有绝缘监视装置,以便及时发现问题。

应当特别注意:上述的接地保护方法只适用于中性点不接地的供电系统。

高压电路的安全保护要求与低压不同,因为非电专业人员在工作中一般不涉及高压电气设备,所以不再深入讨论。

二、漏电保护自动开关

(一)原理

漏电保护自动开关的原理如图 6-9 所示,它是一个有自动脱扣装置的空气开关。在主电路上接有一个零序电流互感器 T,即把两根线都从互感器铁芯窗口中穿过,正常情况下,二者方向相反,所以互感器副边无信号输出;当漏电时,电流通过人体经地形成回路,这时互感器中因增加了电流,副边将有信号输出,此信号经放大器 A 放大,驱动脱扣线圈 K,使开关 KM 切断电路。

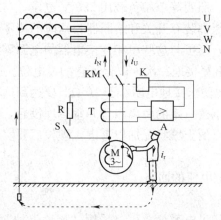

图 6-9 漏电保护自动开关原理图

(二)动作电流的整定

漏电保护自动开关正常时通过的是负载的工作电流,因此其额定电流应根据负载电流选择;漏电动作电流可以调整,通常可整定到 30~50 mA,比较危险的场所可整定到 10~30 mA。灵敏度越高保护效果越好,但若把灵敏度调得过高,即动作电流整定得太低,容易造成电路中偶有电流扰动即出现误动作,频繁切断电路,影响正常供电。提高灵敏度的同时进一步提高抗干扰能力,是漏电保护自动开关产品改进的方向。

漏电保护自动的动作时间一般在 0.1 s 以内,因而可以大大降低触电的危险性。

(三)试验开关 S 的作用

开关 S 和电阻 R 构成检查电路,按下开关 S 可产生一个模拟的漏电流,以试验保护开关动作是否可靠。

（四）漏电自动保护开关的适用范围

一些日用电器常常没有接零保护，室内单相电源插座也往往没有保护零线插孔。这时在室内电源进线上，接以整定到 15～30 mA 的漏电保护自动开关，可以起到安全保护作用。

已有接零保护的中性点接地供电系统或已有接地保护的中性点不接地供电系统，也可以再加装漏电保护自动开关，与之相配合，使安全保护更为可靠。

三、触电急救

（一）安全用电常识

为防止触电事故发生，需要宣传并且普及安全用电常识。下面是日常生活中一些简单的安全用电常识。

（1）不靠近高压带电体（室外高压线、变压器旁），不接触低压带电体。

（2）任何电气设备在未确认无电以前应一律认为有电，不要随便接触电气设备，不要盲目信赖开关或控制装置，不要依赖绝缘来防范触电。

（3）尽量避免带电操作，不用湿手扳开关，插入或拔出插头。

（4）若发现电线、插头损坏应立即更换，禁止用铜丝代替保险丝，禁止用橡皮胶代替电工绝缘胶布，禁止乱拉临时电线。

（5）电线上不能晾衣物，晾衣物的铁丝也不能靠近电线，更不能与电线交叉搭接或缠绕在一起。

（6）不带电移动电气设备，当将带有金属外壳的电气设备移至新的地方后，要先安装好地线，检查设备完好后，才能使用。

（7）安装、检修电器应穿绝缘鞋，站在绝缘体上，且要切断电源。

（8）雷雨天时，不使用收音机、录像机、电视机且拔出电源插头，拔出电视机天线插头。暂时不使用电话，如一定要用，可用免提功能键。

（9）当电线断落在地上时，不可走近。对落地的高压线应离开落地点 8～10 m 以上，以免跨步电压伤人，更不能用手去拣。应立即禁止他人通行，派人看守，并通知供电部门前来处理。

（10）当电气设备起火时，应立即切断电源，并用干沙覆盖灭火，或者用四氯化碳或二氧化碳灭火器来灭火，绝不能用水或一般酸性炮沫灭火器灭火，否则有触电危险。在使用四氯化碳灭火器时，应打开门窗，保持通风，防止中毒，如有条件最好戴上防毒面具；在使用二氧化碳灭火时，由于二氧化碳是液态的，向外喷射灭火时，强烈扩散，大量吸热，形成温度很低的干冰，并隔绝了氧气，因此也要打开门窗，与火源保持 2～3 m 的距离，小心喷射，防止干冰沾着皮肤产生冻伤。救火时不要随便与电线或电气设备接触，特别要留心地上的导线。

（二）触电急救常识

当发现有人触电时，首先要尽快地使触电者脱离电源，然后再根据具体情况，采取相应的急救措施。

1. 脱离电源

（1）如果电源开关或插头离触电地点很近，可以迅速拉开开关，切断电源。

（2）当开关离触电地点较远，不能立即打开时，可用带有绝缘柄的斧、钳等工具切断电源线，或用绝缘物挑开接触人体的电线，用绝缘物把人拉开，使其脱离电源等。

(3) 高压线路触电的脱离。在高压线路或设备上触电应立即通知有关部门停电，为使触电者脱离电源应戴上绝缘手套，穿绝缘靴，使用适合该挡电压的绝缘工具，按顺序断开开关或切断电源。

脱离电源注意事项：
- 救护人员不能直接用手、金属及潮湿的物体作为救护工具，救护人员最好一只手操作，以防自身触电。
- 防止高空触电者脱离电源后发生摔伤事故。
- 要观察周围环境，防止事故扩大再误伤他人。

2. 急救处理

当触电者脱离电源后，根据具体情况应就地迅速进行救护，同时赶快派人请医生前来抢救，触电者需要急救的大体有以下几种情况。

(1) 触电不太严重，触电者神志清醒，但有些心慌，四肢发麻，全身无力，或触电者曾一度昏迷，但已清醒过来，此时应使触电者安静休息，不要走动，严密观察并请医生诊治。

(2) 触电较严重，触电者已失去知觉，但有心跳，有呼吸，应使触电者在空气流通的地方舒适、安静地平躺，解开衣扣和腰带以便呼吸；如天气寒冷应注意保温，并迅速请医生诊治或送往医院。

(3) 触电相当严重，触电者已停止呼吸，常为"假死"，应立即进行人工呼吸；如果触电者心跳和呼吸都已停止，人完全失去知觉，应进行人工呼吸和心脏按压进行抢救。

项目实施　安全用电常识

活动形式为小组活动与班级活动相结合。按照计划开展活动，主要活动过程如下。

一、调查收集资料阶段

利用一周的时间，统计自己家及邻居家所用的电器种类，以小组为单位调查社区安全用电隐患；课堂内，学生之间交流，成果共享。

调查家庭配电线路中的电能表、控制电器和保护电器。

现在家庭电路中用的电能表大体上有 3 种形式：①传统的感应式电能表；②预付费电能表；③电子式电能表。

控制电器和保护电器有老式的闸刀开关和熔断器（俗称保险盒），还有新式的小型断路器（空气开关）和漏电保护器。

对以上两项调查还可以做些分析，分析新旧的比例，以及城乡的差异。

二、通过多种途径学习安全用电知识阶段

通过教师讲解、查阅图书资料、上网查询、请教专家、请教电工师傅等途径学习安全用电知识。初步了解：家庭电路的组成，其中包括电能表，控制电器和保护电器，保护措施，如闸刀开关和断路器（空气开关）、熔断器（保险盒）、漏电保护器；保护接地措施的应用及其作用。

三、探究阶段

通过实验，探究为何不能用湿手接触电器。

（活动）用舌尖体验 9 V 的电压带来的"发麻"的触电感觉。

四、总结交流
(1) 各组写出实验报告和调查报告。
(2) 全班集中,各组交流。
(3) 总结出安全用电注意事项。

五、活动扩展
(一) 调查分析:《用户家庭用电安全环境调查问卷》
调查时间:
年级:　　　姓名:　　　年龄:　　　性别:
调查人:
(1) 是否有地线;
(2) 地线是否带电;
(3) 相线、地线有无接反;
(4) 是否缺零线;
(5) 电线使用年度;
(6) 厨卫有无防水、防潮设置。

(二) 拓展活动
制作并张贴安全用电海报及安全用电倡议书。

六、收获与体会

知识拓展

制作并张贴安全用电海报及安全用电倡议书。

知识点 6.3　电 气 火 灾

了解电气设备引起火灾的原因;掌握应采取的预防措施等;为后续进一步学习打下基础。

一、引发电气火灾的原因

引发电气火灾的直接原因是多种多样的,如短路、过载、接触不良、电弧火花、漏电、雷击或静电等都能引起火灾,从电气防火角度看,电气火灾大都是因电气工程、电器产品的质量及管理不善等问题造成的。电器设备质量不高、安装使用不当、保养不良、雷击和静电是造成电气火灾的几个重要原因。

(1) 短路、电弧和火花。短路是电器设备最严重的一种故障状态,主要原因是载流部分绝缘破坏。主要表现是裸导线或绝缘导线的绝缘破损后,相线之间、相线与中性线或保护线(PE)之间电阻很小的情况下相碰。在短路点或导线连接松动的接头处电流突然增大,同时产生电弧或火花。电弧温度可达 6 000 ℃以上,在极短时间内发出的热量不但可使金属熔化,引燃本身的绝缘材料,还可将其附近的可燃材料、蒸气和粉尘引燃,造成火灾。

(2) 过载。过载是指电器设备或导线的功率或电流超过其额定值而造成。电器设备或导线的绝缘材料大都是可燃有机绝缘材料,只有少数属无机材料,过载使导体中的电能转变成热能,当导体和绝缘物局部过热,达到一定温度时,就会引起火灾。另外,过载导体发热量的增加所引起的温度升高,将使导线的绝缘层加速老化,绝缘程度降低,在发生过电压时,绝缘层被击穿,引起短路,导致火灾。因此必须严格按照规定的定额使用设备和线路,不得随意增大负载。同时要完善各级的过流保护装置。

(3) 接触不良。接触不良即接触电阻过大,会形成局部过热,当温度达到一定程度时引发火灾,也会出现电弧、电火花,造成潜在的点火源。它主要发生在导线与导线或导线与电器设备连接处。

(4) 电器设备选择不当或使用伪劣产品。这是生活中常见的火灾起因。保护电器起不到保护作用,控制电器不能有效控制,需加防护措施的场所未加防护,因此,当自动开关、接触器、闸门开关、电焊机等使用时,产生的电火花或电弧引发周围可燃物质燃烧。

(5) 摩擦。发电机和电动机等设备,定子与转子相碰撞,或轴承出现润滑不良、干燥产生干摩,或虽润滑正常,但出现高速旋转时,都会引起火灾。

(6) 雷电。雷电产生的放电电压可达数百万伏至数千万伏,放电电流达几十万安培。雷电危害是在放电时伴随产生的机械力、高温和强烈电弧、电火花,使建筑物破坏、输电线路或电器设备损坏、油罐爆炸、森林着火,导致火灾和爆炸事故。

(7) 静电。静电火灾和爆炸事故的发生是由于不同物体相互摩擦、接触、分离、喷溅、静电感应、人体带电等原因逐渐累积静电荷形成高电位,在一定条件下,将周围空气介质击穿,对金属放电并产生足够能量的火花放电,火花放电过程主要是将电能转变成热能,用火花热能引燃或引爆可燃物或爆炸性混合物。

二、主要预防措施

首先,在安装电气设备的时候,必须保证质量,并应满足安全防火的各项要求。要用合格的电气设备,破损的开关、灯头和破损的电线都不能使用,电线的接头要按规定连接法牢靠连接,并用绝缘胶带包好。对接线桩头、端子的接线要拧紧螺丝,防止因接线松动而造成接触不良。电工安装好设备后,并不意味着可以一劳永逸了,用户在使用过程中,如发现灯头、插座接线松动(特别是移动电器插头接线容易松动),接触不良或有过热现象,要找电工及时处理。

其次,不要在低压线路和开关、插座、熔断器附近放置油类、棉花、木屑、木材等易燃物品。

电气火灾前,都有一种前兆,要特别引起重视,就是电线因过热首先会烧焦绝缘外皮,散发出一种烧胶皮、烧塑料的难闻气味。所以,当闻到此气味时,应首先想到可能是电气方面原因引起的,如查不到其他原因,应立即拉闸停电,直到查明原因,妥善处理后,才能合闸送电。

万一发生了火灾,不管是否是电气方面引起的,首先要想办法迅速切断火灾范围内的电源。因为,如果火灾是电气方面引起的,切断了电源,也就切断了起火的火源;如果火灾不是电气方面引起的,也会烧坏电线的绝缘,若不切断电源,烧坏的电线会造成碰线短路,引起更大范围的电线着火。发生电气火灾后,应使用盖土、盖沙或灭火器,但绝不能使用泡沫灭火器,因此种灭火剂是导电的。

项目总结

电流对人体的伤害有电击、电伤和电磁场生理伤害 3 种。

项目6 安全用电常识

当一定的电流通过人体时，使人体肌肉剧烈收缩，失去摆脱电流的能力，人体组织器官受到严重损害，中枢神经麻痹，甚至心脏停止跳动、呼吸停止而死亡，这些都称为电击。

救助触电人员，首先要做到的就是使其尽快脱离电源。

电流的热效应、化学效应或机械效应对人体外部造成的局部伤害，包括电弧烧伤、烫伤、电烙印都称电伤。

电磁场生理伤害，指在高频磁场的作用下，人会出现头晕、乏力、记忆力减退、失眠、多梦等神经系统的症状。

按照人体触及带电体的方式和电流通过人体的途径，触电方式大致有双线触电、单线触电、跨步电压触电和接地电压触电4种。

防触电的安全技术主要有使用安全电压、绝缘保护、接零保护、接地保护等。

项目练习

1. 手持电钻、手提电动砂轮机都采用380 V交流供电，在使用时要穿绝缘胶鞋、戴绝缘手套工作。既然人整天与它接触，为什么不用安全低压36 V供电？
2. 如果要用一个单刀开关来控制电灯的亮灭，这个开关应该装在火线上还是零线上？
3. 在中性点接地的系统中，为什么要采用重复接地，为什么不能采用保护接地。工作接地与保护接地、重复接地有何区别？
4. 如图6-10所示是刚安装的家庭电路的电路图，电工师傅为了检验电路是否出现短路，在准备接入保险丝的A、B两点间先接入一盏"PZ200-15"的检验灯。

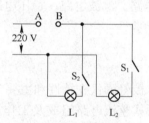

图6-10 习题4图

(1) 断开开关S_1，闭合开关S_2，检验灯正常发光；
(2) 断开开关S_2，闭合开关S_1，发现检验灯发光较暗。

根据以上现象，可以判断出（　　）（选填"L_1"或"L_2"或"没有"）发生短路。

5. 什么是电击和电伤？电击的危害程度与哪些因素有关？
6. 什么是接零保护？接零保护用于什么样的供电系统？什么是接地保护？接地保护用于什么样的供电系统？

项目 7

直流稳压电源的安装及调试

项目导入

稳压电路的作用是当交流电源电压波动、负载或温度变化时,维持输出直流电压稳定。在小功率电源设备中,用得比较多的稳压电路有两种:一种是用稳压二极管组成的并联稳压电路,另一种是串联型稳压电路。随着半导体工艺的发展,稳压电路也制成了集成器件。由于集成稳压器具有体积小,外接线路简单、使用方便、工作可靠和通用性强等优点,因此在各种电子设备中应用十分普遍,基本上取代了由分立元件构成的稳压电路。集成稳压器的种类很多,应根据设备对直流电源的要求来进行选择。对于大多数电子仪器、设备和电子电路来说,通常是选用串联线性集成稳压器。而在这种类型的器件中,又以三端式稳压器应用最为广泛。

请设计一台简单直流稳压电源,输入交流 220 V、50 Hz 市电,输出直流电压 12 V、电流 50 mA,整台电源应包括整流电路、滤波电路、稳压电路。

项目分析

【知识结构】

二极管的基本知识;半导体二极管的伏安特性和主要参数;稳压二极管的作用和几种特殊二极管;二极管半波、全波和桥式整流电路组成及工作原理;晶闸管的工作特性和原理;串联型稳压电路与集成稳压电源结构和原理。

【学习目标】
- 理解二极管的基本知识,掌握半导体二极管的伏安特性和主要参数;
- 了解稳压二极管的作用和几种特殊二极管;
- 掌握二极管半波、全波和桥式整流电路组成及工作原理;
- 熟悉串联型稳压电路与集成稳压电源结构和原理。

【能力目标】
- 能进行二极管和晶闸管的元件型号及参数的选择;
- 能进行二极管半波、全波和桥式整流电路的设计及计算;
- 能进行简单串联型稳压电路与集成稳压电源的设计和制作。

【素质目标】
- 锻炼学生自主学习、举一反三的能力;
- 培养学生严谨务实的工作作风;
- 锻炼学生自主学习、独立思考的能力;

◆ 培养学生严谨务实的工作作风。

相关知识

知识点 7.1 半导体的基本知识

理解 P 型半导体和 N 型半导体形成的机理，熟悉空间电荷区的形成过程，掌握 PN 结的单向导电性。

一、半导体的导电特性

所谓半导体，顾名思义，就是指导电能力介于导体和绝缘体之间的物质。在自然界中属于半导体的物质很多，如硅、锗、硒及大多数金属氧化物和硫化物。用来制造半导体器件的材料主要是硅、锗和砷化镓等，其中硅应用最广泛，是当前制作集成器件的主要材料。

很多半导体的导电能力在不同的条件下有很大的差别。例如，有些半导体（如钴、锰、镍等的氧化物）对温度的反应特别灵敏，环境温度增高则导电能力增强很多，基于这种特性做成各种热敏电阻。又如有些半导体（如镉、铅等的硫化物与硒化物）受到光照时，它们的导电能力变得很强；当无光照时，又变得像绝缘体那样不导电。利用这种特性就做成了各种光敏电阻。更重要的是，如果在纯净的半导体中掺入微量的某种杂质后，它的导电能力就可增加几十万甚至几百万倍。利用这种特性就做成了各种不同用途的半导体器件，如半导体二极管、三极管、场效应管及晶闸管等。

二、本征半导体与杂质半导体

（一）本征半导体

纯净的半导体称为本征半导体。由于其原子结构是晶体结构，故半导体管也称为晶体管。半导体硅和锗的原子外层轨道上都有 4 个电子（通常称为价电子），两个相邻的原子共用 1 对价电子，形成共价键，如图 7-1 所示。在热力学温度为零摄氏度时，共价键结构使价电子受原子核束缚较紧，无法挣脱其束缚，因此晶体中没有自由电子，半导体不能导电。

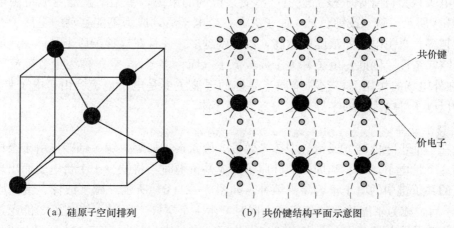

(a) 硅原子空间排列　　(b) 共价键结构平面示意图

图 7-1　硅原子空间排列及共价键结构平面示意图

共价键上的某些电子受外界能量激发（如受热或光照）后会挣脱共价键束缚，成为带负电荷的自由电子。在电场力作用下,自由电子逆着电场方向做定向运动,形成电子电流。这时半导体具有一定的导电能力。一般自由电子数量较少,所以半导体的导电能力很弱。

共价键上的电子挣脱共价键束缚成为自由电子的同时,在原来的位置留下一个空位,称为空穴。空穴的出现是半导体区别于导体的一个重要特点。

空穴出现后,对邻近原子共价键上的电子有吸引作用。如果邻近共价键的电子进来填补,则其共价键又会产生新的空穴,再吸引其他的电子来填补。从效果上看,相当于空穴沿着电子填补运动的反方向移动。为了与自由电子移动相区别,把这种电子的填补运动叫作空穴运动,形成的电流叫空穴电流。所以,半导体中存在两种载流子:电子和空穴。电子带负电荷,空穴带正电荷。自由电子和空穴是两种电量相等、性质相反的载流子。

在本征半导体中,自由电子和空穴总是成对出现的,称为电子-空穴对。因此自由电子和空穴两种载流子的浓度是相等的。由于物质运动,半导体中的电子-空穴对不断产生,同时也不断会有电子填补空穴,使电子-空穴对消失,达到动态平衡时会有确定的电子-空穴对浓度。常温下,载流子很少,导电能力很弱。当温度升高或光照增强时,激发出的电子-空穴对数目增加,半导体的导电性能将增强。利用本征半导体的这种特性,可以制成热敏器件和光敏器件,例如,热敏电阻和光敏电阻等,其阻值可以随温度的高低和光照射的强弱而变化。

本征半导体常温下的导电能力很弱,以及对热和光的敏感,决定了不能直接使用这种材料制造半导体器件。实际的器件材料是采用在本征半导体中掺入微量杂质形成的杂质半导体。

(二)杂质半导体

在本征半导体中掺入微量杂质形成杂质半导体后,其导电性能将发生显著变化。按掺入杂质的不同,杂质半导体可分为N型半导体和P型半导体。

1. N型半导体

如果在本征半导体硅(或锗)中掺入微量5价杂质元素,如磷、锑、砷等,由于杂质原子的最外层有5个价电子,当其中的4个与硅原子形成共价键时,就会有多余的1个价电子。这个电子只受自身原子核的吸引,不受共价键的束缚,室温下就能变成自由电子,如图7-2(a)所示。磷(或锑、砷)原子失去一个电子后,成为不能移动的正离子。掺入的杂质元素越多,自由电子的浓度就越高,数量就越多。并且在这种杂质半导体中,电子浓度远远大于空穴浓度。因此,电子称为多数载流子(简称多子),空穴称为少数载流子(简称少子)。在外电场的作用下,这种杂质半导体的电流主要是电子电流。由于电子带负电荷,因此这种以电子导电为主的半导体称为N型半导体。

2. P型半导体

如果在本征半导体硅(或锗)中掺入微量3价元素,如硼、镓、铟等,由于杂质原子的最外层有3个价电子,当它和周围的硅原子形成共价键时,将缺少1个价电子而出现1个空穴,附近的共价键中的电子很容易来填补,如图7-2(b)所示。硼(或镓、铟)原子获得1个价电子后,成为不能移动的负离子,同时产生1个空穴。所以,掺入了3价元素的杂质半导体,空穴是多数载流子,电子是少数载流子。在外电场的作用下,其电流主要是空穴电流。这种以空穴导电为主的半导体称为P型半导体。

综上所述,在本征半导体中掺入5价元素可以得到N型半导体,掺入3价元素可以得

项目 7 直流稳压电源的安装及调试

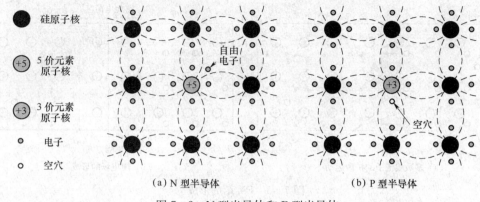

(a) N 型半导体 　　　　(b) P 型半导体

图 7-2　N 型半导体和 P 型半导体

到 P 型半导体。在 N 型半导体中，由于自由电子数目大大增加，增加了与空穴复合的机会，因此空穴数目便减少了；同样，在 P 型半导体中，空穴数目大大增加，自由电子数目较掺杂前减少了。由此可知，多数载流子的浓度取决于掺杂浓度；而少数载流子的浓度受温度影响很大。

本征半导体中电子和空穴的浓度相等，而杂质半导体中电子和空穴的浓度差异相当大。在动态平衡条件下，N 型半导体和 P 型半导体中少数载流子的浓度满足下列关系：$p_i \times n_i = p_p \times n_p = p_n \times n_n$，式中：$p_i$，$n_i$，$p_p$，$n_p$，$p_n$，$n_n$ 分别为本征半导体、P 型半导体和 N 型半导体中的空穴浓度和电子浓度。

应当注意的是，掺杂后对于 P 型半导体和 N 型半导体而言，尽管都有一种载流子是多数载流子，一种载流子是少数载流子，但整个半导体中由于正负电荷数是相等的，它们的作用相互抵消，因此保持电中性。

三、PN 结

（一）PN 结及其单向导电性

本征半导体掺杂后形成的 P 型半导体和 N 型半导体，虽然导电能力大大增强，但一般并不能直接用来制造半导体器件，各种半导体器件的核心结构是将 P 型半导体和 N 型半导体通过一定的制作工艺形成 PN 结，因此，掌握 PN 结的基本原理十分重要。

（二）PN 结的形成

如果一块半导体的两部分分别掺杂形成 P 型半导体和 N 型半导体，在它们的交界面处就形成了 PN 结。交界面处存在载流子浓度的差异，会引起载流子的扩散运动，如图 7-3 (a) 所示。P 区空穴多，电子少；N 区电子多，空穴少。于是，N 区电子要向 P 区扩散，扩散到 P 区的电子与空穴复合，在交界面附近的 N 区留下一些带正电的 5 价杂质离子，形成正离子区；同时，P 区空穴向 N 区扩散，P 区一侧留下带负电的 3 价杂质离子，形成负离子区。这些正负离子通常称为空间电荷，它们不能自由移动，不参与导电。扩散运动的结果，产生从 N 区指向 P 区的内电场，如图 7-3 (b) 所示。

在内电场的作用下，P 区的少子电子向 N 区运动，N 区的少子空穴向 P 区运动。这种在内电场作用下的载流子运动称为漂移运动。

由上述分析可知，P 型半导体和 N 型半导体交界面存在着两种相反的运动——多子的

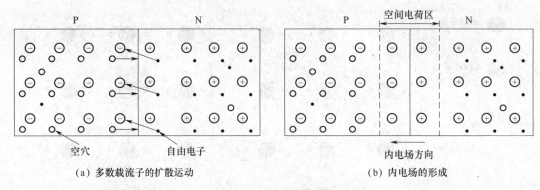

(a) 多数载流子的扩散运动　　　　(b) 内电场的形成

图 7-3　PN 结的形成

扩散运动和少子的漂移运动。内电场促进了少子的漂移运动，却阻挡多子的扩散运动。当这两种运动达到动态平衡时，空间电荷区的宽度稳定下来，不再变化，这种宽度稳定的空间电荷区，就称作 PN 结。

在 PN 结内，由于载流子已扩散到对方并复合掉了，或者说被耗尽了，所以空间电荷区又称为耗尽层。

四、PN 结的单向导电性

PN 结无外加电压时，扩散运动和漂移运动处于动态平衡，流过 PN 结的电流为零。当外加一定的电压时，由于所加电压极性的不同，PN 结的导电性能不同。

（一）正向偏置——PN 结低阻导通

通常将加在 PN 结上的电压称为偏置电压。若 PN 结外加正向电压（P 区接电源的正极，N 区接电源的负极，或 P 区电位高于 N 区电位），称为正向偏置。如图 7-4（a）所示。这时外加电压在 PN 结上形成的外电场的方向与内电场的方向相反，因此扩散运动与漂移运动的平衡被破坏。外电场有利于扩散运动，不利于漂移运动，于是多子的扩散运动加强，中和了一部分空间电荷，整个空间电荷区变窄，形成较大的扩散电流，方向由 P 区指向 N 区，称为正向电流。在一定范围内，外加电压越大，正向电流越大，PN 结呈低阻导通状态。

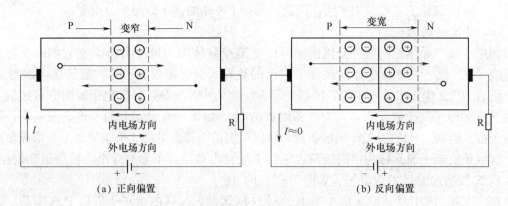

(a) 正向偏置　　　　(b) 反向偏置

图 7-4　PN 结的正向偏置和反向偏置

项目7　直流稳压电源的安装及调试

注意：正向电流由两部分组成，即电子电流和空穴电流，虽然电子和空穴的运动方向相反，但形成的电流方向一致。

（二）反向偏置——PN结高阻截止

若PN结外加反向电压（P区接电源的负极，N区接电源的正极，或P区电位低于N区电位），称为反向偏置。如图7-4（b）所示。这时外加电压在PN结上形成的外电场的方向与内电场的方向相同，加强了内电场，促进了少子的漂移运动，使空间电荷区变宽，不利于多子扩散运动的进行。此时主要由少子的漂移运动形成的漂移电流将超过扩散电流，方向由N区指向P区，称为反向电流。由于在常温下少数载流子数量很少，所以反向电流很小。此时PN结呈高阻截止状态。在一定温度下，若反向偏置电压超过某个值（零点几伏），反向电流不会随着反向电压的增大而增大，称为反向饱和电流。反向饱和电流是由少子产生的，因此对温度变化非常敏感。

综上所述，PN结具有单向导电性：正向偏置时，呈导通状态；反向偏置时，呈截止状态。除了单向导电性，PN结还有感温、感光、发光等特性，这些特性经常得到应用，制成各种用途的半导体器件。

知识点7.2　半导体二极管

了解二极管的结构和类型，掌握二极管的伏安特性和主要参数。

一、二极管的结构和类型

从PN结的P区引出一个电极，称阳极；从N区引出一个电极，称阴极。用金属、玻璃或塑料将PN结封装起来就构成一只晶体二极管（简称二极管）。二极管是具有一个PN结的半导体元件，具有单向导电性。图7-5（a）所示是二极管的结构示意图，图7-5（b）所示是二极管的电路符号。符号中的箭头方向表明，二极管的电流从阳极流向阴极。

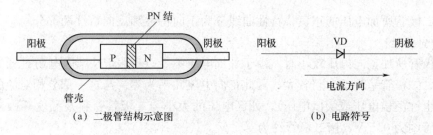

图7-5　二极管的结构示意图与符号

常见的二极管的结构类型如图7-6所示。二极管按结构分为点接触型、面接触型和平面型三大类。点接触型二极管的PN结面积小，结电容小，用于检波和变频等高频电路；面接触型二极管的PN结面积大，用于工频大电流整流电路；平面型二极管常用于集成电路制造工艺中，其PN结面积可大可小，用于高频整流和开关电路中。

二极管的种类很多，按制造材料分，有硅二极管和锗二极管；按用途分，有整流二极管、检波二极管、稳压二极管和开关二极管等。各种类型二极管的型号与符号的意义可参考有关技术手册及文献。

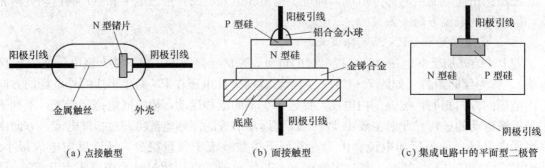

图 7-6 常见的二极管的结构类型

二、二极管的伏安特性

(一) 伏安特性

二极管两端的电压与通过它的电流的关系曲线,称为二极管的伏安特性,其伏安特性与 PN 结的伏安特性是一致的。根据半导体物理理论推导,二极管的伏安特性曲线可用下式表示:

$$I_D = I_S \left(e^{\frac{U_D}{U_T}} - 1 \right) \tag{7-1}$$

式中:I_S——反向饱和电流,A;

U_D——二极管两端的电压降,V;

$U_T = \dfrac{KT}{q}$——温度的电压当量,K 为玻耳兹曼常数,q 为电子电荷量,T 为热力学温度。室温时(相当于 $T=300 \text{ K}$),有 $U_T = 26 \text{ mV}$。

二极管的伏安特性曲线可以通过实验获得,在二极管的两端加电压,测出流经二极管的电流,即可获得二极管的伏安特性曲线。伏安特性曲线也可以通过晶体管特性图示仪测出。

根据二极管所加电压的正负,特性曲线分为正向特性和反向特性两部分。

1. 正向特性

当二极管所加正向电压较小时,由于外加电压不足以克服 PN 结内电场对载流子运动的阻挡作用,二极管呈现的电阻较大,因此正向电流几乎为零。与这一部分相对应的电压叫死区电压(也称门槛电压或阈值电压),死区电压的大小与二极管材料及温度等因素有关。一般硅二极管约为 0.5 V,锗二极管约为 0.1 V。

当正向电压大于死区电压时,二极管正向导通。导通后,随着正向电压的升高,正向电流急剧增大,电压与电流的关系基本上为一指数曲线。导通后二极管两端的正向电压称为正向压降,一般硅二极管约为 0.7 V,锗二极管约为 0.2 V。由图 7-7 可见,这个电压比较稳定,几乎不随流过二极管电流的大小而变化。

2. 反向特性

当二极管加上反向电压时,加强了 PN 结内电场,只有少数载流子在反向电压作用下通过 PN 结,形成很小的反向电流。反向电压增加但不超过某一数值时,反向电流很小且基本不变,此时的反向电流通常也称为反向饱和电流,特性曲线图中此段区域称为反向截止区。反向电流是由少数载流子形成的,它会随温度升高而增大,实际应用中,此值越小越好。当

项目7 直流稳压电源的安装及调试

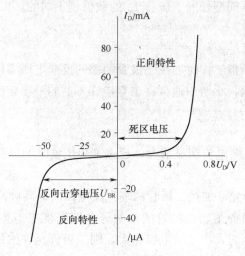

图7-7 二极管的伏安特性曲线

反向电压增大到超过某一个值时（特性曲线图中的对应电压称为反向击穿电压，不同二极管的反向击穿电压不同），反向电流急剧增大，此时二极管失去了单向导电性，这种现象叫反向击穿（属于电击穿）。反向击穿后电流很大，电压又很高，因而消耗在二极管上的功率很大，容易使PN结发热而超过它的耗散功率，产生热击穿。

产生反向击穿的原因是，当外加反向电压太高时，在强电场作用下，空穴和电子数量大大增多，使反向电流急剧增大，此时二极管失去单向导电性。反向击穿可分为雪崩击穿和齐纳击穿，二者的物理过程不同。齐纳击穿常发生在掺杂浓度高、空间电荷区较薄的PN结；雪崩击穿常发生在掺杂浓度低、空间电荷区较厚的PN结。一般二极管中的电击穿大多属于雪崩击穿；齐纳击穿常出现在稳压管（齐纳二极管）中。

（二）温度对二极管特性的影响

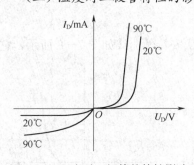

图7-8 温度对二极管的特性影响

温度对二极管的特性有显著影响。如图7-8所示。在室温附近，温度每升高1℃，正向压降减小2~2.5 mV，温度每升高10℃，反向电流约增大一倍。温度升高时，正向特性曲线向左移，反向特性曲线向下移。若温度过高，可能会导致本征半导体激发引起的少子浓度超过杂质原子所提供的多子浓度，此时，杂质半导体与本征半导体相似，PN结消失。一般硅管允许的最高温度为150~200℃，锗管最高温度为75~150℃。

三、二极管的主要参数

元器件的参数是用以说明器件特性的数据，它是根据使用要求提出的。二极管的主要参数及其意义如下。

1. 最大整流电流I_F

最大整流电流I_F指二极管长期运行时，允许通过管子的最大正向平均电流值。I_F的数值是由二极管允许的温升所限定，半导体器件手册上提供的I_F是在一定的散热条件下得到的。因此使用时必须满足一定的散热条件并使流过管子的正向平均电流不超过此值，否则可能使二极管过热而损坏。不同型号的二极管 I_F 的数值是不同的,根据 I_F 的数值,二极管有大功率管和小功率管之分。

2. 最大反向工作电压 U_{RM}

最大反向工作电压 U_{RM} 指工作时加在二极管两端的反向电压不得超过此值,否则二极管可能被击穿。为了留有余地,手册中通常将击穿电压 U_{BR} 的一半定为 U_{RM}。U_{RM} 数值较大的二极管称为高压二极管。

3. 反向击穿电压 U_{BR}

反向击穿电压 U_{BR} 指反向电流明显增大,超过某规定值时的反向电压。

4. 最高工作频率 f_M

最高工作频率 f_M 是指允许加在二极管两端交流电压的最高频率值,使用中若加在二极管两端交流电压的频率超过此值,二极管的单向导电性能将变差甚至失去单向导电性。f_M 值主要决定于 PN 结结电容的大小。结电容越大,则二极管允许的最高工作频率越低。

5. 二极管的选用

首先要保证所选用的管子能安全可靠地工作,也就是被选用的管子在使用时流过的正向电流不能超过最大整流电流、管子承受的反向电压不能超过最高反向工作电压,并留有一定的余量,而且所选用的管子应具有良好的性能。此外,根据不同的技术要求,应结合不同材料和结构的管子所具有的特点,选用经济实用的管子。若要求导通压降低,工作电流小,而频率较高时应选用点接触型锗管;若要求工作电流大,反向电流小,反向电压高且热稳定性较好时,选用面接触型硅管为宜。

知识点 7.3　特殊二极管

了解光电二极管和发光二极管,掌握稳压二极管的工作原理和使用方法。

一、稳压二极管

(一) 稳压二极管的伏安特性

稳压二极管是一种特殊的面接触型硅二极管,其符号和伏安特性曲线如图 7-9 所示,它的正向特性曲线与普通二极管相似,而反向击穿特性曲线很陡。正常情况下稳压二极管工作在反向击穿区,由于曲线很陡,反向电流在很大的范围内变化时,端电压变化很小,从而具有稳压的作用。只要反向电流不超过其最大稳定电流,就不会形成破坏性的热击穿。因此在电路中应与稳压二极管串联适当的限流电阻。

(二) 稳压二极管的主要参数

(1) 稳定电压 U_Z。稳定电压指流过规定电流时稳压二极管两端的反向电压值,其值决定于稳压二极管的反向击穿电压值。

(2) 稳定电流 I_Z。稳压二极管稳定工作时的参考电流值,通常为工作电压等于 U_Z 时所对应的电流值。当工作电流低于 I_Z 时,稳压效果变差,若低于 I_{Zmin}

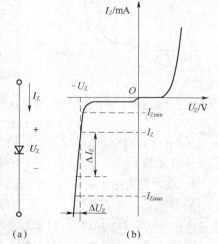

图 7-9　稳压二极管的伏安特性曲线

时，稳压管将失去稳压作用。

（3）最大耗散功率 P_{ZM} 和最大工作电流 I_{ZM}。P_{ZM} 和 I_{ZM} 是为了保证管子不被热击穿而规定的极限参数，由管子允许的最高结温决定，$P_{ZM}=I_{ZM}U_Z$。

（4）动态电阻 r_Z。动态电阻是稳压范围内电压变化量与相应的电流变化量之比，即 $r_Z=\Delta U_Z/\Delta I_Z$，$r_Z$ 值很小，为几欧到几十欧。r_Z 越小，即反向击穿特性越陡，稳压性能就越好。

（5）电压温度系数 C_T。电压温度系数指温度每增加1℃时，稳定电压的相对变化量，即 $C_T=(\Delta U_Z/U_Z\Delta T)\times 100\%$。

二、发光二极管

它是一种把电能直接转化为光能的发光元件，它也具有单向导电性，其材料主要为砷化镓或磷砷化镓，在外加正向电压使得其正向电流足够大时，它可以发出红、绿、黄等颜色的光，红色的光为 1.6~1.8 V，绿色的光约为 2 V。正向电流愈大，发光愈强，但是在使用时应注意不要超过最大耗散功率、最大正向电流和反向击穿电压等极限参数。发光二极管是一种功率控制器件，常用来作为数字电路的数码及图形显示的七段式或阵列式器件；单个发光二极管常作为电子设备通断指示灯或快速光源及光电耦合器中的发光元件等。

三、光电二极管

它是一种充分利用了半导体材料的光敏性把光能转化为电能的器件。它和普通二极管一样也具有单向导电性，用光刻工艺在其管壳上刻了一个能射入光线的窗口。光电二极管工作在反向偏置状态，当在 PN 结上加反向电压时，用光照射 PN 结就能形成反向的光电流，光电流受入射照度的控制，照度一定时，光电二极管可等效成恒流源，光照越强，光电流越大。因为稳压管的正向特性与普通二极管相同，正向电阻非常小，工作在正向导通区时，正向电压一般为 0.6 V 左右，此电压数值一般变化不大。光电二极管一般可用作传感器的光敏元件，或者遥控报警等电路中。

知识点 7.4　二极管整流电路

了解二极管半波整流电路、全波整流电路、桥式整流电路的结构和工作原理，了解滤波电路的结构和工作原理，掌握二极管的参数计算和选择。

整流电路的任务是将交流电变换成脉动的直流电。一般地，半导体二极管具有单向导电性，因此可以利用二极管的这一特性组成整流电路。本知识点介绍常用的小功率（200 W 以下）单相整流电路，包括半波整流电路、全波整流电路、桥式整流电路和简单滤波电路。

一、单相半波整流电路

半波整流电路由电源变压器 Tr，整流二极管 VD 和负载电阻 R_L 组成。其电路如图 7-10 (a) 所示。

电源变压器 Tr 的原边接上交流电压 u_1，在副边就会产生感应电压 u_2。当 u_2 为正半周时（如图 7-10 (a) 中所示 u_2 的极性），整流二极管 VD 上加的是正向电压，二极管导通，其电流 i_O 流过负载 R_L，在 R_L 上得到正半周电压 u_O。当 u_2 为负半周时（与图 7-10 (a) 中 u_2 的极性相反），整流二极管 VD 上加的是反向电压，二极管截止，负载 R_L 上无电流流过。当输入电压进入下一个周期时，整流电路将重复上述过程。电路中电压、电流的波形如图 7-10 (b) 所示。

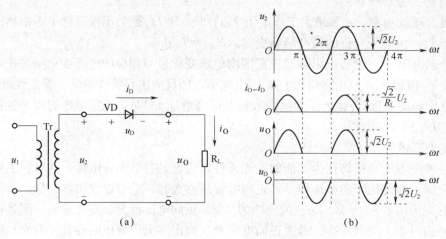

图 7-10 单相半波整流电路

由图 7-10 (b) 可见,在负载 R_L 两端得到的电压 u_O 的极性是单方向的,这种大小波动、方向不变的电压(或电流)称为脉动直流。这种电路只在交流电压的半个周期内才有电流流过负载,所以称为单相半波整流电路。

输出电压平均值 U_O 的计算:正弦交流电的平均电压值为零,所以用有效值来描述,经过半波整流后的单向脉动电压则可以用平均值来描述,可利用高等数学中积分的方法来求得 U_O 的平均值。即

$$U_O = \frac{1}{T}\int_0^T u_2 \,\mathrm{d}t = \frac{1}{2\pi}\int_0^\pi \sqrt{2}U_2\sin\omega t\,\mathrm{d}(\omega t)$$

可得出:
$$U_O = \frac{\sqrt{2}}{\pi}U_2 \approx 0.45U_2 \tag{7-2}$$

流过负载 R_L 上的直流电流为:
$$I_O = \frac{U_O}{R_L} = \frac{0.45U_2}{R_L} \tag{7-3}$$

整流二极管的选择:在图 7-10 中可明显看出,二极管反向时承受的最高电压是 u_2 的峰值电压 $\sqrt{2}U_2$,承受的平均电流等于 I_O。实际选用二极管时,还要将这两个值乘以(1.5~2)倍的安全系数,再查阅电子元器件手册选取合适的二极管。

单相半波整流电路的优点是结构简单,使用的元件少。但存在明显的缺点:输出波形脉动大,直流成分比较低;变压器有半个周期不导电,利用率低;变压器电流中含有直流成分,容易饱和。所以只能用在输出电流较小,允许脉动大,要求不高的场合。

二、单相全波整流电路

全波整流电路由副边绕组具有中心抽头的变压器 Tr 和两只二极管 VD_1、VD_2 及负载 R_L 组成,如图 7-11 所示。由图可知,它实际上是由两个半波整流电路组成的,变压器副边绕组与两个二极管配合,两个二极管在交流电压的正半周和负半周轮流导通,流过负载 R_L 的电流始终从上向下,使负载两端在交流电压的一个周期内均有电压输出。

当 u_2 为正半周时(如图 7-12 所示 u_2 的极性),VD_1 因承受正向电压而导通,VD_2 承受反向电压而截止,电流 i_{D1} 流过负载 R_L,输出电压 $u_O = u_2$。当 u_2 为负半周时,u_2 的极性与图示相反,此时 VD_1 截止,VD_2 导通,电流 i_{D2} 流过负载 R_L,输出电压 $u_O = u_2$。由此可

见,在交流电压的一个周期内,VD_1、VD_2 轮流导通,负载 R_L 两端总是得到上正下负的单向脉动电压。与半波整流电路相比,它有效地利用了交流电的负半周,使整流效率提高了一倍。全波整流电路的波形如图 7-12 所示。

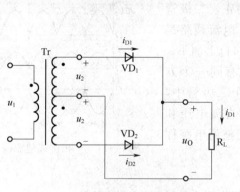

图 7-11 单相全波整流电路

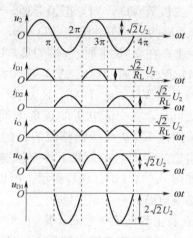

图 7-12 全波整流波形

由图 7-12 的波形可见,全波整流电路的优点如下。
(1) 整流效率提高了 1 倍,负载上得到的直流电压的平均值也提高了 1 倍;
(2) 输出电压的脉动成分比半波整流时有所下降。

但也存在缺点,具体如下。
(1) 二极管承受的反向电压较高,如在交流电压负半周时,VD_2 导通,VD_1 截止,此时变压器副边两个绕组上的电压全部加到二极管 VD_1 的两端,因此二极管承受的反向电压最大值等于 $2\sqrt{2}U_2$;
(2) 必须采用副边绕组具有中心抽头的变压器,在输出同样电压的情况下,变压器的体积庞大,且在工作中每个线圈只有一半时间通过电流,变压器的利用率不高。

三、单相桥式整流电路

图 7-13 所示为单相桥式整流电路。由图可见,4 个二极管 VD_1、VD_2、VD_3、VD_4 构成电桥的桥臂,在 4 个顶点中,不同极性点接在一起与变压器次级绕组相连,同极性点接在一起与直流负载相连。

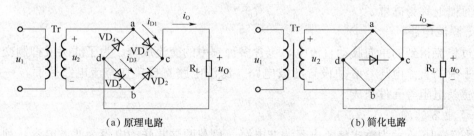

(a) 原理电路　　　　　　　　　　(b) 简化电路

图 7-13 单相桥式整流电路

1. 工作原理

设电源变压器次级电压 $u_2=\sqrt{2}U_2\sin\omega t$,其波形如图 7-14（a）所示。在 u_2 正半周,a 端电压极性为正,b 端为负。二极管 VD_1、VD_3 正偏导通,VD_2、VD_4 反偏截止,电流通路为 a—VD_1—R_L—VD_3—b,负载 R_L 上电流方向自上而下;在 u_2 负半周,a 端为负,b 端为正,二极管 VD_2、VD_4 正偏导通,VD_1、VD_3 反偏截止,电流通路是 b—VD_2—R_L—VD_4—a。同样,R_L 上电流方向自上而下。

由此可见,在交流电压的正负半周,都有同一个方向的电流通过 R_L 从而达到整流的目的。4 个二极管中,两个一组轮流导通,在负载上得全波脉动的直流电压和电流,如图 7-14（b）、(c)所示。所以桥式整流电路称为全波整流电路。

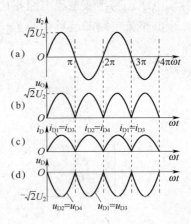

图 7-14 单相桥式整流波形图

2. 负载上的电压与电流计算

由于单相桥式整流输出波形刚好是两个半波整流的波形,所以有

$$U_O \approx 0.9U_2 \quad (7-4)$$

流过负载 R_L 的电流

$$I_O = \frac{U_O}{R_L} = \frac{0.9U_2}{R_L} \quad (7-5)$$

3. 整流二极管的选择

桥式整流中,每只二极管只有半周是导通的,流过二极管的电流平均值为负载电流的一半,即

$$I_V = \frac{1}{2}I_O \quad (7-6)$$

二极管最大反向电压,按其截止时所承受的反向峰压:

$$U_{RM} = \sqrt{2}U_2 \approx 1.57U_O \quad (7-7)$$

为了方便地使用整流电路,利用集成技术,将硅整流器件按某种整流方式封装制成硅整流堆,习惯上称为硅堆。

四、滤波电路

经过整流得到的单向脉动直流电,包含多种频率的交流成分。为了滤除或抑制交流分量以获得平滑的直流电压,必须设置滤波电路。滤波电路直接接在整流电路后面,一般由电容、电感及电阻等元件组成。

（一）电容滤波

如图 7-15 所示为桥式整流电容滤波电路,负载两端并联的电容为滤波电容,利用电容的充放电作用,使负载电压、电流趋于平滑。

1. 工作原理

单相桥式整流电路,在不接电容 C 时,其输出电压波形如图 7-16（a）所示。

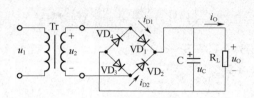
图 7-15 单相桥式整流电容滤波电路

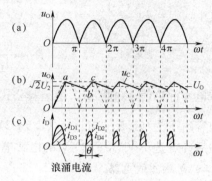
图 7-16 单相桥式整流电容滤波波形

接上电容器 C 后，在输入电压 u_2 正半周：二极管 VD_1、VD_3 在正向电压作用下导通，VD_2、VD_4 反偏截止。整流电流分为两路，一路向负载 R_L 供电，另一路向 C 充电，因充电回路电阻很小，充电时间常数很小，C 被迅速充电，如图 7-16（b）中的 Oa 段。到 t_1 时刻，电容器上电压 $u_C \approx \sqrt{2} U_2$，极性上正下负。$t_1 \sim t_2$ 期间，$u_2 < u_C$，二极管 VD_1、VD_3 受反向电压作用截止。电容 C 经 R_L 放电，放电回路如图 7-15 所示。因放电时间常数 $\tau_{放} = R_L C$ 较大，故 u_C 只能缓慢下降，如图 7-16（b）中 ab 段所示。期间，u_2 负半周到来，也迫使 VD_2、VD_4 反偏截止，直到 t_2 时刻 u_2 上升到大于 u_C 时，VD_2、VD_4 才导通，C 再度充电至 $u_C \approx \sqrt{2} u_2$，如图 7-16（b）中 bc 段。而后，u_2 又按正弦规律下降，当 $u_2 < u_C$ 时，VD_2、VD_4 反偏截止，电容器又经 R_L 放电。电容器 C 如此反复地充、放电，负载上便得到近似于锯齿波的输出电压。

接入滤波电容后，二极管的导通时间变短，如图 7-16（c）所示。负载平均电压升高，交流成分减小。电路的放电时间常数 $\tau = R_L C$ 越大，C 放电过程就越慢，负载上得到的 u_O 就越平滑。

2. 滤波电容的选择

根据前面分析可知，电容 C 越大，电容放电时间常数 $\tau = R_L C$ 越大，负载波形越平滑。一般情况下，桥式整流可按下式来选择 C 的大小。

$$R_L C \geqslant (3 \sim 5) \frac{T}{2} \tag{7-8}$$

式中：T 为交流电周期。

滤波电容一般都采用电解电容，使用时极性不能接反。电容器耐压应大于 $\sqrt{2} U_2$，通常取 $(1.5 \sim 2) U_2$。

此时负载两端电压依经验公式得

$$U_O = 1.2 U_2 \tag{7-9}$$

【例 7-1】 桥式整流电容滤波电路，要求输出直流电压 30 V，电流 0.5 A，试选择滤波电容的规格，并确定最大耐压值（交流电源 220 V，50 Hz）。

解：由于 $R_L C \geqslant (3 \sim 5) \frac{T}{2}$，故

$$C \geqslant \frac{5T}{2R_L} = 5 \times \frac{0.02}{2 \times 30/0.5} \text{ F} = 830 \times 10^{-6} \text{ F} = 830 \text{ μF}$$

其中：$T=\dfrac{1}{f}=\dfrac{1}{50\text{ Hz}}=0.02\text{ s}$

$$R_\text{L}=\dfrac{U_\text{O}}{I_\text{O}}=\dfrac{30\text{ V}}{0.5\text{ A}}=60\text{ Ω}$$

取电容标称值 1 000 μF，由经验公式 $U_\text{O}=1.2U_2$ 得 $U_2=\dfrac{U_\text{O}}{1.2}=\dfrac{30}{1.2}\text{ V}=25\text{ V}$

电容耐压为 $(1.5\sim2)U_2=(1.5\sim2)\times25=(37.5\sim50)\text{ V}$。

最后确定选 1 000 μF/50 V 的电解电容器一只。

（二）电感滤波电路

电容滤波在大电流工作时滤波效果较差，当一些电气设备需要脉动小，输出电流大的直流电时，往往采用电感滤波电路，如图 7-17 所示。

电感元件具有通直流阻碍交流的作用，整流输出的电压中直流分量几乎全部加在负载上，交流分量几乎全部降落在电感元件上，负载上的交流分量很小。这样，经过电感元件滤波，负载两端的输出电压脉动程度大大减小，如图 7-18 所示。

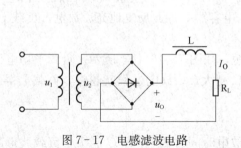

图 7-17 电感滤波电路　　　　图 7-18 电感滤波的波形

不仅如此，当负载变化引起输出电流变化时，电感线圈也能抑制负载电流的变化，这是因为电感线圈的自感电动势总是阻碍电流的变化。所以，电感滤波适用于大功率整流设备和负载电流变化大的场合。

一般来说，电感越大，滤波效果越好，滤波电感常取几亨到几十亨。有的整流电路的负载是电机线圈、继电器线圈等电感性负载，就如同串入了一个电感滤波器一样，负载本身能起到平滑脉动电流的作用，这样可以不另加滤波器。

（三）复式滤波

为了进一步提高滤波效果，减少输出电压的脉动成分，常将电容滤波和电感滤波组合成复式滤波电路。将滤波电容与负载并联，电感与负载串联构成常用的 LC 滤波器、RC 滤波器等。其电路原理与前面所述基本相同。

五、直流稳压电路

交流电压经过整流滤波后，所得到的直流电压虽然脉动程度已经很小，但当电网波动或负载变化时，其直流电压的大小也随之发生变化。为了使输出的直流电压基本保持恒定，需要在滤波电路和负载之间加上稳压电路。这里介绍用稳压二极管构成的一种简单的并联型稳压电路，如图7-19中的虚线框所示。由限流电阻R和硅稳压管组成稳压电路。

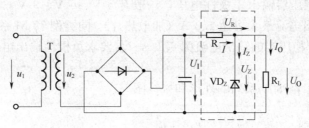

图7-19　硅稳压管稳压电路

电路中，稳压管必须反向偏置，并且工作在反向击穿区，若接反，相当于电源短路，电流过大会使稳压管过热烧坏。在使用中，稳压管可串联使用，但不允许并联使用，这是因为并联后会造成各管的电流分配不均，使电流分配大的稳压管过载而损坏。

引起输出电压不稳定的原因主要是两个：一是电源电压的波动，二是负载电流的变化。稳压管对这两种影响都有抑制作用。

当交流电源电压变化引起 U_I 升高时，起初 U_O 随着升高。由稳压管的特性曲线可知，随着 U_O 的上升（即 U_Z 上升），稳压管电流 I_Z 将显著增加，R上电流 I 增大导致R上电压降 U_R 也增大。根据 $U_O=U_I-U_R$ 的关系，只要参数选择适当，U_R 的增大可以基本抵消 U_I 的升高，使输出电压基本保持不变，上述过程可以表示为

$$U_I\uparrow \to U_O(U_Z)\uparrow \to I_Z\uparrow \to I\uparrow \to U_R\uparrow$$
$$U_O\downarrow \leftarrow \hspace{10em}$$

反之，当 U_I 下降引起 U_O 降低时，调节过程与上面过程刚好相反。

当负载变化时电流 I_O 在一定范围内变化而引起输出电压变化时，同样会由于稳压管电流 I_Z 的补偿作用，使 U_O 基本保持不变。其过程描述如下

$$I_O\uparrow \to I\uparrow \to U_R\uparrow \to U_O\downarrow \to I_Z\downarrow$$
$$U_O\uparrow \leftarrow U_R\downarrow \leftarrow I\downarrow \hspace{5em}$$

综上所述，由于稳压管和负载并联，稳压管总要限制 U_O 的变化，所以能稳定输出直流电压 U_O，这种稳压电路也称为并联型稳压电路。

项目实施　直流稳压电源的安装与调试

一、实验目的

（1）研究集成稳压器的特点和性能指标的测试方法。
（2）了解集成稳压器扩展性能的方法。

二、实验原理

随着半导体工艺的发展，稳压电路也制成了集成器件。由于集成稳压器具有体积小、外接线路简单、使用方便、工作可靠和通用性等优点，因此在各种电子设备中应用十分普遍，基本上取代了由分立元件构成的稳压电路。集成稳压器的种类很多，应根据设备对直流电源的要求来进行选择。对于大多数电子仪器、设备和电子电路来说，通常是选用串联线性集成

稳压器。而在这种类型的器件中，又以三端式稳压器应用最为广泛。

W7800、W7900 系列三端式集成稳压器的输出电压是固定的，在使用中不能进行调整。W7800 系列三端式稳压器输出正极性电压，一般有 5 V、6 V、9 V、12 V、15 V、18 V、24 V 共 7 个挡，输出电流最大可达 1.5 A（加散热片）。同类型 78 M 系列稳压器的输出电流为 0.5 A，78 L 系列稳压器的输出电流为 0.1 A。若要求负极性输出电压，则可选用 W7900 系列稳压器。

图 7-20 所示为 W7800 系列的外形和接线图。

它有 3 个引出端：

输入端（不稳定电压输入端）　　标以 "1"

输出端（稳定电压输出端）　　　标以 "3"

公共端　　　　　　　　　　　　标以 "2"

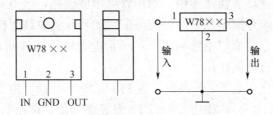

图 7-20　W7800 系列外形及接线图

除固定输出三端稳压器外，尚有可调式三端稳压器，后者可通过外接元件对输出电压进行调整，以适应不同的需要。

本实验所用集成稳压器为三端固定正稳压器 W7812，它的主要参数有：输出直流电压 $U_O=+12$ V，输出电流 L 系列为 0.1 A，M 系列为 0.5 A，电压调整率为 10 mV/V，输出电阻 $R_O=0.15$ Ω，输入电压 U_I 的范围为 15~17 V。因为一般 U_I 要比 U_O 大 3~5 V，才能保证集成稳压器工作在线性区。

图 7-21 所示是用三端式稳压器 W7812 构成的单电源电压输出串联型稳压电源的实验电路图。其中整流部分采用了由 4 个二极管组成的桥式整流器成品（又称桥堆），型号为 2W06

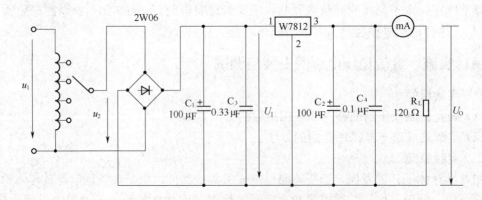

图 7-21　由 W7812 构成的串联型稳压电源

项目 7 直流稳压电源的安装及调试

（或 KBP306），内部接线和外部引脚引线如图 7-22 所示。滤波电容 C_1、C_2 一般选取几百至几千微法。当稳压器距离整流滤波电路比较远时，在输入端必须接入电容器 C_3（电容为 $0.33\ \mu F$），以抵消线路的电感效应，防止产生自激振荡。输出端电容 C_4（电容为 $0.1\ \mu F$）用以滤除输出端的高频信号，改善电路的暂态响应。

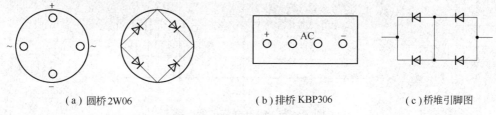

(a) 圆桥 2W06　　　　　　　　(b) 排桥 KBP306　　　　　　　　(c) 桥堆引脚图

图 7-22　内部接线和外部引脚

图 7-23 所示为正、负双电压输出电路，例如，需要 $U_{O1}=+15\ V$，$U_{O2}=-15\ V$，则可选用 W7815 和 W7915 三端稳压器，这时的 U_I 应为单电压输出时的两倍。

当集成稳压器本身的输出电压或输出电流不能满足要求时，可通过外接电路来进行性能扩展。图 7-24 所示是一种简单的输出电压扩展电路。如 W7812 稳压器的 3、2 端间输出电压为 12 V，因此只要适当选择 R 的值，使稳压管 VD_W 工作在稳压区，则输出电压 $U_O=12+U_Z$，可以高于稳压器本身的输出电压。

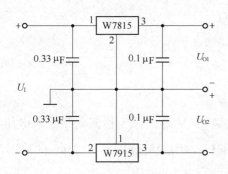

图 7-23　正、负双电压输出电路

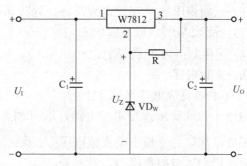

图 7-24　输出电压扩展电路

图 7-25 所示是通过外接晶体管 VT 及电阻 R_1 来进行电流扩展的电路。电阻 R_1 的阻值由外接晶体管的发射结导通电压 U_{BE}、三端式稳压器的输入电流 I_I（近似等于三端稳压器的输出电流 I_{O1}）和 VT 的基极电流 I_B 来决定，即

$$R_1 = \frac{U_{BE}}{I_R} = \frac{U_{BE}}{I_I - I_B} = \frac{U_{BE}}{I_{O1} - \dfrac{I_C}{\beta}}$$

式中：I_C——晶体管 VT 的集电极电流，$I_C = I_O - I_{O1}$；

　　　β——VT 的电流放大系数；对于锗管 U_{BE} 可按 0.3 V 估算，对于硅管 U_{BE} 按 0.7 V 估算。

输出电压计算公式　　　　　　$U_O \approx 1.25\left(1+\dfrac{R_2}{R_1}\right)$

最大输入电压　　　　　　　　$U_{Im}=40\ V$

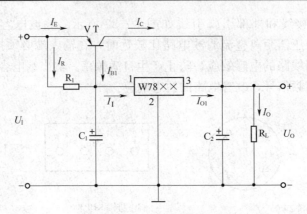

图 7-25 输出电流扩展电路

输出电压范围 $U_O = 1.2 \sim 37$ V

三、实验设备与器件

(1) 可调工频电源;
(2) 双踪示波器;
(3) 交流毫伏表;
(4) 直流电压表;
(5) 直流毫安表;
(6) 三端稳压器 W7812、W7815、W7915;
(7) 桥堆 2W06（或 KBP306）;
(8) 电阻器、电容器若干。

四、实验内容

（一）整流滤波电路测试

按图 7-26 所示连接实验电路，取可调工频电源 14 V 电压作为整流电路输入电压 u_2。接通工频电源，测量输出端直流电压 U_L 及纹波电压 $\tilde{U}_L$，用示波器观察 u_2、u_L 的波形，把数据及波形记入自拟表格中。

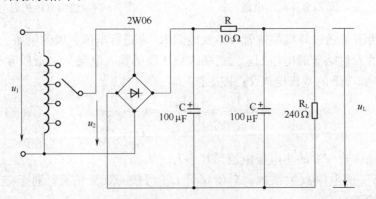

图 7-26 整流滤波电路

（二）集成稳压器性能测试

断开工频电源，按图 7-21 所示改接实验电路，取负载电阻 $R_L = 120$ Ω。

1. 初测

接通工频 14 V 电源,测量 U_2 值;测量滤波电路输出电压 U_1(稳压器输入电压),集成稳压器输出电压 U_O,它们的数值应与理论值大致符合,否则说明电路出了故障。设法查找故障并加以排除。

电路经初测进入正常工作状态后,才能进行各项指标的测试。

2. 各项性能指标测试

(1) 输出电压 U_O 和最大输出电流 I_{Omax} 的测量。

在输出端接负载电阻 $R_L=120\ \Omega$,由于 W7812 输出电压 $U_O=12$ V,因此流过 R_L 的电流 $I_{Omax}=\dfrac{12}{120}=100$ mA。这时 U_O 应基本保持不变,若变化较大则说明集成块性能不良。

(2) 稳压系数 s 的测量。

(3) 输出电阻 R_0 的测量。

(4) 输出纹波电压的测量。

把测量结果记入自拟表格中。

3. 集成稳压器性能扩展

根据实验器材,选取图 7-23、图 7-24 或图 7-25 中各元器件,并自拟测试方法与表格,记录实验结果。

五、实验总结

(1) 整理实验数据,计算 s 和 R_0,并与手册上的典型值进行比较。

(2) 分析讨论实验中发生的现象和问题。

六、预习要求

(1) 复习教材中有关集成稳压器部分内容。

(2) 列出实验内容中所要求的各种表格。

(3) 在测量稳压系数 s 和内阻 R_0 时,应怎样选择测试仪表?

知识点 7.5 串联型稳压电路与集成稳压电源

了解串联型稳压电路结构和工作原理,掌握集成稳压电源工作原理和基本电路。

一、串联型稳压电路

稳压电路的作用是当交流电源电压波动、负载或温度变化时,维持输出直流电压稳定。在小功率电源设备中,用得比较多的稳压电路有两种:一种是用稳压二极管组成的并联稳压电路,另一种是串联型稳压电路。

(一) 串联型晶体管稳压电路及其稳压过程

图 7-27 所示 VT 为调整管,它工作在线性放大区;R_3 和稳压管 VD_Z 构成基准电压源电路,为放大器 A 提供比较用的基准电压;R_1、R_2、R_P 组成取样电路;放大器 A 对取样电压和基准电压的差值进行放大。

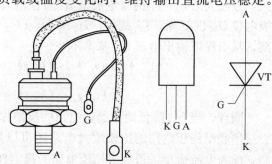

图 7-27 简单的串联型稳压电路

稳压原理分析：若负载变化，使输出电路$U_O\downarrow \to$放大器的净输入电压$\Delta U\downarrow \to$调整管的基极电压$U_{B1}\uparrow \to I_{B1}\uparrow \to I_{C1}\uparrow \to$管压降$U_{CE}\downarrow \to U_O\uparrow$。

若负载变化，使输出电压增大，其调整的过程与之相反。

（二）带有放大环节的串联型稳压电路

简单的串联型晶体管稳压电源是直接通过输出电压的微小变化去控制调整管来达到稳压的目的，其稳压效果不好。

若先从输出电压中取得微小的变化量，经过放大后再去控制调整管，就可大大提高稳压效果，其电路如图7-28所示。

1. 电路组成

该电路由4个基本部分组成，其框图如图7-29所示。

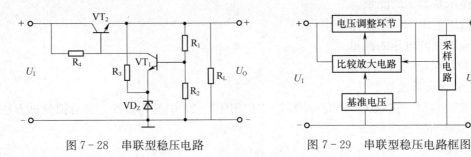

图7-28 串联型稳压电路　　　　图7-29 串联型稳压电路框图

（1）采样电路。由分压电阻R_1、R_2组成。它对输出电压U_O进行分压，取出一部分作为取样电压给比较放大电路。

（2）基准电压电路。由稳压管VD_Z和限流电阻R_3组成，提供一个稳定性较高的直流电压U_Z，作为调整、比较的标准，称作基准电压。

（3）比较放大电路。由晶体管VT_1和R_4构成，其作用是将采样电路采集的电压与基准电压进行比较并放大，进而推动电压调整环节工作。

（4）电压调整电路。由工作于放大状态的晶体管VT_2构成，其基极电流受比较放大电路输出信号的控制，在比较放大电路的推动下改变调整环节的压降，使输出电压稳定。

2. 稳压过程

假设U_O因输入电压波动或负载变化而增大时，则经采样电路获得的采样电压也增大，而基准电压U_Z不变，所以采样放大管VT_1的输入电压U_{BE1}增大，VT_1管基极电流I_{B1}增大，经放大后，VT_1的集电极电流I_{C1}也增大，导致VT_1的集电极电位U_{C1}下降，VT_2管基极电位U_{B2}也下降，I_{B2}减小，I_{C2}减小，U_{CE2}增大，使输出电压U_O下降，补偿了U_O的升高，从而保证输出电压U_O基本不变。这一调节过程可表示为

$$U_I\uparrow \to U_O\uparrow \to U_{BE1}\uparrow \to I_{B1}\uparrow \to I_{C1}\uparrow \to U_{C1}\downarrow$$
$$U_O\downarrow \leftarrow U_{CE2}\uparrow \leftarrow I_{C2}\downarrow \leftarrow I_{B2}\downarrow \leftarrow U_{B2}\downarrow$$

同理，当U_O降低时，通过电路的反馈作用也会使U_O保持基本不变。

串联型稳压电路的比较放大电路还可以用集成运放来组成。由于集成运放的放大倍数高，输入电流极小，提高了稳压电路的稳定性，因而应用越来越广泛。

（三）稳压电路的过载保护措施

在串联型稳压电路中，负载电流全部流过调整管。当负载短路或过载，会使调整管电流过大而损坏，为此必须设置过载保护电路。保护电路有限流型和截止型两种。下面仅介绍限流型保护电路，如图7-30所示。

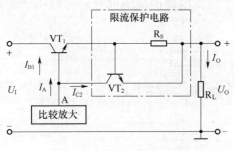

图7-30 限流型保护电路

图中R_s为检测电阻。正常工作时，负载电流I_O在R_s上的压降小于VT_2导通电压U_{BE2}，VT_2截止，稳压电路正常工作。当负载电流I_O过大超过允许值时，U_{R_s}增大使VT_2导通，比较放大器输出电流被VT_2分流，使流入调整管VT_1基极的电流受到限制，从而使输出电流I_O受到限制，保护了调整管及整个电路。

二、集成稳压电源

集成稳压电源，又称集成稳压器，是把稳压电路中的大部分元件或全部元件制作在一片硅片上而成为集成稳压块，是一个完整的稳压电路。它具有体积小、质量轻、可靠性高、使用灵活、价格低廉等优点。

集成稳压电源的种类很多。按工作方式可分为线性串联型和开关型；按输出电压方式可分为固定式和可调式；按结构可分为三端式和多端式。本书主要介绍国产W7800系列（输出正电压）和W7900系列（输出负电压）稳压器的使用。

（一）固定式三端稳压器

1. W7800系列和W7900系列三端稳压器简介

W7800系列和W7900系列三端稳压器输出固定的直流电压。

W7800系列输出固定的正电压，有5 V、8 V、12 V、15 V、18 V、24 V等多种。如W7815的输出电压为15 V；最高输入电压为35 V；最小输入、输出电压差为2 V；加散热器时最大输出电流可达2.2 A；输出电阻为0.03～0.15 Ω；电压变化率为0.1％～0.2％。

W7900系列输出固定的负电压，其参数与W7800系列基本相同。

2. 三端稳压器的外形和引脚排列

如图7-31所示，按引脚编号，W7800系列的引脚1为输入端，2为输出端，3为公共端；W7900系列的引脚3为输入端，2为输出端，1为公共端。使用时，三端稳压器接在整流滤波电路之后，如图7-32所示。

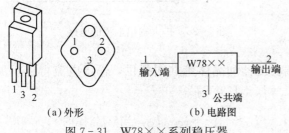

图7-31 W78××系列稳压器
(a) 外形　(b) 电路图

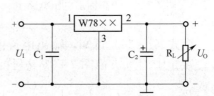

图7-32 三端稳压器接在整流滤波电路后

在电子线路中，常需要将W7800系列和W7900系列组合连接，同时输出正、负电压的双向直流稳压电源，电路如图7-33所示。电容C_1用于防止产生自激振荡、减少输入电压的脉动，其容量较小，一般小于 1 μF。电容 C_0 用于削弱电路的高频噪声，可取小于 1 μF 的电容，也可取几微法甚至几十微法的电容。

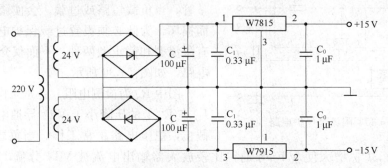

图 7-33　正、负电压同时输出的电路

（二）提高输出电压的电路

如果需要扩展三端稳压器的输出电压，可采用如图 7-34 所示的升压电路，设 $U_{\times\times}$ 为三端稳压器 78×× 的标称输出电压，R_1 上的电压为 $U_{\times\times}$，产生的电流 $I_{R_1}=U_{\times\times}/R_1$，$I_Q R_2$ 为稳压器静态工作电流在 R_2 上产生的压降。

一般 $I_{R_1} > 5 I_Q$，I_Q 为几毫安，当 $I_{R_1} \gg I_Q$，即 R_1、R_2 较小时，则有

$$U_O \approx \left(1+\frac{R_2}{R_1}\right) U_{\times\times} \tag{7-10}$$

即输出电压仅与 R_1、R_2、$U_{\times\times}$ 有关，改变 R_1、R_2 的数值，可达到扩展输出电压的目的。上述电路的缺点是，当稳压电路输入电压变化时，I_Q 也发生变化，这将影响稳压器的稳压精度，当 R_2 较大时尤其如此。

（三）扩展输出电流电路

三端固定式稳压器可借助功率管扩展输出电流，电路如图 7-35 所示。输出电流 I_O 为

$$I_O = I_{O\times\times} + I_C \tag{7-11}$$

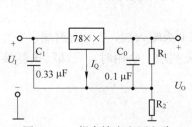

图 7-34　提高输出电压电路

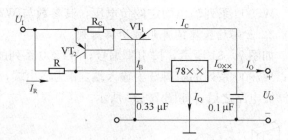

图 7-35　扩大输出电流的电路

由式（7-11）可知，输出电流由三端稳压器和晶体管共同提供，输出电流得以扩展，I_{Omax} 决定于 I_{Cmax}。由图 7-35 又可得 $I_{O\times\times} = I_R + I_B - I_Q$

$$I_{O\times\times} = I_R + I_C + I_B - I_Q = \frac{U_{BE1}}{R} + \frac{1+\beta}{\beta} I_C - I_Q \approx \frac{U_{BE1}}{R} + I_C - I_Q，当（\beta \gg 1 时）。$$

当晶体管 VT_1 截止时，即 $I_C=0$，设 $U_{BE1} \approx 0.3$ V，此时 $I_O=10$ mA，由此可决定 R。

$$\frac{U_{BE1}}{R} > I_Q，R < \frac{U_{BE1}}{I_Q}，即 R < 30\ \Omega。$$

为防止输出端短路造成调整管 VT_1 的损坏,可引入限流保护电路 VT_2。

(四)三端可调式集成稳压器

W317 为可调输出正电压稳压器,W337 为可调输出负电压稳压器。它们的输出电压分别为 $\pm$(1.2~37)V 连续可调,其输出电流为 1.5 A。

图 7-36(a)、图 7-36(b)分别是用 W317 和 W337 组成的可调输出电压稳压电路。

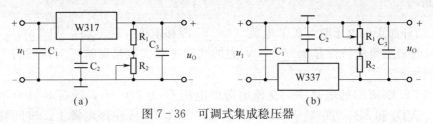

图 7-36 可调式集成稳压器

(五)具有正、负电压输出的稳压电源

当需要正、负两组电源输出时,可以采用 7800 系列正压单片稳压器和 7900 系列负压单片稳压器各一块,接线如图 7-37 所示。由图可见,这种用正、负集成稳压器构成的正负两组电源,不仅稳压器具有公共接地端,而且它们的整流部分也是公共的。

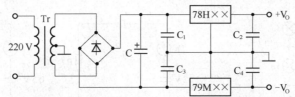

图 7-37 用 7800 系列和 7900 系列单片稳压器组成的正、负双电源

仅用 7800 系列正压稳压器也能构成正、负两组电源,接法如图 7-38 所示,这时需两个独立的变压器绕组,作为负电源的正压稳压器需将输出端接地,原公共接地端作为输出端。

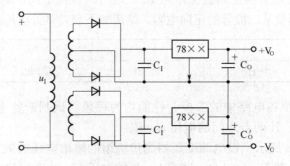

图 7-38 用两块 7800 系列单片正压稳压器组成的正、负双电源

项目总结

在本征半导体中,自由电子和空穴总是成对出现的,称为电子-空穴。

在本征半导体中掺入 5 价元素可以得到 N 型半导体,掺入 3 价元素可以得到 P 型半导体。

PN 结具有单向导电性:正向偏置时,呈导通状态;反向偏置时,呈截止状态。除了单向导电性,PN 结还有感温、感光、发光等特性。

稳压二极管工作在反向击穿区。

整流电路的任务是将交流电变换成脉动的直流电。根据半导体二极管的单向导电性可以利用二极管的这一特性组成整流电路。常用的小功率（200 W 以下）单相整流电路，包括半波整流电路、全波整流电路、桥式整流电路和简单滤波电路。

项目练习

1. PN 结外加正向电压时，扩散电流＿＿＿＿漂移电流，耗尽层＿＿＿＿。

2. 二极管最主要的特性是＿＿＿＿，它的两个主要参数是反映正向特性的＿＿＿＿和反映反向特性的＿＿＿＿。

3. 在图 7-39 所示的电路中，交流电源的电压 U 为 220 V，现有 3 只半导体二极管 VD_1、VD_2、VD_3 和 3 只 220 V、40 W 灯泡 L_1、L_2、L_3 接在该电源上。试问哪只（或哪些）灯泡发光最亮？哪只（或哪些）二极管承受的反向电压最大？

4. 图 7-40 所示电路中，正弦波电源的电压幅值为 2 V，二极管的死区电压为 0.5 V。试求在正弦波电源的一个周期 T 中，各二极管导通时间占 T 的几分之几？在这两个电路中，二极管承受的反向电压峰值各为多大？

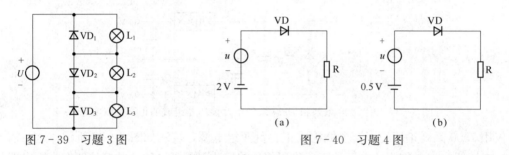

图 7-39 习题 3 图　　　　　　图 7-40 习题 4 图

5. 用万用表测量二极管的正向直流电阻 R_F，选用的量程不同，测得的电阻值相差很大。现用 MF30 型万用表测量某二极管的正向电阻，结果如下表，试分析所得阻值不同的原因。

电阻量程	×1	×10	×100	×1 k
测得电阻值	31 Ω	210 Ω	1.1 kΩ	11.5 kΩ

6. 设图 7-41 所示各电路中的二极管性能均为理想。试判断各电路中的二极管是导通还是截止，并求出 A、B 两点之间的电压 U_{AB} 值。

7. 电路如图 7-42 所示。设电源变压器副边绕组的输出电压有效值 U_2 为 20 V，二极管 VD 的性能理想，负载 $R_L=1$ kΩ。试求 R_L 两端电压 U_O 的平均值 $U_{O(av)}$、流过二极管的电流平均值 $I_{O(av)}$ 及二极管承受的反向电压峰值 U_{DRM} 值。

8. 一限幅电路如图 7-43 所示。设 VD_1、VD_2 的性能均理想，输入电压 U_I 的变化范围为 0～30 V。试画出该电路的传输特性曲线，即以 U_O 为纵坐标、以 U_I 为横坐标的 U_O 与 U_I 的关系曲线。

9. 电路如图 7-44 所示。其中限流电阻 $R=2$ kΩ，硅稳压管 VD_{Z1}、VD_{Z2} 的稳定电压 U_{Z1}、U_{Z2} 分别为 6 V 和 8 V，正向压降为 0.7 V，动态电阻可以忽略。试求各电路输出端 A、B 两端之间电压 U_{AB} 的值。

项目7 直流稳压电源的安装及调试

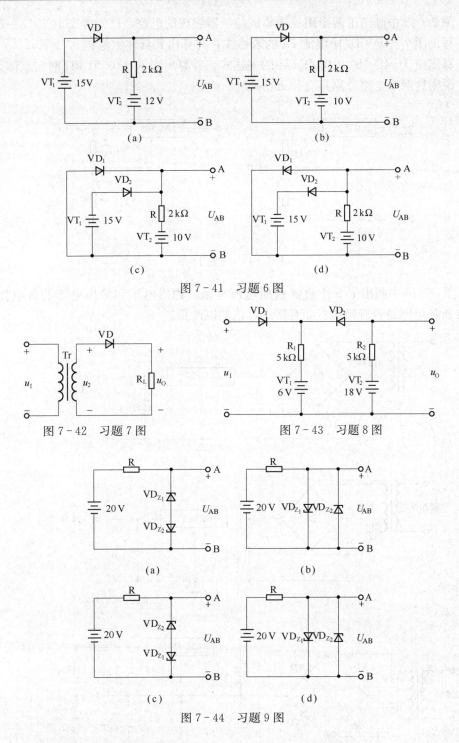

图 7-41 习题6图

图 7-42 习题7图

图 7-43 习题8图

图 7-44 习题9图

10. 直流稳压电源由哪些单元电路组成，试简述各单元电路的作用。

11. 常用的基本滤波元件有_____和_____两种，构成电路时，_____必须与负载串联，_____必须与负载并联。

12. 串联反馈型稳压电路由哪几部分组成？试简述各部分的作用。

13. 图 7-45 中画出了两个用三端集成稳压器组成的电路，已知静态电流 $I_Q=2$ mA。
(1) 写出图 7-45（a）中电流 I_O 的表达式，并算出其具体数值；
(2) 写出图 7-45（b）中电压 U_O 的表达式，并算出当 $R_2=0.51$ kΩ 时的具体数值；
(3) 说明这两个电路分别具有什么功能？

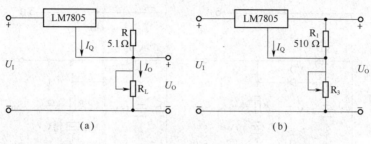

图 7-45 习题 13 图

14. 图 7-46 中画出了 3 个直流稳压电源电路，输出电压和输出电流的数值如图中所示，试分析各电路是否有错误？如有错误，请加以改正。

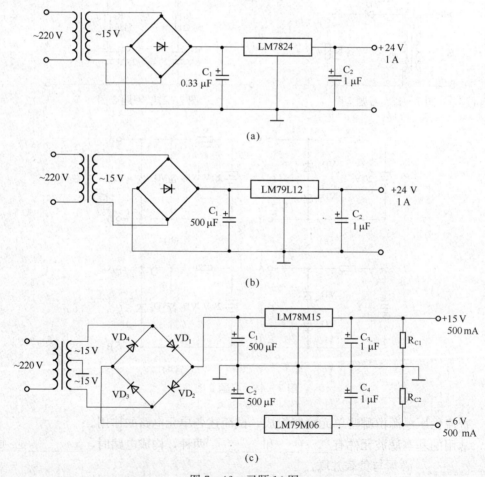

图 7-46 习题 14 图

项目 8

简易扩音器的制作与调试

项目导入

扩音器不仅适用于教学、旅游、企业流动现场培训等,还广泛应用于现场促销、健身活动及文艺表演等场合。扩音器主要由传声器、放大器和扬声器三大部分构成。传声器首先将声信号转变为电信号,然后将电信号输入至放大器进行放大,扬声器再将放大后的电信号还原为声音。而其中的核心部分——放大器一般多采用晶体管放大电路来实现输入信号的放大。

项目分析

【知识结构】

晶体三极管的结构、特点和电路符号;晶体三极管的放大原理与主要特性;放大的概念及电路主要性能指标;三极管共射放大电路的工作原理及分析方法;静态工作点对放大电路动态性能的影响及稳定静态工作点的方法;多级放大器的耦合方式;多级放大器性能指标的估算方法;反馈的基本概念和负反馈的类型。

【学习目标】

- 了解晶体三极管的结构、分类、符号、主要参数及其应用;
- 掌握晶体三极管的电流放大作用及其特性曲线;
- 了解放大电路的概念及其主要性能指标;
- 掌握晶体三极管组成的单管放大电路的工作原理及其性能分析方法;
- 掌握多级放大器的耦合方式及其性能分析方法;
- 了解功率放大电路的分类、特点及主要性能指标。

【能力目标】

- 会查阅半导体器件手册,能按要求选用晶体三极管;
- 会用万用表测量晶体三极管的引脚及检测它的质量好坏;
- 能根据电路图选用合适的元器件进行组装;
- 能分析和解决放大电路方面出现的一些简单问题;
- 具有能够根据提供的相关资料设计一些简单电路的能力。

【素质目标】

- 会对所制作电路的指标和性能进行测试并能提出改进意见;
- 具有进一步学习专业知识的能力;
- 具有系统思考、抽象思维和分析问题的能力;
- 培养学生养成对待工作和学习一丝不苟、精益求精的习惯;

◆ 具有理论联系实际的能力和一定的创新能力。

相关知识

知识点 8.1 晶体三极管

晶体三极管又称半导体三极管，简称晶体管。晶体管是最重要的半导体器件之一，它的放大作用和开关作用促使了电子技术的飞跃。本节将讨论三极管的结构、工作原理、主要参数及特性曲线等。

熟悉半导体三极管的结构、特点和电路符号；掌握半导体三极管的电流分配和放大原理；掌握三极管的输入、输出特性，了解其主要参数，理解其含义，为下一步学习奠定基础。

一、晶体三极管的基本结构和类型

（一）外形

三极管有 3 个脚，图 8-1 所示为常见的三极管封装外形。功率大小不同的三极管体积和封装形式也不同。图 8-1（a）与图 8-1（b）所示为小功率管，图 8-1（c）所示为中功率管，图 8-1（d）所示为大功率管。其中小、中功率管多采用硅酮塑料封装；大功率三极管采用金属封装。

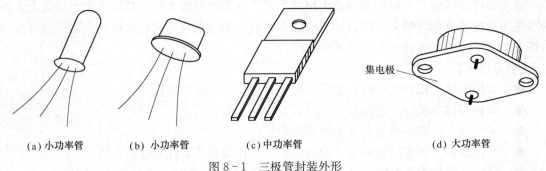

(a) 小功率管　　(b) 小功率管　　(c) 中功率管　　(d) 大功率管

图 8-1　三极管封装外形

（二）结构

半导体三极管是由两个 PN 结（发射结和集电结）、3 个杂质半导体区域（集电区、基区和发射区）并引出 3 个电极而形成的电子器件，在模拟电路中担负电流放大作用。按照 P、N 两种杂质半导体排列方式的不同有 NPN 型和 PNP 型两种结构形式。三极管的 3 个电极分别为基极 B、发射极 E 和集电极 C。NPN 型和 PNP 型三极管的结构示意图和电路符号如图 8-2 与图 8-3 所示。值得注意的是两种型号三极管的符号用发射极上的箭头方向来加以区分。使用时要区分发射极和集电极。PNP 型三极管和 NPN 型三极管尽管内部结构不同，但在电路中的工作原理是基本相同的，只是工作时所采用的电源极性相反。

三极管在制造的过程中，其内部 3 个区域（发射区、基区和集电区）都有一定的工艺要求，必须保证它们具有下列特点。

(1) 发射区很小，但掺杂浓度高。

项目 8　简易扩音器的制作与调试

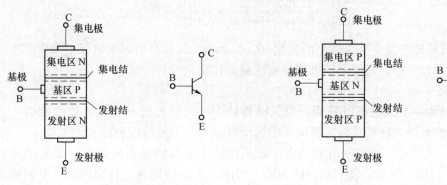

图 8-2　NPN 型三极管结构及符号　　　　图 8-3　PNP 型三极管结构及符号

（2）基区最薄且掺杂浓度最小（比发射区小 2~3 个数量级）。

（3）集电结面积最大且集电区掺杂浓度小于发射区的掺杂浓度。

基于上述特点，可知三极管并不是两个 PN 结的简单组合，它不能用两个二极管代替，也不能将发射极和集电极互换使用。

（三）分类

三极管的分类很多，通常按以下方法进行分类。

（1）根据三极管基本结构不同分为 NPN 型和 PNP 型。

（2）根据使用的半导体材料不同分为硅管和锗管。

（3）根据工作频率不同分为高频管（工作频率不低于 3 MHz）和低频管（工作频率在 3 MHz 以下）。

二、晶体管的电流分配与放大作用

（一）实验说明

三极管的各极电流之间有什么关系呢？下面通过一个实验来说明，电路如图 8-4 所示，在三极管的发射结加正向电压，集电结加反向电压，保证三极管工作在放大状态。改变可变电阻 R_B，则基极电流 I_B、集电极电流 I_C 和发射极电流 I_E 都发生变化。测量结果见表 8-1。

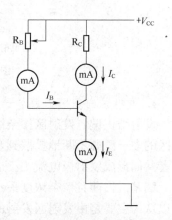

图 8-4　三极管电流放大实验电路

表 8-1　三极管各极电流测量数据　　　　　　　　　　　　　　　　　　　　单位：mA

I_B	0	0.010	0.020	0.040	0.060	0.080
I_C	<0.001	0.485	0.980	1.990	2.995	3.995
I_E	<0.001	0.495	1.000	2.030	3.055	4.075

由表中的测量数据，可以得到以下结论。

（1）I_B、I_C、I_E 各极电流分配关系满足节点电流定律，即 $I_E = I_B + I_C$ 且 $I_E \approx I_C$。

（2）每一列中的集电极电流都比基极电流大很多。

（3）从各列中求得 I_C 和 I_B 的变化量，再加以比较，如选第 4 列和第 5 列中的数据，可得

$$\frac{\Delta I_C}{\Delta I_B} = \frac{1.990 - 0.980}{0.040 - 0.020} = \frac{1.010}{0.020} = 50.5$$

这说明当基极电流有一个微小的变化（0.02 mA）时，会引起集电极电流相应有一个较大的变化（1.01 mA），这就是三极管的电流放大作用。

（二）理论分析

通过上面的一个试验可以看到，当三极管处于正向偏置时具有电流放大能力，下面以NPN型三极管为例，分析其内部载流子的运动规律——电流分配和放大的规律。

三极管在使用时，要实现电流放大，必须做到：发射结应正向偏置，集电结应反向偏置。如图8-5（a）所示。发射结回路为输入回路，集电结回路为输出回路。发射极是两个回路的公共端，称这种接法为共射极接法。

晶体管内部载流子的运动，如图8-5（b）所示，假设 $\Delta u_I = 0$。

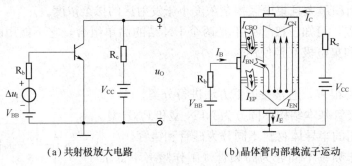

(a) 共射极放大电路　　　　(b) 晶体管内部载流子运动

图8-5　放大电路及载流子运动示意图

1. 发射区向基区扩散电子

发射结正偏，发射区掺杂浓度大且集结面积小（薄），故有利于多数载流子的扩散运动，该区的多子源源不断地扩散到基区。同时，基区的多子也要扩散到发射区，形成空穴电流，二者共同形成发射极电流 I_E。

因基区很薄且掺杂浓度最小，故空穴扩散电流很小，可以忽略不计，发射极的电流 I_E 可以认为主要是由发射区发射的电子流形成。

2. 电子在基区的扩散与复合

由于基区很薄且杂质浓度很低，发射区的自由电子进入基区后，只有一小部分电子与基区空穴复合，大部分自由电子继续向集电结扩散，所以自由电子在基区主要是扩散活动。在扩散过程中，基区扩散到发射区及复合掉的空穴由基极电源来补充，从而形成基极电流 I_B，基极电流主要是复合电流且很小。但扩散到集电结的电子与复合掉的电子的比例决定了三极管的电流放大能力，三极管的电流控制就发生在这一过程。

3. 电子被集电区收集

集电结加反向电压且集电结面积大，使得集电结内电场很强，这个内电场阻碍集电区电子的扩散运动，而对基区扩散过来的电子有很强的吸引力，故从基区扩散来的电子在强电场的作用下迅速漂移越过集电结进入集电区，形成集电极电流 I_C 的主要部分；另外，集电区的少子空穴也会漂移越过集电结进入基区，基区的少子电子也要漂移越过集电结进入集电区，少子漂移形成反向饱和电流 I_{CBO}。该电流很小，与外加电压关系不大，对放大作用没有贡献，反过来，由于它受温度的影响较大，易使管子工作不稳定，所以在制造管子时，总是尽量设法减小 I_{CBO}。

4. 电流分配关系

如上所述，3 个电极上的电流分别为

$$I_E = I_{EN} + I_{EP} = I_{BN} + I_{CN} + I_{EP} \approx I_{BN} + I_{CN} \quad (8-1)$$

$$I_B = I_{BN} + I_{EP} - I_{CBO} \approx I_{BN} - I_{CBO} \quad (8-2)$$

$$I_C = I_{CN} + I_{CBO} \quad (8-3)$$

由式 (8-1)、式 (8-2) 和式 (8-3) 可以得出

$$I_E = I_B + I_C \quad (8-4)$$

由图 8-5 (b) 可知，I_{CN} 代表从发射区注入基区而扩散到集电区的电子流，I_{BN} 代表从发射区注入基区被复合而形成的电子流。三极管制成后，I_{CN} 与 I_{BN} 的比例关系是确定的。由于基区很薄且掺杂浓度很低，所以 $I_{CN} \gg I_{BN}$。故 I_{CN} 与 I_{BN} 的比值是一个远大于 1 的常数，这个常数称之为共发射极直流电流放大系数，用 $\bar{\beta}$ 表示。其值为

$$\bar{\beta} = \frac{I_{CN}}{I_{BN}} = \frac{I_C - I_{CBO}}{I_B + I_{CBO}} \approx \frac{I_C}{I_B} \quad (8-5)$$

$\bar{\beta}$ 反映了基极电流对集电极电流的控制关系。所以三极管是一个电流控制器件，当 I_B 有较小的变化时，将会引起 I_C 很大的变化。当三极管制成后，$\bar{\beta}$ 值也就确定了。

变换式 (8-5) 可以得到

$$I_C = \bar{\beta} I_B + (1 + \bar{\beta}) I_{CBO} = \bar{\beta} I_B + I_{CEO}$$

式中：$I_{CEO} = (1 + \bar{\beta}) I_{CBO}$，为穿透电流。

共射交流电流放大系数

$$\beta = \frac{\Delta I_C}{\Delta I_B}$$

一般情况下 $\bar{\beta} \approx \beta$，可不区分。

三、晶体管的特性曲线

从上面的分析中可以知道三极管有电流放大的作用，一般是用三极管的伏安特性来描述三极管的特性。三极管的伏安特性分成两部分：输入特性曲线和输出特性曲线。它反映了三极管的外部性能，是分析放大电路的重要依据。

在这里以共发射极放大电路为例来讨论晶体管的特性曲线。

（一）输入特性曲线

当集电极和发射极之间的电压 u_{CE} 为一定值时，基极和发射极之间的电压 u_{BE} 和基极中的电流 i_B 之间存在一定的变化关系，这个变化关系用曲线表示出来，就叫作三极管的输入伏安特性。如图 8-6 所示。三极管的输入特性曲线方程式为

$$i_B = f(u_{BE}) \big|_{u_{CE} = 常数} \quad (8-6)$$

由图 8-6 可知：

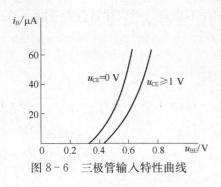

图 8-6 三极管输入特性曲线

(1) $u_{CE}=0$ 时，集电极与发射极短接，三极管相当于两个二极管并联，u_{BE} 即为加在并联二极管上的正向电压，故三极管的输入特性曲线与二极管伏安特性曲线的正向特性相似。

(2) 当 $u_{CE}=1$ V 时，曲线右移，因为此时集电结加了反偏电压，管子处于放大状态，i_C 增大。对应于相同的 u_{BE}，i_B 比 $u_{CE}=0$ 时小，故曲线右移。

(3) $u_{CE}>1$ V 以后的曲线与 $u_{CE}=1$ V 时的曲线近乎重合。

因此管子实际放大时，通常就用 $u_{CE}=1$ V 这条曲线来代表输入特性曲线。

(4) 输入特性是非线性的，有死区，硅管死区电压为 0.7 V，锗管死区电压为 0.2 V。

(二) 三极管的输出伏安特性

当基极电流 i_B 为一定值时，集电极和发射极之间的电压 u_{CE} 和集电极电流 i_C 两者之间的关系是一条曲线。当基极电流 i_B 取不同的值时，可以得到不同的曲线，所以三极管的输出伏安特性是一组曲线，如图 8-7 所示。

三极管的输出特性曲线方程式为

$$i_C = f(u_{CE}) \mid_{i_B=\text{常数}} \tag{8-7}$$

由图 8-7 中可以看出：在任意一条曲线上，若 i_B 保持不变，i_C 随着 u_{CE} 的增加而增加，当 u_{CE} 超过一定数值（约 1 V）后，u_{CE} 再增加，i_C 也不再有明显的增加。这表示三极管具有恒流的特性。

根据三极管的工作状态不同，可将输出特性曲线分为 3 个区域。

(1) 放大区，输出特性曲线近似于水平的部分是放大区。在这个区域里，基极电流不为零，集电极电流也不为零，且满足 $i_C=\beta i_B$，具有可控性（只有 i_B 可以控制 i_C）和恒流性（i_C 几乎不随 u_{CE} 和负载变化而变化）。三极管工作在放大区的电压条件是：发射结正偏，集电结反偏。

(2) 截止区，在基极电流 $i_B=0$ 所对应的曲线下方的区域是截止区。在这个区域里，$i_B=0$，$i_C \approx 0$，三极管不导通，此时集电极与发射极之间电阻很大，相当于开关的断开状态。三极管工作在截止区的电压条件是：发射结反偏，集电结也反偏。

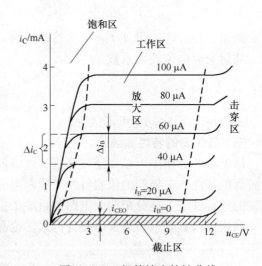

图 8-7 三极管输出特性曲线

(3) 饱和区，饱和区是对应于 u_{CE} 较小（此时 $u_{CE}<u_{BE}$）的区域。在这个区域里，u_{CE} 略有增加，i_C 迅速上升，但 $i_C \neq \beta i_B$，i_B 不能控制 i_C，因此三极管不能起放大作用。$u_{CE}=u_{BE}$ 称为临界饱和状态，所有临界拐点的连线即为临界饱和线。饱和时集电极与发射极之间的电压 u_{CES} 称为饱和压降。它的数值很小，特别是在深度饱和时，小功率管通常小于 0.3 V。三极管工作在饱和区的电压条件是：发射结正

偏，集电结也正偏。

（三）PNP 管特性曲线

由于电源电压极性和电流方向不同，PNP 管与 NPN 管的特性曲线是相反、"倒置"的。

四、晶体管的主要参数

三极管的参数是正确选用三极管的主要根据，在计算机辅助分析和设计中，根据晶体管的结构和特性，要用几十个参数全面描述它。在这里只介绍其中的几个主要参数。

（一）电流放大系数

1. 共发射极直流电流放大系数 $\bar{\beta}$

当三极管接成共发射极电路时，集电极电流 I_C 和基极电流 I_B 的比值叫作共发射极直流电流放大系数

$$\bar{\beta} = \frac{I_C}{I_B}$$

2. 共发射极交流电流放大系数 β

当三极管接成共发射极电路时，集电极电流的变化量 ΔI_C 和基极电流的变化量 ΔI_B 的比值叫作共发射极交流电流放大系数

$$\beta = \frac{\Delta I_C}{\Delta I_B} \tag{8-8}$$

这两个参数定义是不同的，$\bar{\beta}$ 反映直流工作状态时集电极和基极电流之比，β 反映交流工作状态时集电极和基极电流变化量之比。但在实验中发现，这两个参数的值在放大区时是非常相近的，所以今后在进行电路计算时，在工作电流不十分大的情况下，可以用 $\bar{\beta}$ 值来代替 β 值。在实践中用万用表测量三极管的 $\bar{\beta}$ 值很容易，而测量 β 值则需要使用专门的仪器（晶体管特性图示仪）。

（二）三极管极间反向电流

1. 集-基极反向饱和电流 I_{CBO}

当发射极开路时，集电极和基极之间的反向电流叫作反向饱和电流。这个参数受温度的影响较大。室温下，小功率硅三极管的反向饱和电流小于 1 μA，锗三极管的反向饱和电流为几微安到几十微安。这个值越小越好。

2. 集-射极穿透电流 I_{CEO}

当基极开路时，由集电区穿过基区流入发射区的电流叫作穿透电流。它的数值明显随温度变化，β 值高的管子 I_{CEO} 也大，要求它越小越好。硅管的 I_{CEO} 远小于锗管，故多数情况下选用硅管。

（三）三极管的极限参数

1. 集电极最大允许电流 I_{CM}

三极管工作在放大区时，若集电极电流超过一定值时，其电流放大系数就会下降。三极管的 β 值下降到正常值 2/3 时的集电极电流，叫作三极管的集电极最大允许电流，用 I_{CM} 来表示。工作时，若集电极电流超过 I_{CM}，β 值明显下降，管子特性变差。

2. 集电极和发射极反向击穿电压 $U_{(BR)CEO}$

当基极开路时，集电结不至于击穿，允许加在集电极和发射极之间的最高电压，一般为几十伏甚至几百伏以上，视三极管的型号而定。选择三极管时，U_{CE} 应小于此值，并留有一

定的余量。当三极管的集射极电压 U_{CE} 大于该值时，I_C 会突然大幅上升，说明三极管已被击穿。

3. 集电极最大允许功耗 P_{CM}

三极管工作于放大区，当集电极电流 I_C 流过时，半导体管芯就会产生热量，致使集电结的温度上升。三极管工作时，其温度有一定的限制（硅管的允许温度大约为 150 ℃）。由此可以在三极管的输出特性曲线上画出一条允许功耗线，如图 8-8 所示。当三极管因受热而引起的参数变化不超过允许值时，集电结所消耗的最大功率称为集电极最大允许耗散功率 P_{CM}。

$$P_{CM}=I_C U_{CE} \tag{8-9}$$

在曲线的右上方 $I_C U_{CE} > P_{CM}$，这个范围称为功损耗区，在曲线的左下方 $I_C U_{CE} < P_{CM}$，这个范围称为安全工作区。三极管应选在此区域内工作。

P_{CM} 值与环境温度和管子的散热条件有关，因此为了提高 P_{CM} 值，常采用散热装置。

（四）参数与温度的关系

由于半导体的载流子受温度影响，因此三极管的参数受温度影响，温度上升，输入特性曲线向左移，温度每升高 1℃，U_{BE} 将减小 2～2.5 mV，即晶体管具有负温度系数，基极的电流不变，温度每增加 10℃，I_{CBO} 增大一倍，硅管优于锗管。输出特性曲线上移。温度升高，放大系数也增加，温度每升高 1℃，β 增加 0.5%～1.0%。

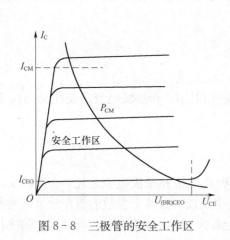

图 8-8 三极管的安全工作区

知识点 8.2　单极型三极管

熟悉场效应管的结构、特点和电路符号；理解场效应管基本工作原理；了解场效应管的输入、输出特性及其主要参数，为下一步学习奠定基础。

半导体三极管是一种电流控制元件，由于大多数信号源只能输出微小的信号电压，并且信号源都有一定的内阻，致使在提供信号电流时，信号电压明显下降。20 世纪 60 年代，出现了另一种半导体器件——场效应管。它是一种电压控制型器件，是利用输入回路的电场效应来控制输出回路电流的一种半导体器件，仅靠半导体中的多数载流子导电，又称其为单极型三极管。场效应管的输入电阻可高达 $10^7 \sim 10^{12}\ \Omega$，具有热稳定性好、噪声低、抗辐射能力强、制造工艺简单、便于集成且耗电省等优点，因此在电子电路中得到了广泛的应用。

一、场效应管的基本结构

根据结构的不同，场效应管分为结型场效应管（JFET）和绝缘栅场效应管（MOS 管）。

（一）结型场效应管（JFET）的结构与符号

结型场效应管分成 N 沟道和 P 沟道两种类型。N 沟道结型场效应管的结构和符号如图 8-9 所示。它是用一块 N 型半导体做衬底，变掺杂做两个 P 区，则 P 区与 N 区之间形成 PN 结，两个P区相连接引出的电极称为栅极（G），在N型衬底的两端各引出一个电极，上端为漏极（D），下端为源极（S）。两个PN结中间的N型区域叫作导电沟道，它是漏极和源极之间的电流通道。

如果用P型半导体做衬底，变掺杂做两个N区，多子扩散形成两个NP结，则可构成P沟道结型场效应管，其符号如图8-10所示。N沟道和P沟道结型场效应管符号上的区别在于栅极的箭头指向不同，但都是由P区指向N区。

(a) 结构示意图　(b) 电路符号

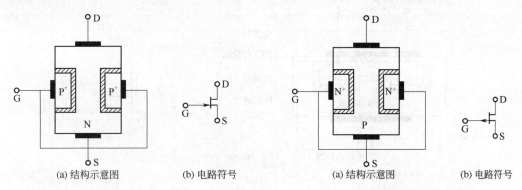

图8-9　N沟道结型场效应管的结构示意图和电路符号

(a) 结构示意图　(b) 电路符号

图8-10　P沟道结型场效应管的结构示意图和电路符号

（二）绝缘栅场效应管（MOS管）的结构与符号

绝缘栅场效应管的栅极与源极、栅极与漏极之间均采用二氧化硅为绝缘层，称为金属-氧化硅半导体场效应管，简称MOSFET管。

绝缘栅场效应管也有两种结构形式，它们是N沟道型和P沟道型。无论是什么沟道，它们又分为增强型和耗尽型两种。

1. N沟道增强型MOS管结构与符号

用一块掺杂浓度较低的P型硅片作为衬底，在其上面生成一层薄薄的SiO_2绝缘层，利用扩散的方法在P型硅中制成两个高掺杂的N^+区，自然形成两个PN结。分别从两个N^+区及绝缘层上引出3个电极，形成栅极（G）、漏极（D）、源极（S），如图8-11所示。衬底引线用B表示。可以看到，栅极与其他电极之间是绝缘的（金属-氧化物-半导体构成）。工作时漏极、源极之间形成导电沟道，称为N沟道。

(a) 结构示意图　(b) 电路符号

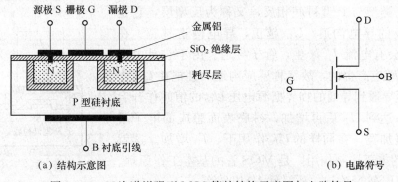

图8-11　N沟道增强型MOS管的结构示意图与电路符号

2. N 沟道耗尽型 MOS 管结构与符号

在一块掺杂浓度较低的 P 型硅衬底上，在其上面生成一层薄薄的 SiO_2 绝缘层，与增强型所不同的是，在 SiO_2 绝缘层中掺有大量的正离子，不需要外电场作用，这些正离子所产生的电场也能在 P 型硅衬底与绝缘层的交界面上感应出大量或足够多的电子，形成"反型层"→N 型的导电沟道，如图 8-12 所示。

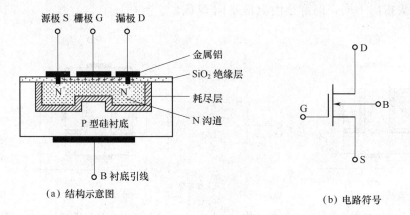

图 8-12　N 沟道耗尽型 MOS 管的结构图示意与电路符号

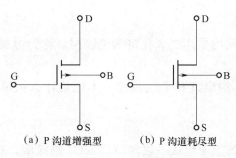

图 8-13　P 沟道 MOS 管的电路符号

P 沟道增强型 MOS 管和 P 沟道耗尽型 MOS 管的电路符号如图 8-13 所示。

二、MOS 管的工作原理

由于目前绝缘栅场效应管用得较多，在此主要介绍绝缘栅场效应管。

（一）N 沟道增强型 MOS 管工作原理

当 $U_{GS}=0$ 时，N^+ 型漏区和 P 型衬底之间的 PN 结反偏，故漏极电流 $I_D≈0$。

若栅极间加上一个正向电压 U_{GS}，如图 8-14 所示。在 U_{GS} 作用下，产生垂直于衬底表面并指向衬底的电场，P 型衬底电子受电场吸引到达表层填补空穴，而使硅表面附近产生由负离子形成的耗尽层。若增大 U_{GS} 时，则感应更多的电子到表层来，当 U_{GS} 增大到一定值，除填补空穴外还有剩余的电子形成一层 N 型薄层，因为它的导电类型与 P 型衬底相反，又称为反型层，它是漏极区和源极的导电沟道。U_{GS} 越正，导电沟道越宽。在 U_{DS} 作用下就会有电流 I_D 产生，管子导通。由于它是由栅极正电压 U_{GS} 感应产生的，故又称感应沟道，且把在 U_{DS} 作用下管子由不导通到导通的临界栅源电压 U_{GS} 的值叫作开启电压 U_T。U_{GS} 达到 U_T 后再增加，衬底表面感应的电子增多，导电沟道加宽，在同样的 U_{DS} 作用下，I_D 增加。这就是 U_{GS} 对 I_D 的电压控制作用，是 MOS 管的基本工作原理。由于上述反型层是 N 沟道，故又称 NMOS 管。

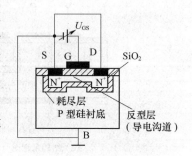

图 8-14　形成导电沟道

若在 $U_{GS}>U_T$ 的某个值上时，在漏极和源极之间加上

正电压 U_{DS} 时，将有 I_D 形成，在 U_{DS} 较小时，沟道电阻一定，I_D 随 U_{DS} 线性增长；当 U_{DS} 较大时，靠近漏端耗尽层变宽，沟道变窄，出现楔形，电阻增大，I_D 增长变缓；当 U_{DS} 继续增大到 $U_{DS}=U_{GS}-U_T$，即 $U_{GD}=U_{GS}-U_{DS}=U_T$ 时，沟道在漏端出现预夹断；若 U_{DS} 继续增大，沟道的夹断区逐渐延长，增长部分的 U_{DS} 都降在夹断区上，I_D 趋于饱和，不再随 U_{DS} 增长，如图 8-15 所示。

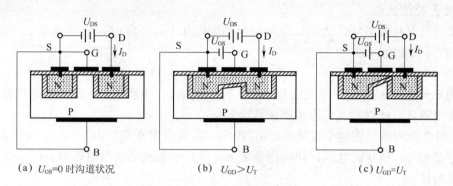

(a) $U_{GS}=0$ 时沟道状况　　(b) $U_{GD}>U_T$　　(c) $U_{GD}=U_T$

图 8-15　U_{DS} 对导电沟道的影响

（二）N 沟道耗尽型 MOS 管工作原理

当 $U_{GS}=0$ 时，由于耗尽型 MOS 管自身能形成导电沟道，只要有 U_{DS} 存在，就有 I_D 产生。如果再加上正的 U_{GS}，则吸引到反型层中的电子增加，沟道加宽，I_D 加大。反之，U_{GS} 为负值时，此电场削弱原来绝缘层中正离子的电场，使吸引到反型层中的电子数目减小，沟道变窄，I_D 减小。若 U_{GS} 负到某一值时，沟道中的电荷将耗尽，则反型层消失，管子截止，这时 U_{GS} 的值称为夹断电压 $U_{GS(off)}$ 或 U_P。

（三）P 沟道 MOS 管

P 型沟道场效应管工作时，电源极性与 N 型沟道场效应管相反。工作原理也与 N 型管类似。

三、MOS 管的特性曲线

（一）N 沟道增强型 MOS 管的特性曲线

图 8-16 所示为 N 沟道增强型 MOS 管的转移特性曲线和输出特性曲线。转移特性反映了栅源电压 U_{GS} 对漏极电流 I_D 的控制能力，故又称为控制特性。

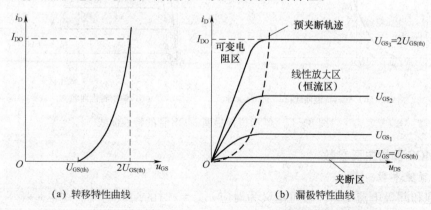

(a) 转移特性曲线　　(b) 漏极特性曲线

图 8-16　N 沟道增强型 MOS 管的转移特性曲线和漏极特性曲线

1. 转移特性曲线

转移特性曲线又称输入特性曲线，它反映漏源电压 U_{DS} 一定时，漏极电流 I_D 与栅源电压 U_{GS} 之间的关系。即

$$I_D = f(U_{GS}) \mid_{U_{DS}=常数} \qquad (8-10)$$

由图 8-16 (a) 可知，当 $U_{GS}=0$ 时，$I_D=0$；当 $U_{GS}>U_{GS(th)}$ 时，$I_D>0$。

2. 输出特性曲线

输出特性又称漏极特性曲线，它是指当栅源电压 U_{GS} 一定时，漏极电流 I_D 与漏极电压 U_{DS} 之间的关系曲线。即

$$I_D = f(U_{DS}) \mid_{U_{GS}=常数} \qquad (8-11)$$

如图 8-16 (b) 所示，不同的 U_{GS} 对应不同的曲线。由图可知，场效应管工作情况可分为可变电阻区、线性放大区和夹断区 3 个区域。

(1) 可变电阻区。在这个区域中，u_{DS} 较小，沟道尚未夹断，$u_{DS}<u_{GS}-|U_{GS(th)}|$，管子相当于是受 u_{GS} 控制的电阻，即可用改变 u_{GS} 的大小来改变输出电阻值，所以这个区域称为可变电阻区。

(2) 线性放大区（恒流区）。在这个区域中，沟道预夹断，$u_{DS}>u_{GS}-|U_{GS(th)}|$，$i_D$ 几乎与 u_{DS} 无关，i_D 只受 u_{GS} 的控制，场效应管的输出电阻很高，这个区域称为线性放大区。需要场效应管起放大作用时，一般都工作在这个区域。

(3) 夹断区（截止区）。在这个区域中（对应图中靠近横轴部分），$u_{GS}<U_{GS(th)}$，沟道完全夹断，$i_D=0$，所以这个区域称为夹断区。

转移特性曲线与漏极特性曲线有严格的对应关系，可通过漏极特性曲线绘出。

(二) N 沟道耗尽型 MOS 管的特性曲线

N 沟道耗尽型 MOS 管的特性曲线如图 8-17 所示。耗尽型 MOS 管工作时，其栅源电压 U_{GS} 可以为 0，也可以取正值或负值，在应用中有较大的灵活性。U_{DS} 为一定值，$U_{GS}=0$ 时，对应的漏极电流称为饱和漏极电流 I_{DSS}。

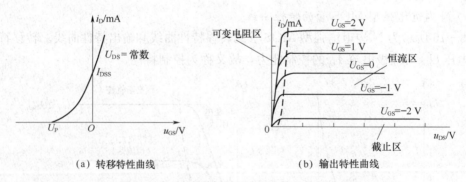

(a) 转移特性曲线　　　　(b) 输出特性曲线

图 8-17　N 沟道耗尽型 MOS 管的特性曲线

四、MOS 管的主要参数

(一) 直流参数

(1) 饱和漏极电流 I_{DSS}。它可定义为对应 $u_{GS}=0$ 时的漏极电流。这也是耗尽型场效应管的参数。

(2) 夹断电压 $U_{GS(off)}$ 或 U_P。它可定义为：在 U_{DS} 为某一固定数值的条件下，使 I_D 近似等于零时所对应的 U_{GS} 值。这是耗尽型场效应管的重要参数。

(3) 开启电压 U_T。它可定义为：在 U_{DS} 为定值的条件下，产生 I_D 所需要的最小 $|U_{GS}|$ 值。这是增强型绝缘栅场效应管的参数。

(4) 直流输入电阻 R_{GS}。R_{GS} 等于栅-源电压与栅极电流之比，一般认为其阻值为无穷大。

(二) 交流参数

低频跨导 g_m。是指当 U_{DS} 为某一固定值时，栅极输入电压每变化 1 V 引起漏极电流 I_D 的变化量。它是衡量场效应管放大能力的重要参数（相当于三极管的 β 值）。g_m 单位为西门子 (S)。在转移特性曲线上，g_m 是曲线在某点的切线斜率。g_m 的表达式为

$$g_m = \frac{\Delta I_D}{\Delta U_{GS}}\bigg|_{U_{DS}=常数}$$

它是描述栅、源电压对漏极电流控制能力的强弱。

(三) 极限参数

(1) 漏极最大允许耗散功率 $P_{DM} - P_D = I_D U_{DS}$

(2) 漏源击穿电压 $U_{(BR)DS}$——漏极特性曲线上，I_D 急剧增大，导致产生雪崩击穿时的 U_{DS}。

(3) 栅源击穿电压 $U_{(BR)GS}$——分两种情况。

① 是结型场效应管工作时，栅源间加的是反向偏压，U_{GS} 过高，PN 结被击穿。

② 是 MOS 管的栅极与沟道间有一层很薄的 SiO_2 绝缘层，当 U_{GS} 过高时，可将 SiO_2 绝缘层击穿，使栅极与衬底发生短路。这种击穿属于破坏性击穿。

(四) 场效应管和三极管比较

(1) 场效应管是一种压控器件，由栅源电压 U_{GS} 来控制漏极电流 I_D；而晶体三极管是电流控制器件，通过基极电流 I_B 控制集电极电流 I_C。

(2) 场效应管参与导电的载流子只有多子，称为单极性器件；而晶体三极管除了多子参与导电外，少子也参与导电，称为双极性器件。因此，场效应管受温度、辐射等激发因素的影响小，噪声系数低；而晶体三极管容易受温度、辐射等外界因素影响，噪声系数也大。

(3) 场效应管直流输入电阻和交流输入电阻都非常高，可达数百兆欧以上；三极管的发射结始终处于正向偏置，总是存在输入电流，因此基极 b 与发射极 e 间的输入电阻较小，一般只有几百欧至几十千欧。

(4) 场效应管的跨导较小，当组成放大电路时，在相同的负载电阻下，电压放大倍数比晶体三极管低。

(5) 场效应管的结构对称，漏极和源极可以互换使用，而各项指标基本上不受影响。如果制造时场效应管的衬底与源极相连，其漏极与源极是不可以互换使用的。但晶体三极管的集电极与发射极是不能互换使用的。

(6) 场效应管的制造工艺简单，有利于大规模集成。特别是 MOS 电路，每个 MOS 场效应管的硅片上所占的面积只有晶体三极管的 5%，因此集成度更高。此外，场效应管还有制造成本低、功耗小等优点。

(五) 场效应管的检测及使用注意事项

1. 检测

由于绝缘栅型（MOS）场效应管输入电阻很高，不宜用万用表测量，必须用测试仪测量，而且测试仪必须良好接地，测试结束后应先短接各电极放电，以防外来感应电势将栅极击穿。

2. 使用注意事项

（1）在MOS管中，有的产品将衬底引出，这种管子有4个引脚，应注意衬底的使用。
（2）存放时应将各电极引线短接。
（3）焊接时，电烙铁必须有外接地线，以屏蔽交流电场，防止损坏管子。
（4）结型场效应管栅极与源极之间的PN结不能加正向电压，否则会烧坏管子。
（5）在使用场效应管时，要注意漏-源电压、漏极电流及耗散功率等，不要超过规定的最大允许值。

知识点8.3　三极管共射放大电路

了解放大的概念及电路主要性能指标；掌握三极管共射放大电路的基本组成原则及工作原理，掌握静态工作点的概念。

一、放大的概念及放大电路主要性能指标

（一）放大电路的基本介绍

1. 定义

放大就是将输入的微弱信号（简称信号，指变化的电压、电流等）放大到所需要的幅度值且与原输入信号变化规律一致的信号，即进行不失真的放大。放大电路是指能够放大微弱信号的模拟电路。

2. 本质

能量的转换和控制过程，将直流电源的能量转化为交流信号的能量。

3. 组成原则

放大电路的组成原则包括以下3个方面。
（1）必须有直流电源，并保证晶体管处于放大状态。
（2）必须设置合理的信号通道，保证信号由输入端经过放大后传送到输出端。
（3）必须合理设置静态工作点，保证信号不失真放大，并满足性能指标要求。

4. 分类

按被放大信号的强弱不同分为电压放大电路和功率放大电路。

按使用的器件不同分为电子管放大电路、晶体管放大电路、场效应管放大电路及集成运算放大电路等。

（二）放大电路连接模型（见图8-18）

（三）放大电路的主要性能指标

1. 放大倍数

放大倍数是衡量放大电路放大信号能力的重要指标，通常用"A"表示。定义为放大电路输出量与

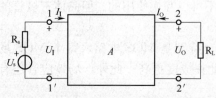

图8-18　放大电路的连接框图

输入量之比,常用3种形式表示,具体如下。

电压放大倍数

$$A_U = \frac{U_O}{U_I} \tag{8-12}$$

电流放大倍数

$$A_I = \frac{I_O}{I_I} \tag{8-13}$$

功率放大倍数

$$A_P = \frac{P_O}{P_I} \tag{8-14}$$

工程上常用增益来衡量放大能力,单位是分贝(dB)。

电压增益

$$A_U = 20\lg \frac{U_O}{U_I} \text{ (dB)} \tag{8-15}$$

电流增益

$$A_I = 20\lg \frac{I_O}{I_I} \text{ (dB)} \tag{8-16}$$

功率增益

$$A_P = 20\lg \frac{P_O}{P_I} \text{ (dB)} \tag{8-17}$$

2. 输入电阻

输入电阻反映了放大电路的从信号源中吸取信号的能力,常用 r_I 表示。定义为从放大电路输入端看进去的等效电阻,如图8-19所示。

3. 输出电阻

输出电阻反映了放大电路的携带负载的能力,常用 r_O 表示。定义为从放大电路输出端看进去的等效电阻。如图8-19所示。

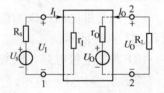

图8-19 输入电阻和输出电阻

由图8-19可知:对于信号源 u_s 来说,r_I 是 u_s 的负载,当负载开路,信号源短路时:

$$r_I = \frac{U_I}{I_I} \tag{8-18}$$

对于负载 R_L 来说,放大电路是其信号源,r_O 则是放大电路的内阻。

4. 失真

失真是指经放大电路后输出信号波形较输入信号波形相比,其形状发生变化。失真要求是越小越好。根据产生原理的不同可分为非线性失真和频率失真。

5. 通频带

放大电路有电容元件,三极管极间也存在寄生电容,有的放大电路还有电感元件。它们的电抗值对不同频率的信号有不同的阻抗,所以放大电路对不同频率的输入信号有着不同的放大能力。当频率过高或过低时放大倍数都将下降。把放大倍数下降到中频放大倍数的 0.707 倍时两个所限定的频率范围称为放大电路的通频带，用符号 f_{BW} 表示，如图 8-20 所示。通频带反映了放大电路对输入信号频率变化的适应能力。

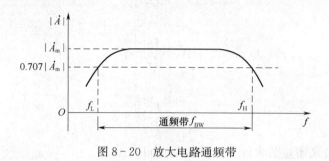

图 8-20　放大电路通频带

6. 最大不失真输出电压

定义为输出波形不失真时，可提供给负载的最大输出电压。一般用 U_{Om} 表示。

7. 最大输出功率与效率

在输出信号不失真的情况下，负载上能够获得的最大功率称为最大输出功率 P_{Om}，效率等于最大输出功率 P_{Om} 与直流电源消耗的功率 P_V 之比。

（四）放大器的 3 种基本形式

根据输入和输出回路公共端的不同，放大器有共发射极放大器、共基极放大器和共集电极放大器 3 种基本形式。

（1）共发射极电路：以发射极作为输入回路和输出回路的公共端，构成不同的放大电路。如图 8-21（a）所示。

（2）共基极电路：以基极作为输入回路和输出回路的公共端，构成不同的放大电路。如图 8-21（c）所示。

（3）共集电极电路：以集电极作为输入回路和输出回路的公共端，构成不同的放大电路。如图 8-21（b）所示。

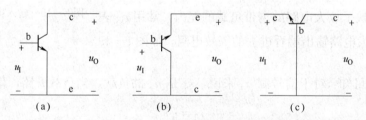

图 8-21　放大器的三种基本形式

二、单管共发射极电压放大器的工作原理

（一）单管共发射极放大电路的组成

图 8-22 所示为典型的共发射极放大电路。

（二）放大电路中各元件的名称及作用

（1）三极管 VT：为放大器中的核心元件，起电流放大作用。工作在放大状态，要求发射结正向偏置，集电结反向偏置。这一点由 V_{CC} 的极性和适当的元件参数来保证。

项目 8 简易扩音器的制作与调试

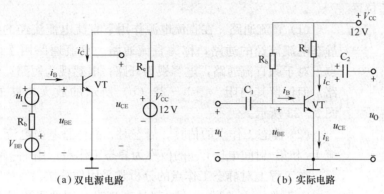

(a) 双电源电路　　　　　　(b) 实际电路

图 8-22　单管共发射极放大电路

(2) R_b 称为基极偏置电阻,它的作用一是给发射结提供正偏电压;二是调节基极电流 I_B 的大小,为基极提供合适的偏置电流。R_b 的阻值为几十千欧姆到几百千欧姆。

(3) R_c 称为集电极负载电阻,它的作用一是给集电结提供反偏电压;二是把放大的集电极电流转换成电压,即将 I_c 的变化转化为电压的变化提供给负载。

(4) C_1、C_2 分别称为输入、输出耦合电容,它们的作用是"隔直流,通交流",即保证输入、输出信号(交流)顺利地传递,又能使本级静态工作点(直流)独立。C_1、C_2 常选容量较大的电解电容器,一般为几微法至几十微法。

(5) u_I 是输入端需要被放大的交流信号。

(6) 基极电源 V_{BB} 使晶体管发射结电压 U_{BE} 大于开启电压 U_{ON},并与基极电阻 R_b 共同决定基极电流 I_B。

(7) 直流电源 V_{CC},其作用是给三极管的发射结提供正偏电压,给集电结提供反偏电压,以保证三极管工作在放大状态。

信号放大的过程:VT 工作在放大区情况下,假设在输入端加上一个微小的输入电压变化量 Δu_I,则:$\Delta u_I \rightarrow \Delta u_{BE} \rightarrow \Delta i_B \rightarrow \Delta i_C \rightarrow \Delta u_{CE}$。

(三) 放大电路中电压、电流的方向及符号的规定

1. 电压、电流正方向的规定

规定输入、输出回路的公共端为电压参考极性的负极,其他各点电压对地为正极;电流的参考方向选用三极管各极电流的实际方向为正方向。

2. 电压、电流符号的规定

(1) 直流分量:用 I_B、I_C、U_{BE}、U_{CE} 表示。

(2) 交流分量的瞬时值:用 i_b、i_c、u_{be}、u_{ce} 表示。

(3) 交流分量的有效值:用 I_b、I_c、U_{be}、U_{ce} 表示。

(4) 总量变化(即交直流的叠加):用 i_B、i_C、u_{BE}、u_{CE} 表示。

(四) 放大电路的工作原理分析

放大电路的分析就是要从静态和动态两个方面来进行分析。

1. 静态分析

静态是指放大电路没有交流输入信号($u_I=0$)时的直流工作状态。静态分析的目的,是要确定放大电路的静态工作点值(即 Q 点值):I_B、I_C、U_{CE},看三极管是否处在其伏安

特性曲线的合适位置。

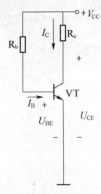

图 8-23 直流通路

(1) 直流通路。在直流电源作用下直流电流流经的通路，也就是静态电流流经的通路，称为直流通路。直流通路用于研究静态工作点。对于画直流通路，电容视为开路；电感视为短路；信号源视为短路，但保留其内阻。图 8-22（b）所示的放大电路的直流通路如图 8-23 所示。

(2) 静态工作点的估算。静态时，晶体管基极电流 I_B、集电极电流 I_C 和集-射间电压 U_{CE} 的值称为静态工作点，用 I_{BQ}、I_{CQ} 和 U_{CEQ} 表示。在工程上对静态工作点的分析常采用估算法。

由于 I_B、I_C、U_{BE}、U_{CE} 都是直流量，因此可以从放大器的直流通路求得。根据图 8-23 所示直流通路，可求得晶体管的静态值 I_{BQ} 为

$$I_{BQ}=\frac{V_{CC}-U_{BE}}{R_b} \qquad (8-19)$$

晶体管工作于放大状态时，发射结正偏，这时 U_{BE} 基本不变，对于硅管约为 0.7 V，锗管约为 0.3 V。由于 U_{BE} 一般比 V_{CC} 小得多，上式可以写成

$$I_{BQ}\approx\frac{V_{CC}}{R_b} \qquad (8-20)$$

三极管具有电流放大能力，因此有

$$I_{CQ}=\beta I_{BQ} \qquad (8-21)$$

$$U_{CEQ}=V_{CC}-I_{CQ}R_C \qquad (8-22)$$

【例 8-1】 已知在图 8-22（b）中，电源电压 $V_{CC}=12$ V，集电极电阻 $R_c=3$ kΩ，基极电阻 $R_b=300$ kΩ，三极管为 3DG6，$\beta=50$。求：
(1) 放大器的静态工作点；
(2) 若偏置电阻 $R_b=30$ kΩ，放大器的静态工作点。此时三极管工作在什么状态？

解：(1)

根据
$$I_B=\frac{V_{CC}-U_{BE}}{R_b}=\frac{12-0.7}{300}\approx\frac{12}{300}=0.04 \text{ (mA)}$$

$$I_C=\beta I_B=50\times 0.04=2 \text{ (mA)}$$

$$U_{CE}=V_{CC}-I_C R_c=12-2\times 10^{-3}\times 3\times 10^3=6 \text{ (V)}$$

(2) 当 $R_b=30$ kΩ 时

$$I_B=\frac{V_{CC}-U_{BE}}{R_b}=\frac{12-0.7}{30}\approx\frac{12}{30}=0.4 \text{ (mA)}$$

$$I_C=\beta I_B=50\times 0.4=20 \text{ (mA)}$$

$$U_{CE}=V_{CC}-I_C R_c=12-20\times 10^{-3}\times 3\times 10^3=-48 \text{ (V)}$$

由此可见，共射放大电路的静态工作点是由基极偏置电阻 R_b 决定的。因此，通过调节基极偏置电阻 R_b 可以使放大电路获得一个合适的静态工作点。

2. 动态分析

放大电路在有输入信号时（$u_I \neq 0$）的工作状态称为动态。动态分析的目的，是要确定放大器对信号的电压放大倍数 A_U，分析放大器的输入电阻 R_I 和输出电阻 R_O 等。

(1) 交流通路。输入信号作用下交流信号流经的通路称为交流通路。用于研究动态参数。对于画交流通路，耦合电容视为短路；直流电源忽略其内阻视为短路，如图 8-24 所示。

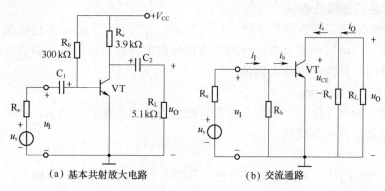

(a) 基本共射放大电路　　　(b) 交流通路

图 8-24　共射基本放大电路的交流通路

(2) 放大电路中的电压电流波形。放大电路在直流电压 V_{CC} 和输入交流电压信号 u_I 的作用下，电路中的电流和电压既有直流又有交流，是随交流信号变化的脉动直流，其波形如图 8-25 所示。

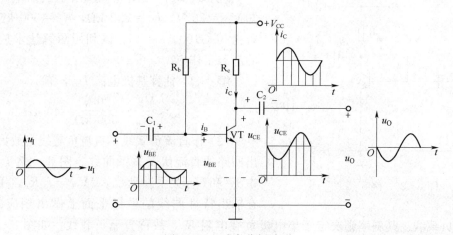

图 8-25　动态分析波形

总之，共射电路中，直流电源 V_{CC} 提供电路所需的能源，并使三极管工作于放大区，输入信号 u_I 经过耦合电容 C_1 加在三极管的基极和发射极之间，通过三极管的电流放大作用放大后，经耦合电容 C_2 由集电极输出给负载，这就是共射放大电路的基本工作原理。

在分析放大电路时，应遵循"先静态，后动态"的原则，求解静态工作点时应利用直流通路，求解动态参数时应利用交流通路，两种通路不可混淆。分析方法可以有图解法，也可以利用微变等效电路法，在下面的学习中将逐一介绍。

知识点 8.4　放大电路的分析方法

掌握图解分析法的步骤；理解静态工作点对放大电路动态性能的影响及稳定静态工作点的方法；掌握晶体三极管放大电路微变等效模型；掌握微变等效法分析放大电路性能的基本步骤和方法。

一、放大电路的图解分析法

利用三极管的输入、输出特性曲线，通过作图的方法对放大电路的性能指标进行分析的方法称为图解法。图解法可以直观地看到交流信号放大传输的过程，正确选择静态工作点和确定动态工作范围，估算电压放大倍数。

（一）图解法的静态分析

目的就是确定静态工作点，求出三极管各极的直流电压和直流电流，分析对象是直流通路，分析的关键是作直流负载线。

步骤

（1）在输入特性曲线上画出直流通路输入回路方程确定的直线，即输入回路负载线，二者的交点即为 Q，读出 I_{BQ}、U_{BEQ}；也可用估算法先计算出 I_{BQ}。

（2）列出输出回路电压方程，做出输出直流负载线。

（3）输出回路负载线与 I_{BQ} 那支曲线的交点即为静态工作点在输出特性曲线上的位置，读出 I_{CQ}、U_{CEQ}。

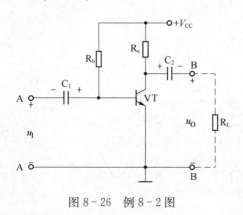

图 8-26　例 8-2 图

【**例 8-2**】　在图 8-26 所示共射电路中，已知 $V_{CC}=20$ V，$R_c=6.2$ kΩ，$R_b=500$ kΩ，三极管为 3DG100，$\beta=45$。试利用图解法求放大电路的静态工作点。

解：（1）估算基极电流 I_{BQ}，有

$$I_{BQ} \approx \frac{V_{CC}}{R_b} = \frac{20 \text{ V}}{500 \text{ k}\Omega} = 40 \text{ }\mu\text{A}$$

（2）作直流负载线。直流负载线是放大电路输出回路的直流伏安关系曲线。图 8-27（a）所示中 I_C 和 U_{CE} 关系满足 $U_{CE}=V_{CC}-I_C R_c$，用截距法在输出特性曲线的坐标平面上做出相应的直线，就是直流负载线。其斜率则决定于集电极负载电阻 R_c，故称直流负载线。如图 8-27（b）所示。

（3）求静态工作点。已求得基极电流 $I_{BQ}=40$ μA，这条输出特性曲线与直流负载线的交点 Q，即静态工作点，如图 8-27（b）所示。Q 点对应的值就是 U_{CEQ} 和 I_{CQ}。由图可见，$U_{CEQ}=8.8$ V，$I_{CQ}=1.8$ mA。

（二）动态过程的图解分析

图解分析动态的主要目的是观察放大电路的工作情况，分析放大电路输入和输出电压、电流的波形。动态分析的对象是交流通路，分析的关键是作交流负载线。

图解法分析其放大倍数，如图 8-28 所示。

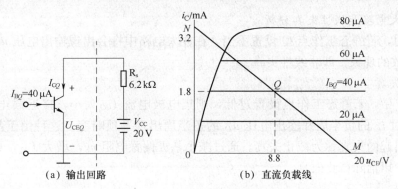

图8-27 输出回路与直流负载线

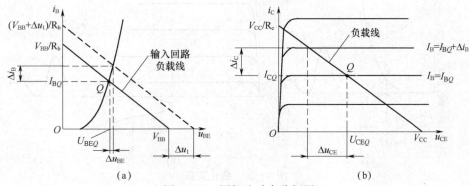

图8-28 图解法动态分析图

$$\Delta u_1 \rightarrow \Delta i_B \rightarrow \Delta i_C \rightarrow \Delta u_{CE}(\Delta u_O) \rightarrow A_U = \Delta u_O / \Delta u_1$$

在例8-2所示电路中,假设输入电压$u_1=0.02\sin\omega t$(V),根据图解法进行动态分析,可得到其动态分析图如图8-29所示。

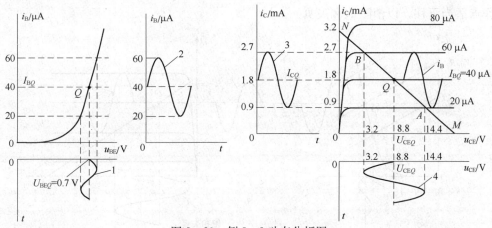

图8-29 例8-2动态分析图

通过上面的分析可以总结一下,放大电路的图解分析法其步骤为:估算基极电流I_{BQ},作直流负载线,根据得出的I_{BQ}值,找到对应于$i_B=I_{BQ}$的输出曲线与直流负载线的交点Q(U_{CEQ}, I_{CQ}),从而确定I_{CQ}和U_{CEQ}值,求得静态工作点。

（三）放大电路非线性失真分析

实践表明，若静态工作点 Q 设置不当，在放大电路中将会出现输出电压 u_O 和输入电压 u_I 波形不一致的现象，即非线性失真。

1. 截止失真

图 8-30 中，若静态工作点设置过低，则集电极电流 I_{CQ} 太小，接近截止区。由图 8-30 可见，此时 i_C 的负半周和输出电压 u_O 的正半周出现平顶畸变。这种由于晶体管进入截止区工作而引起的失真称为截止失真。通过减小基极偏置电阻 r_b，增大 I_{BQ}，可将静态工作点适当上移，以消除截止失真。

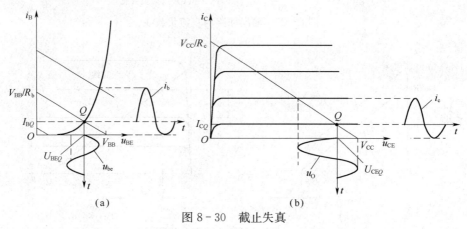

图 8-30 截止失真

2. 饱和失真

图 8-31 中，若静态工作点设置过高，则集电极电流 I_{CQ} 过大，接近饱和区。当 i_b 按正弦规律变化时，造成 i_C 的正半周和输出电压 u_O 的负半周出现平顶畸变。这种由于晶体管进入饱和区工作而引起的失真称为饱和失真。通过增大基极偏置电阻 R_b，减小 I_{BQ}，可将静态工作点适当下移，以消除饱和失真。

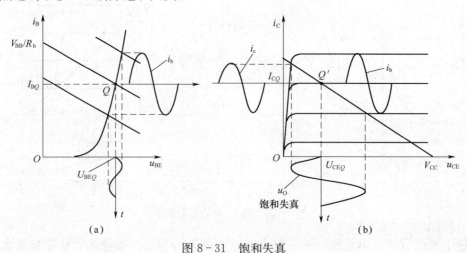

图 8-31 饱和失真

根据以上分析，可得出以下结论。

（1）在交流输入的情况下，晶体管各极间电压和电流都是直流分量和交流分量的叠加。

(2) 共射放大电路的输出电压 u_O 和输入电压 u_I 相位相反,即电路具有倒相作用。

(3) 共射放大电路的输出电压 u_O 比输入电压 u_I 大得多,表明电路具有电压放大能力。

(4) 静态工作点设置不合适时,将出现非线性失真。

如果放大电路是用 PNP 三极管组成的共发射极放大电路,其失真波形正好与 NPN 型的相反。截止失真时,u_{CE} 是底部失真;饱和失真时,u_{CE} 是顶部失真。

为了减小或避免非线性失真,必须合理选择静态工作点位置,一般选在交流负载线的中点附近,同时限制输入信号的幅度。

(四) 图解法的适用范围

图解法的优点是能直观形象地反映三极管工作情况,但必须实测所用管子的特性曲线,且用它进行定量分析时误差较大,此外仅能反映信号频率较低时的电压、电流关系。因此,图解法一般适用于输出幅值较大而频率不高时的电路分析。在实际应用中,多用于分析 Q 点位置、最大不失真输出电压、失真情况及低频功放电路等。

二、放大电路的微变等效电路分析

放大电路的微变等效电路,就是把非线性元件(晶体管)等效为一个线性电路,即对晶体管进行线性化。这样,就可以像处理线性电路一样处理晶体管放大电路。非线性元件线性化的条件是晶体管只有在小信号情况下工作,才能在静态工作点附近的小范围内用直线近似代替晶体管的特性曲线。因此,微变等效电路法仅适用于输入信号是低频小信号的情况。

(一) 三极管的微变等效模型

在低频小信号条件下,工作在放大状态的三极管在放大区的特性可近似看成线性,此时,三极管可用一线性电路来等效,称为微变等效模型。

1. 三极管输入回路的等效电路

在小信号工作时:因输入信号 u_I 很小,故 Δu_{BE} 只是输入特性曲线中很小的一段,如图 8-32 所示,则 Δi_B 与 Δu_{BE} 可近似看作线性关系,用一等效电阻 r_{be} 来表示,即 $r_{be} = \dfrac{\Delta u_{BE}}{\Delta i_B}\bigg|_{u_{BE}=常数}$。

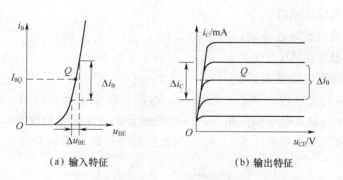

图 8-32 晶体三极管的特性曲线

r_{be} 的一般计算公式为

$$r_{be} \approx 300 + (1+\beta) \frac{26\ (\mathrm{mV})}{I_E\ (\mathrm{mA})} \tag{8-23}$$

r_{be} 是动态电阻,只能用于计算交流量,且仅适用于 $0.1\ \mathrm{mA} < i_C < 5\ \mathrm{mA}$,否则将产生

较大误差。

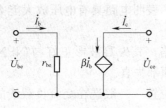

图 8-33 三极管简化微变等效电路

2. 三极管输出回路的等效电路

由三极管的输出特性曲线可知，在放大区，当 u_{CE} 变化时，电流 i_C 几乎不变，只有基极电流 i_B 变化，i_C 才变化，并且满足 $i_C = \beta i_B$，反映了三极管的电流控制作用，故可等效为受控电流源。由此得出图 8-33 所示三极管简化微变等效电路。

受控电流源 βi_B 也可用 $g_m U_{be}$ 表示。g_m 表示基极电压对集电极电流的控制能力，单位为毫西门子（mS）。g_m 越大，管子的放大能力越强。

（二）三极管放大电路的微变等效电路分析

1. 适用范围

三极管的微变等效电路分析法只适用于放大电路的动态分析，不适用于静态分析。微变等效电路只适用于放大电路是低频小信号的电路中。

2. 分析步骤

（1）画出直流通路，进行静态分析，求静态工作点 Q。

（2）画出交流通路，将其中的三极管用微变等效模型代替，得到微变等效电路，如图 8-34 所示。

（3）求解微变等效电路中各动态性能指标。

3. 共射放大电路动态性能指标分析

（1）电压放大倍数 A_U。由图 8-34 可知

$$U_I = I_b r_{be}$$
$$U_O = -I_C (R_C /\!/ R_L)$$

因此，共射放大电路的电压放大倍数为

$$A_U = \frac{U_O}{U_I} = -\beta \frac{R_L'}{r_{be}} \qquad (8-24)$$

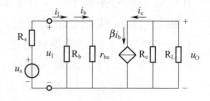

图 8-34 共射电路的微变等效电路

式中：A_U——电压放大倍数；

R_L'——交流负载等效电阻，$R_L' = R_c /\!/ R_L$；

r_{be}——三极管输入电阻；

β——三极管电流放大系数。

共射放大电路的电压放大倍数一般较大，通常为几十倍至几百倍。在式（8-24）中，负号表示输出电压与输入电压相位相反，这与图解分析的结果是一致的。

空载时，交流负载等效电阻 $R_L' = R_c$，因此空载电压放大倍数为

$$A_{U0} = -\beta \frac{R_c}{r_{be}} \qquad (8-25)$$

由于 $R_c /\!/ R_L < R_c$，因此 $A_U < A_{U0}$，即放大电路接负载 R_L 后，放大倍数下降。

（2）输入电阻 R_I。根据图 8-34 所示电路，共射放大电路的输入电阻为 R_b 与 r_{be} 的并联值，即 $R_I = R_b /\!/ r_{be}$ $\qquad (8-26)$

通常，R_b 为几百千欧，r_{be} 约为 1 千欧，$R_b \gg r_{be}$，所以

$$R_I \approx r_{be} \qquad (8-27)$$

放大器的输入电阻越大,从信号源索取的电流就越小,则信号源提供给放大器的输入电压就越接近信号源的电动势,尤其是当信号源的内阻较大时更要考虑放大器的输入电阻。共射放大电路的输入电阻 R_I 较小,一般为几百欧至几千欧。

(3) 输出电阻 R_O。如图 8-34 所示电路,共射放大电路的输出电阻为

$$R_O \approx R_c \tag{8-28}$$

由于 R_c 一般为几千欧至几十千欧,因此共射放大电路输出电阻 R_O 较大,电路的带负载能力也较差。

(4) 求 A_{Us}。

根据源电压放大倍数的定义,$A_{Us} = \dfrac{U_O}{U_s} = \dfrac{U_I}{U_s} \cdot \dfrac{U_O}{U_I} = \dfrac{R_I}{R_I + R_s} A_U$,当 $R_b \gg r_{be}$ 时,

$$A_{Us} = \dfrac{R_b // r_{be}}{R_s + R_b // r_{be}} A_U \approx \dfrac{-r_{be}}{R_s + r_{be}} \cdot \dfrac{\beta R_L'}{r_{be}} = -\dfrac{\beta R_L'}{R_s + r_{be}} \tag{8-29}$$

【例 8-3】 在图 8-26 所示共射放大电路中,已知 $R_L = 6\ \text{k}\Omega$,试求:(1) A_{U0}、A_U、R_I 和 R_O;(2) 若输入信号有效值 $U_I = 10\ \text{mV}$,则输出电压的幅值有多大?

解:(1) 由例 8-2 已求得该电路的静态工作点为

$$I_{BQ} = 40\ \mu\text{A};\ I_{CQ} = 1.8\ \text{mA};\ U_{CEQ} = 8.8\ \text{V}$$
$$I_E \approx I_{CQ} = 1.8\ \text{mA};$$

三极管的输入电阻 r_{be} 为

$$r_{be} = 300 + (1+\beta) \dfrac{26\ (\text{mV})}{I_E\ (\text{mA})} = 300 + (1+45) \times \dfrac{26\ (\text{mV})}{1.8\ (\text{mA})} \approx 1\ \text{k}\Omega$$

因此,空载电压放大倍数 A_{U0} 为

$$A_{U0} = -\dfrac{\beta R_c}{r_{be}} = -\dfrac{45 \times 6.2}{1} = -279$$

带负载 $R_L = 6\ \text{k}\Omega$ 时,电压放大倍数 A_U 为

$$A_U = \dfrac{U_O}{U_I} = -\beta \dfrac{R_L'}{r_{be}} = -45 \dfrac{6.2 // 6}{1} \approx -135$$

可见,带负载后的电压放大倍数减小。

输入电阻和输出电阻分别为

$$R_I \approx r_{be} = 1\ \text{k}\Omega$$
$$R_O \approx R_c = 6.2\ \text{k}\Omega$$

(2) 输出电压的幅值为

$$U_{Om} = \sqrt{2} U_O = \sqrt{2} A_U U_I = \sqrt{2} \times 135 \times 10\ \text{mV} \approx 1.91\ \text{V}$$

(三) 分压式基本工作点稳定电路

如前所述,静态工作点设置不合适时,将导致放大电路出现非线性失真。实际应用中,影响静态工作点的因素有很多,如电源电压的波动、电路参数的变化及温度波动等。实践表明,温度的波动是最主要的因素。为克服温度等不利因素的影响,通常采用图 8-35 所示分压式共射偏置电路以稳定静态工作点。

1. 稳定静态工作点原理

在这个电路中,R_{b1}、R_{b2} 分别称为上偏置电阻和下偏置电阻,R_e 是发射极电阻。R_{b1} 和

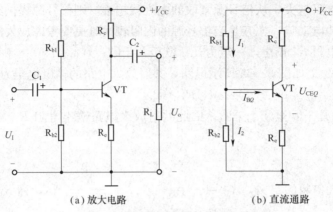

(a) 放大电路　　　　　　　(b) 直流通路

图 8-35　分压式共射偏置电路

R_{b2} 对电源电压分压，使基极有一定的电位。设流过偏置电阻 R_{b1} 和 R_{b2} 的电流分别为 I_1 和 I_2，据 KCL 定律，则 $I_1 = I_2 + I_{BQ}$。

一般 I_{BQ} 很小，I_1 远大于 I_{BQ}，所以可以认为 $I_1 = I_2$，则基极的电位为

$$V_B \approx \frac{R_{b2}}{R_{b1} + R_{b2}} V_{CC} \tag{8-30}$$

则

$$I_C \approx I_E = \frac{V_B - U_{BE}}{R_e} \approx \frac{V_B}{R_e} \tag{8-31}$$

可见，V_B 由 V_{CC} 经过电阻 R_{b1}、R_{b2} 分压决定，与三极管参数几乎无关，而电阻的阻值随温度的变化很小，所以基极的电位可以认为不随温度的变化而变化。

当发射极电流流过发射极电阻 R_e 时，在其上产生压降，则发射极的电位 $U_E = I_E R_E$。假设温度上升，导致三极管的集电极电流增大，则发射极电流也增大，这必将引起发射极电位的上升，因为 $V_B = U_{BE} + U_E$，所以 U_{BE} 将减小，U_{BE} 减小将使基极电流 I_B 降低，致使集电极电流降低。这样就实现了静态工作点的稳定。这个过程可以用下面的流程图来表示：

$$T(\text{℃}) \uparrow \rightarrow I_C \uparrow \rightarrow U_E \uparrow \rightarrow U_{BE} \downarrow \rightarrow I_B \downarrow \rightarrow I_C \downarrow$$

在分压偏置式放大电路中，I_1 和 V_B 比较大时，工作点的稳定性越好。但是 I_1 不能太大，否则电流在电阻 R_{b1} 和 R_{b2} 上的损耗太大；V_B 的值也不能太大，V_B 增大将导致 U_{CE} 的减少，使放大电路的动态范围变小，这也会影响放大电路的性能。综合考虑，一般选：$I_1 \approx (5 \sim 10) I_B$；$V_B \approx (5 \sim 10) U_{BE}$ 为宜。

2. 电压放大倍数估算

画出图 8-35 所示分压式共射偏置电路的交流通路和微变等效电路，如图 8-36 所示。

根据图 8-36，有

$$U_I = I_b r_{be} + I_e R_e = I_b [r_{be} + (1+\beta) R_e]$$
$$U_O = -\beta I_b (R_C // R_L) = -\beta I_b R_L'$$

因此

$$A_U = \frac{U_O}{U_I} = -\beta \frac{R_L'}{r_{be} + (1+\beta) R_e} \tag{8-32}$$

由式（8-32）可见，R_e 虽然起到稳定静态工作点的作用，但也使电压放大倍数下降。

项目 8 简易扩音器的制作与调试

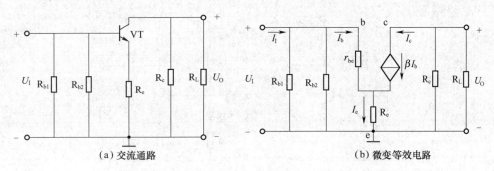

图 8-36 分压式共射偏置电路等效电路

为保持静态工作点稳定,又不影响放大倍数,可以用电容 C_E(约几十微法至几百微法)与 R_E 并联,如图 8-37 所示。电容 C_E 对直流可看成开路,不影响 R_E 对静态工作点的稳定作用;对交流则可看成短路,使 R_E 被短接,发射极接地,因而称为旁路电容。接旁路电容 C_E 后,电压放大倍数不受 R_E 影响,即

$$A_U = -\beta \frac{R'_L}{r_{be}} \tag{8-33}$$

输入电阻
$$r_I = R_{B1} // R_{B2} // r_{be} \tag{8-34}$$

输出电阻
$$r_O = R_c \tag{8-35}$$

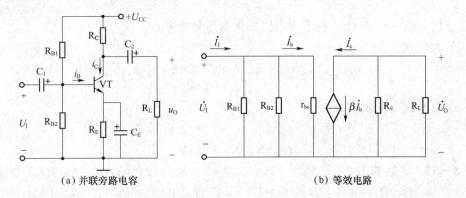

图 8-37 静态工作点稳定电路

这种电路既具有稳定工作点的能力,交流放大受到影响又不大,故成为共射放大电路的代表电路,又称为静态工作点稳定电路。

(四)其他稳定偏置电路

稳定静态工作点的方法除了可以采用上面提到的工作点稳定电路外,还可以采用其他稳定偏置电路,如图 8-38(a)所示是利用二极管的反向特性进行温度补偿,图 8-38(b)所示是利用二极管的正向特性进行温度补偿。

【例 8-4】 电路如图 8-37(a)所示,$R_{B1}=39\ k\Omega$,$R_{B2}=20\ k\Omega$,$R_C=2.5\ k\Omega$,$R_E=2\ k\Omega$,$R_L=5.1\ k\Omega$,$U_{CC}=12\ V$,三极管的 $\beta=40$,$r_{be}=0.9\ k\Omega$,试估算静态工作点;计算电压放大倍数 A_U、输入电阻 r_I 和输出电阻 r_O。

解: 静态工作点

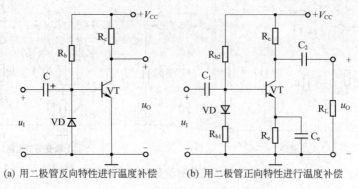

(a) 用二极管反向特性进行温度补偿　　(b) 用二极管正向特性进行温度补偿

图 8-38　稳定静态工作点电路

$$V_B = \frac{R_{B2}}{R_{B1}+R_{B2}} U_{CC} = \frac{20}{39+20} \times 12 = 4.1 \text{ (V)}$$

$$I_C \approx I_E = \frac{V_B - U_{BE}}{R_E} = \frac{4.1-0.7}{2 \times 10^3} = 1.7 \text{ (mA)}$$

$$I_B = \frac{I_C}{\beta} = \frac{1.7 \times 10^{-3}}{40} = 42.5 \text{ (μA)}$$

$$U_{CE} = U_{CC} - I_C R_C - I_E R_E$$
$$= 12 - 1.7 \times 10^{-3} \times 2.5 \times 10^3 - 1.7 \times 10^{-3} \times 2 \times 10^3 = 4.35 \text{ (V)}$$

动态分析，图 8-37（b）所示为电路的微变等效电路。

电压放大倍数

$$A_U = -\beta \frac{R_L'}{r_{be}} = -40 \times \frac{2.5 // 5.1}{0.9} = -74.6$$

输入电阻和输出电阻

$$r_I = R_{B1} // R_{B2} // r_{be} \approx r_{be} \approx 0.9 \text{ (kΩ)}$$

$$r_O = R_C = 2.5 \text{ (kΩ)}$$

【例 8-5】 电路如图 8-39 所示，$R_{B1}=39$ kΩ，$R_{B2}=13$ kΩ，$R_C=2.4$ kΩ，$R_{E1}=0.2$ kΩ，$R_{E2}=1.8$ kΩ，$R_L=5.1$ kΩ，$U_{CC}=12$ V，三极管的 $\beta=40$，$r_{be}=1.09$ kΩ，试画出该电路的微变等效电路，并计算电压放大倍数 A_U、输入电阻 r_I 和输出电阻 r_O。

解： 该放大电路的微变等效电路如图 8-39（b）所示。

电压放大倍数

$$A_U = \frac{\dot{U}_O}{\dot{U}_I} = \frac{-\beta \dot{I}_b \times R_L'}{\dot{I}_b \times r_{be} + (1+\beta) \dot{I}_b \times R_{E1}}$$

$$= -\beta \frac{R_L'}{r_{be}+(1+\beta)R_{E1}} = -40 \times \frac{2.4 // 5.1}{1.09+(1+40) \times 0.2} \approx -7$$

输入电阻和输出电阻

$$r_I = R_{B1} // R_{B2} // [r_{be}+(1+\beta)R_{E1}]$$
$$= 39 // 13 // [1.09+(1+40) \times 0.2] \approx 4.76 \text{ (kΩ)}$$

$$r_O = R_C = 2.4 \text{ (kΩ)}$$

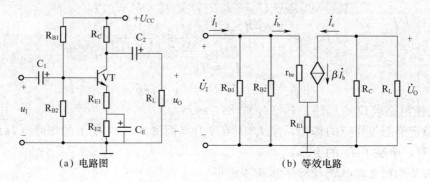

(a) 电路图　　　　　　　　　(b) 等效电路

图 8-39　例 8-5 图

知识点 8.5　晶体管单管放大电路的基本接法

了解 3 种组态放大电路的特点；掌握共集电极和共基极放大电路的组成结构及分析方法；了解放大器的频率特性。

一、基本共集电极放大电路

(一) 电路组成

共集电极电路原理图和交流通路如图 8-40 所示。从交流通路中可以看出，信号从基极输入，从发射极输出，集电极是输入、输出回路的公共端，故称为共集电极电路。由于被放大的信号从发射极输出，故又名"射极输出器"。

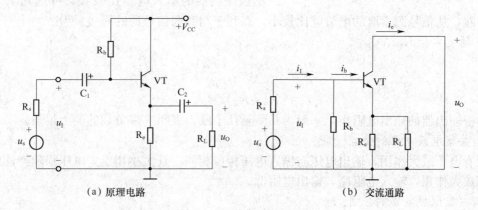

(a) 原理电路　　　　　　　　　(b) 交流通路

图 8-40　共集电极电路

(二) 工作原理及静态分析

1. 工作原理

电源 V_{CC} 给三极管 VT 的集电结提供反偏电压，又通过 R_b 给发射结提供正偏电压，使 VT 工作在放大区。u_I 通过输入耦合电容 C_1 加到 VT 的基极，u_O 通过输出耦合电容 C_2 送到负载 R_L 上。

2. 电路静态分析

由图 8-40 (a) 可列出输入回路 KVL 方程

$$V_{CC}=I_B R_b+U_{BE}+I_E R_e, \quad \text{又 } I_E=(1+\beta)I_B$$

则
$$I_B=\frac{V_{CC}-U_{BE}}{R_b+(1+\beta)R_e}\approx\frac{V_{CC}}{R_b+(1+\beta)R_e} \tag{8-36}$$

$$I_C=\beta I_B$$

$$U_{CE}=V_{CC}-I_E R_E\approx V_{CC}-I_C R_E \tag{8-37}$$

共集电极电路求 Q 点思路：I_B（I_E）→I_C→U_{CE}。

R_e 有稳定静态工作点的作用，当 I_C 因温度升高而增大时，R_e 上的压降（$I_E R_e$）上升，导致 U_{BE} 下降，牵制了 I_C 的上升。

（三）共集电极电路性能指标估算及其应用

共集电极电路的交流微变等效电路图如图 8-41 所示。根据图可分析其动态性能指标。

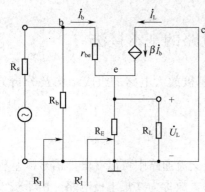

图 8-41 交流微变等效电路图

1. 电压放大倍数

$$A_U=\frac{u_O}{u_I}=\frac{(1+\beta)R_L'}{r_{be}+(1+\beta)R_L'} \tag{8-38}$$

由式（8-38）可知，$A_U<1$，当 $(1+\beta)R_L'\gg r_{be}$ 时，$A_U\approx 1$，即 $u_O\approx u_I$，u_O 与 u_I 幅度相近、相位相同，表明 u_O 跟随 u_I 的变化而变化，故此种电路又称为射极跟随器。

2. 输入电阻 R_I

根据图 8-41 可得

$$R_I=R_b/\!/R_I'=R_b/\!/[r_{be}+(1+\beta)R_L'] \tag{8-39}$$

射极跟随器的输入电阻比较大，可达几十千欧至几百千欧。从信号源索取的电流就比较小，有利于与微弱信号源的衔接。

3. 输出电阻 R_O

$$R_O=\frac{u_O}{i_O}=R_e/\!/\left(\frac{r_{be}+R_s'}{1+\beta}\right)\approx\frac{r_{be}+R_s'}{1+\beta} \tag{8-40}$$

$$R_s'=R_E/\!/R_b \tag{8-41}$$

射极输出器的输出电阻小，一般为几欧至几十欧，表明它带负载的能力很强。

4. 共集电极电路的特点

没有电压放大作用，输出电压与输入电压相位相同，且大小相近，电压跟随特性好，仍有电流放大作用，输入电阻高，输出电阻低。

5. 共集电极电路的应用

（1）由于输入电阻高，故用作高输入电阻的输入级。例如，电子测量仪器中，常用射极输出器作为多级放大电路的输入级，以提高输入电阻，提高测量仪表的精度。

（2）由于输出电阻低，可提高带负载能力，稳定输出电压，故用作低输出电阻的输出级。

（3）因 $A_U\approx 1$，可以隔离前后级的影响，起阻抗变换和缓冲作用，故用作多级放大电路的中间级。

二、基本共基极放大电路

（一）共基极放大电路组成

共基极放大电路如图 8-42（a）所示，其中 R_c 为集电极电阻，R_e 为发射极偏置电阻，

R_{b1}、R_{b2} 为基极分压偏置电阻，构成分压式偏置电路。大电容 C_b 使基极对地交流短路。其交流通路如图 8-42（b）所示，信号从发射极输入，从集电极输出，基极是输入、输出回路的公共端，故称为共基极电路。

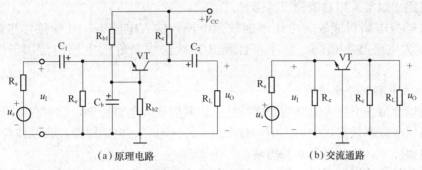

(a) 原理电路　　　　　　　　　(b) 交流通路

图 8-42　共基极电路

（二）求 Q 点

共基极放大电路的直流通路与共射极分压式工作点稳定电路的直流通路完全相同，静态工作点的求法与之相同。思路：$U_B \to I_E \to I_C \to U_{CE}$。

（三）共基极放大电路的性能指标估算

共基极放大电路的交流微变等效电路图如图 8-43 所示。根据图可分析其动态性能指标。

1. 电压放大倍数

$$A_U = \frac{\beta(R_c // R_L)}{r_{be}} \quad (8-42)$$

可见，共基极电路与共射极电路的电压放大倍数在数值上相同，只差一个负号，即共基极电路的输出电压与输入电压同相，这一点与共发射极电路是不同的。

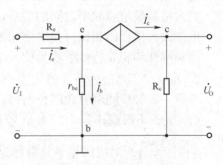

图 8-43　交流微变等效电路

2. 输入电阻 R_I

$$R_I = R_e // \frac{r_{be}}{1+\beta} \approx \frac{r_{be}}{1+\beta} \quad (8-43)$$

可见，输入电阻减少为共发射极电路的 $1/(1+\beta)$，一般很低，为几欧到几十欧。

3. 输出电阻 R_O

$$R_O = R_c \quad (8-44)$$

和共射放大电路相同。

4. 特点及适用场合

共基极放大电路具有输入电阻低、输出电阻高的特点，它有比较大的电压放大倍数，A_U 的数值与共射极放大电路相同，且为正值，不倒相。共基极放大电路输入回路为 i_e，输出回路为 i_c，故无电流放大作用。共基极电路最大的优势就是频带宽，常用于无线电通信等方面。

三、3 种接法的比较

（一）晶体管放大电路的 3 种基本接法的特点

(1) 共射极电路既能实现放大电流又能实现放大电压，还可以进行功率放大，输入电阻在3种电路中居中,输出电阻较大,频带较窄。常作为低频电压放大电路的单元电路。

(2) 共集电极电路只能放大电流,电压放大倍数接近于1,是3种接法中输入电阻最大,输出电阻最小的电路,并具有电压跟随的特点。常用于电压放大电路的输入级和输出级,在功率放大电路中也常采用射极输出的形式。

(3) 共基极电路只能放大电压不能放大电流,输入电阻小,其他特性指标在数值上与共射极放大电路基本相同,频率特性是3种接法中最好的电路。常用于宽频带放大电路。

(二) 放大电路的频率特性

下面简单介绍一下放大电路的频率特性,以共射放大电路为例,前面在分析共射放大电路时,均将信号频率设定在中频范围,将电抗元件(电容、电感线圈)及晶体管极间电容影响忽略,但实际上,这些因素不能忽略。

当输入信号的频率过高或过低时,放大倍数会下降,而且还将产生超前或滞后的相移。放大电路中信号的放大倍数或相位与频率之间的关系,称为放大电路的频率特性或频率响应。

1. 频率响应的基本概念

放大电路的频率特性可用电压放大倍数与频率的关系来描述。

放大倍数模值与频率之间的关系,称为幅频特性,用 $A_U(f)$ 表示。

电压放大倍数的相位与频率之间的关系,称为相频特性,用 $\varphi(f)$ 表示。

幅频特性和相频特性统称为放大电路的频率特性。

2. 幅频和相频特性曲线的定性分析

考虑三极管极间电容和耦合电容、旁路电容时的共射放大电路,如图8-44所示。

(1) 上、下限截止频率。当信号频率下降或上升而使电压放大倍数下降到中频区的 0.707 倍 $\left(\dfrac{A_{Um}}{\sqrt{2}}\right)$ 所对应的频率分别称为下限截止频率 f_L 和上限截止频率 f_H。这时相应的附加相移 $\Delta\varphi$ 分别为 $+45°$ 和 $-45°$。

(2) 通频带。f_L 与 f_H 之间的频率范围称为通频带,用 f_{BW} 表示,即 $f_{BW}=f_H-f_L$。

(3) 频率特性曲线。共射放大电路频率特性曲线如图8-45所示,可将频率范围划分成3个区域分析。

① 中频区 ($f_L<f<f_H$)。特性曲线中的较平坦部分称为中频区。该区的电压放大倍数 A_{Um} 和相位差 φ ($\varphi=-180°$) 基本不随频率变化。因该区中的 C_1、C_2、C_e 视为短路;而 C_{be} 和 C_{bc} 的数值很小,相应的容抗很大,视为开路,均对信号无影响。

② 低频区 ($f<f_L$)。低于中频区的范围称为低频区。该区中,C_{be} 和 C_{bc} 的容抗增大,视为开路;C_1、C_2、C_e 的容抗增大,损耗了一部分信号电压,因此电压放大倍数将随信号频率下降而减小。相位差比中频区超前一个附加相位移 $+\Delta\varphi$,最大可达 $+90°$。

③ 高频区 ($f>f_H$)。高于中频区的范围称为高频区,该区中,C_1、C_2、C_e 的容抗减小,视为短路;但 C_{be} 和 C_{bc} 的容抗减小,对信号电流起分流作用,故电压放大倍数也将随频率增加而减小。相位差比中频区滞后一个附加相位移 $-\Delta\varphi$,最大可达 $-90°$。

项目8 简易扩音器的制作与调试

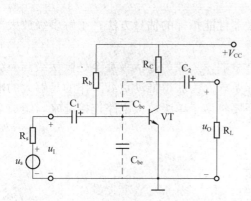

图8-44 考虑极间电容时的共射放大电路

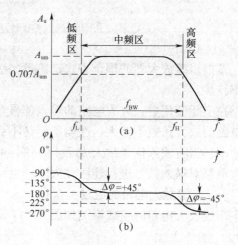

图8-45 共射放大电路频率特性曲线

3. 频率失真

幅度失真和相位失真统称为频率失真,产生原因是放大电路的通频带 f_{BW} 不够宽。

4. 共射基本放大电路波特图

在研究放大电路的频率响应时,输入信号的频率范围常设置在几赫兹到上百兆赫兹,甚至更宽;而放大电路的放大倍数也可以变化很大,可从几倍到上百万倍;为了在同一坐标系中表示如此宽的变化范围,在画频率特性曲线时采用对数坐标,这种对数频率特性曲线称为波特图。

波特图由对数幅频特性和对数相频特性两部分组成,它们的横轴采用对数刻度 $\lg f$,幅频特性的纵轴采用 $20\lg|\dot{A}_u|$ 表示,单位是分贝(dB);相频特性的纵轴用 φ 表示。

共射基本放大电路的完全频率响应波特图如图8-46所示。工程表示法如图中实线所示,理论分析如图中虚线所示。

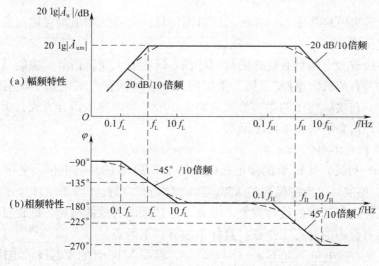

图8-46 共射基本放大电路的频率特性波特图

知识点 8.6　多级放大器

掌握多级放大器的耦合方式；熟悉多级放大器性能指标的估算方法；了解多级放大器的频率特性。

在实际应用中，放大电路的输入信号都非常微弱，一般为毫伏级甚至是微伏级。一级放大电路的放大倍数不够大，性能指标达不到实际要求。为获得推动负载工作的足够大的电压和功率，需将输入信号放大成千上万倍，所以需要将多个单级放大电路连接起来，组成多级放大电路对输入信号进行连续放大。

一、多级放大电路的组成

多级放大电路的组成框图如图 8-47 所示。

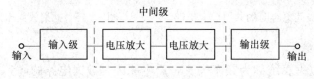

图 8-47　多级放大电路的组成框图

多级放大电路中，输入级主要完成与信号源的衔接并对信号进行放大；为使输入信号尽量不受信号源内阻的影响，输入级应具有较高的输入电阻，因而常采用高输入电阻的放大电路，如射极输出器等。中间电压放大级用于将微弱的输入电压放大到足够大的幅度。输出级用于对信号进行功率放大，满足输出负载所需要的功率并实现和负载的匹配。

二、多级放大电路的耦合方式

在多级放大电路中，级与级之间的连接方式称为耦合。级间耦合时应满足以下要求：各级要有合适的静态工作点；信号能从前级顺利传送到后级；各级技术指标能满足要求。

常见的耦合方式有直接耦合、阻容耦合、变压器耦合及光电耦合等。

（一）直接耦合方式

直接耦合多级放大电路如图 8-48 所示。由图可见，前级的输出端直接与后级的输入端相连，因而称为直接耦合。

直接耦合的多级放大电路具有良好的频率特性，既能放大交流信号，也能放大变化缓慢的信号，所以又称"直流放大电路"。更为重要的是，直接耦合方式电路中没有大容量的电容，因此易于集成，在实际使用的集成放大电路中一般都采用直接耦合方式。但由于前级与后级直接相连，因此需要解决以下两个问题。

1. 静态工作点相互影响

由图 8-48 (a) 可见，VT_1 管的集电极电位等于 VT_2 管的基极电位，VT_2 管的基极电流由电源 V_{CC} 经 R_{c1} 提供，过大的偏流使 VT_2 管深度饱和。可见，静态工作点的互相牵制使两级放大电路均无法进行正常的线性放大。因此，必须采取有效的措施，既保证信号的有效传递，又使每一级有合适的静态工作点。具体措施有以下两点。

（1）抬高后级发射极电位。如图 8-48 (a) 中，若在 VT_2 管的发射极接电阻或二极管、稳压管，提高 VT_2 的发射极和 VT_1 的集电极电位，只要元件参数选择适当，放大电路就可以得到合适的工作点,如图 8-48(b) 所示。

(2) 用 PNP 管和 NPN 管配合实现电平移动。为降低输出端的直流电位,可在后级采用 PNP 管,因为 PNP 管的集电极电位低于基极电位。

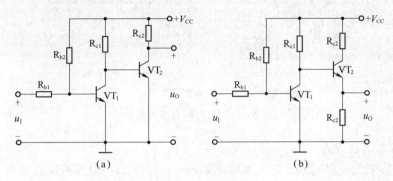

图 8-48 直接耦合方式

2. 零点漂移现象

所谓零点漂移现象,就是当输入电压为零时,其输出端出现偏离静态值的缓慢无规则变化输出电压的现象。零点漂移测试电路及漂移电压波形如图 8-49 所示,图中 t 为时间。

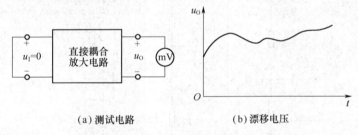

图 8-49 零点漂移

产生零点漂移现象的主要原因是三极管参数 I_{CBO}、β、U_{BE} 等随温度变化,使各级静态工作点产生变动,因此零点漂移也称为温度漂移。直接耦合多级放大电路中,第一级的漂移对输出的影响最大,因此零点漂移的抑制着重在第一级,这个内容将在后面专门讲述。

(二) 阻容耦合方式

图 8-50 所示为两级阻容耦合放大电路。级与级之间通过电容连接起来,这种连接方式称为阻容耦合。这种耦合方式的放大电路只能对交流信号进行放大,而不能对直流信号进行放大。在电容器取值合适的条件下,前级放大电路的输出信号通过耦合电容传递到后级放大电路的输入端,而两级放大电路的静态工作点各自独立,互不影响,非常有利于放大电路的设计、调试和维修,这是它的优点之一。由于阻容耦合的体积小、质量轻,使它在多级放大电路中得到广泛的应用。但阻容耦合放大电路低频特性差,不能放大直流和缓变信号,并且集成电路中制造大电容也比较困难,使阻容耦合的应用又具有很大的局限性。

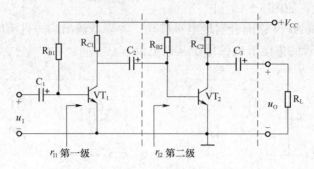

图 8-50 阻容耦合放大电路

（三）变压器耦合方式

通过变压器来实现级间耦合的放大电路如图 8-51 所示。由于变压器具有"通交流，隔直流"的性质，所以采用变压器耦合方式的放大电路各级 Q 点彼此独立，便于设计、调试和维修。这种耦合方式的最大优点在于其能实现电压、电流和阻抗的变换，特别适合于放大电路之间、放大电路与负载之间的阻抗匹配，变压器耦合的缺点是体积和重量都比较大，要耗费有色金属，再则是其频率特性不好。常用于选频放大或要求不高的功率放大电路。

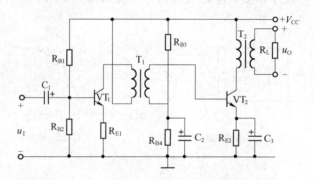

图 8-51 变压器耦合放大电路

（四）光电耦合方式

级与级之间通过光电耦合器相连接的方式，称为光电耦合。由光敏三极管作为接收管的光电耦合器如图 8-52（a）所示，由光敏二极管作为接收端的光电耦合器如图 8-52（b）所示。图中，方框内是光电耦合器。光电耦合器以光为媒介，实现电信号从前级向后级传输，它的输入端和输出端在电气上绝缘，具有抗干扰、隔噪声等特点，已得到越来越广泛的应用。

(a) 光敏三极管作为接收端的光电耦合器　　(b) 光敏二极管作为接收端的光电耦合器

图 8-52 光电耦合器

项目8　简易扩音器的制作与调试

三、多级放大电路的分析和动态参数计算

从图 8-47 中可以看出，在多级放大电路中，各级之间是相互串行连接的，前一级的输出信号就是后一级的输入信号，后一级的输入电阻就是前一级的负载，第一级的输出电压 U_{O1} 就是第二级的输入电压 U_{I2}，所以，多级放大电路的电压放大倍数就等于各级电压放大倍数的乘积。即

$$A_U = A_{U1} \times A_{U2} \times \cdots \times A_{Un} \tag{8-45}$$

注意：在计算各级放大电路的电压放大倍数时，必须考虑到前、后级间的相互影响。一般将后级放大电路的输入电阻当作前一级的负载来计算。

多级放大电路的输入电阻 R_I 等于从第一级放大电路的输入端所看到的等效电阻，即为第一级的输入电阻 R_{I1}，即 $R_I = R_{I1}$。 $\tag{8-46}$

多级放大电路的输出电阻 R_O 等于从最后一级放大电路的负载两端（不含负载）所看到的等效电阻，即为最后一级（第 n 级）的输出电阻 R_{On}，即 $R_O = R_{On}$。 $\tag{8-47}$

四、放大倍数的分贝表示法

多级放大电路当级数较多时，电压放大倍数计算和表示都很不方便。在实际工程中，电压和电流放大倍数常用分贝（dB）来表示，称为增益。

其公式是

$$A_U = 20\lg\left|\frac{U_O}{U_I}\right| \quad (\text{dB}) \tag{8-48}$$

$$A_I = 20\lg\left|\frac{I_O}{I_I}\right| \quad (\text{dB}) \tag{8-49}$$

用增益表示多级放大电路的总电压放大倍数时，总增益应为各级增益之和，即

$$A_U (\text{dB}) = A_{U1} (\text{dB}) + A_{U2} (\text{dB}) + \cdots + A_{Un} (\text{dB}) \tag{8-50}$$

采用分贝表示法的好处是它能化乘为加、化除为减，而且从分贝的数值上就可以直观表示出放大电路对信号增益的增加或衰减，给计算和使用带来很多方便。

五、多级放大电路的频率特性

（1）因多级放大电路的电压放大倍数 $A_U = A_{U1} \times A_{U2} \times \cdots \times A_{Un}$，故其幅频特性为

$$20\lg A_U = 20\lg A_{U1} + 20\lg A_{U2} + \cdots + 20\lg A_{Un} \tag{8-51}$$

相频特性为

$$\varphi = \varphi_1 + \varphi_2 + \cdots + \varphi_n \tag{8-52}$$

（2）两级放大电路总的幅频特性和相频特性，如图 8-53 所示。

（3）多级放大电路的 f_L 比单级的要大，f_H 比单级的要小，故多级放大电路与单级放大电路相比，总的频带宽度 f_{BW} 变窄了。

（4）多级放大电路的上、下限截止频率估算公式为

$$f_L \approx 1.1\sqrt{f_{L1}^2 + f_{L2}^2 + \cdots + f_{Ln}^2} \tag{8-53}$$

$$\frac{1}{f_H} \approx 1.1\sqrt{\frac{1}{f_{H1}^2} + \frac{1}{f_{H2}^2} + \cdots + \frac{1}{f_{Hn}^2}} \tag{8-54}$$

【例 8-6】 两级放大电路如图 8-54 所示。试计算总电压放大倍数、输入电阻和输出电阻。已知 $\beta_1 = \beta_2 = 50$，$r_{be1} = 0.95 \text{ k}\Omega$，$r_{be2} = 1.65 \text{ k}\Omega$。

解：（1）计算电压放大倍数。

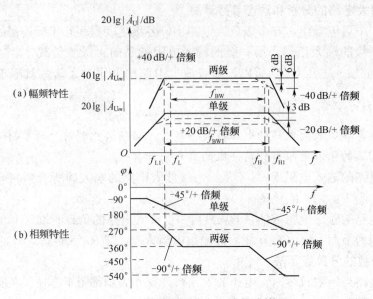

图 8-53 两级相同放大电路的波特图

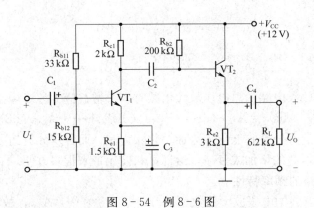

图 8-54 例 8-6 图

总电压放大倍数为 $A_U = A_{U1} \times A_{U2}$

由于第一级的负载电阻 R_{L1} 就是第二级的输入电阻 R_{I2}，因此

$$R_{L1} = R_{I2} = R_{b2} // [r_{be2} + (1+\beta)R'_{L2}]$$

其中 $R'_{L2} = R_{e2} // R_L = 3 // 6.2 \text{ k}\Omega \approx 2 \text{ k}\Omega$

所以 $R_{L1} = R_{I2} = R_{b2} // [r_{be2} + (1+\beta_2)R'_{L2}] = 200 // (1.65+51 \times 2) \text{ k}\Omega \approx 68.7 \text{ k}\Omega$

$$A_{U1} = -\beta_1 \frac{R_{c1} // R_{L1}}{r_{be1}} = -50 \times \frac{2 // 68.7}{0.95} \text{ k}\Omega \approx -102$$

$$A_{U2} \approx 1$$

$$A_U = A_{U1} \times A_{U2} = -102$$

(2) 计算输入电阻。

$$R_I = R_{I1} = R_{b11} // R_{b12} // r_{be1} = 33 // 15 // 0.95 \text{ k}\Omega \approx 0.95 \text{ k}\Omega$$

(3) 计算输出电阻。

项目 8　简易扩音器的制作与调试

$$R_O = R_{O2} = R_{e2} // \frac{r_{be2} + R_{b2} // R_{c1}}{\beta_2} = 3 // \frac{1.65 + 200 // 2}{50} \text{ k}\Omega \approx 71 \text{ (}\Omega\text{)}$$

知识点 8.7　放大电路中的反馈

　　理解反馈的基本概念和负反馈的 4 种类型；了解负反馈放大电路的方框图及增益的一般表达式，了解负反馈对放大电路及电路性能的影响，掌握放大电路反馈类型与极性的判断方法，并能独立分析、判断具有反馈的放大电路，了解深度负反馈放大电路的近似估算方法。

　　在许多实际的物理系统中，都存在着某种类型的反馈。反馈概念和理论在生物工程、经济和社会生活的各个领域广泛应用。反馈是作为改善放大电路性能的一种重要手段，在电子技术中也得到了广泛的应用。在各种电子设备和仪器的放大电路中，几乎都引入了某种形式的反馈。

一、反馈的基本概念

（一）反馈的定义

　　将放大器输出信号（电压或电流）的一部分（或全部），经过一定的方式（称为反馈网络）送回到输入回路，与原来的输入信号（电压或电流）相作用，产生影响，这样的作用过程称为反馈，具有反馈的放大器称为反馈放大器。其组成框图如图 8-55 所示。

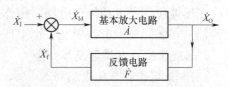

图 8-55　反馈放大器的组成框图

　　由图 8-55 可见，反馈放大电路由基本放大电路和反馈电路两部分组成。在基本放大电路中，信号从输入端到输出端进行正向传输，而在反馈网络中，信号则由输出端到输入端反向传输。

（二）有无反馈的判断

　　识别一个电路是否存在反馈，只要分析放大电路的输出回路与输入回路之间是否存在起联系作用的反馈网络（亦称反馈通路）。反馈网络通常由一个纯电阻或串、并联电容无源网络构成，也可以由有源网络构成。

（三）负反馈放大电路的一般表达式

　　负反馈放大电路可用图 8-55 所示的方框图表示。图中 $\dot{A}$ 表示基本放大电路的增益，$\dot{F}$ 表示反馈网络的反馈系数。$\dot{A}_F$ 表示具有负反馈放大电路的增益。负反馈放大电路的输入量、净输入量、反馈量和输出量分别用 $\dot{X}_I$、$\dot{X}_{Id}$、$\dot{X}_f$ 和 $\dot{X}_O$ 表示，它们可以表示电压，也可以表示电流。分析放大电路时，常用正弦量作为输入信号，因此图中信号均使用相量来表示。

　　在方框图中，符号"⊗"表示比较环节，$\dot{X}_I$ 和 $\dot{X}_f$ 通过这个比较环节进行比较，得到差值信号（净输入信号）$\dot{X}_{Id}$，图中箭头表示信号传递方向。理想情况下，在基本放大电路中，信号是正向传递。在反馈网络中，信号则是反向传递。

　　现在来分析接入反馈后放大电路放大倍数的一般关系式。

　　基本放大电路的输出信号 $\dot{X}_O$ 与净输入信号 $\dot{X}_{Id}$ 之比称为开环放大倍数，即 $\dot{A}$ 为

$$\dot{A} = \frac{\dot{X}_O}{\dot{X}_{Id}} \tag{8-55}$$

反馈网络的反馈系数 $\dot{F}$ 为反馈信号 $\dot{X}_f$ 与放大电路输出信号 $\dot{X}_O$ 之比，即

$$\dot{F} = \frac{\dot{X}_f}{\dot{X}_O} \tag{8-56}$$

负反馈放大电路的输出信号 $\dot{X}_O$ 与输入信号 $\dot{X}_I$ 之比称为闭环放大倍数 $\dot{A}_f$，即

$$\dot{A}_f = \frac{\dot{X}_O}{\dot{X}_I} = \frac{\dot{X}_O}{\dot{X}_{Id} + \dot{X}_f} = \frac{\dot{X}_O}{\dot{X}_{Id} + \dot{A}\dot{F}\dot{X}_{Id}} = \frac{\dot{X}_O}{\dot{X}_{Id}(1+\dot{A}\dot{F})} = \frac{\dot{A}}{1+\dot{A}\dot{F}} \tag{8-57}$$

式（8-57）是一个十分重要的关系式，也叫闭环增益方程，在以后的分析中将经常用到。

由于负反馈放大电路各方面性能变化的程度都与 $|1+\dot{A}\dot{F}|$ 有关，因此，把 $|1+\dot{A}\dot{F}|$ 称为反馈深度，它反映了负反馈的程度。

（四）反馈的应用

正反馈应用于各种振荡电路，用作产生各种波形的信号源；负反馈则是用来改善放大器的性能。在实际放大电路中几乎都采取负反馈措施。

二、反馈的基本类型及其判别

（一）正反馈和负反馈及判断

根据反馈极性的不同，可将反馈分为正反馈和负反馈。

根据反馈的效果可以区分反馈的极性，使放大电路净输入信号增大的反馈称为正反馈；使放大电路净输入信号减小的反馈称为负反馈。

在图 8-55 所示框图中，放大电路净输入量 $X_{Id} = X_I - X_f$，由于使净输入 X_{Id} 减小，故图 8-55 所示为负反馈放大电路的框图。

判断方法一般采用瞬时极性法。具体步骤如下。

(1) 首先找出反馈支路，然后假设输入端的瞬时极性为 ⊕（或 ⊖），按放大信号路径和反馈信号路径，标出相关点的极性。

(2) 反馈信号送回输入端，在输入端看反馈信号和原输入信号的极性：若反馈信号使净输入减小，为负反馈；使净输入增加，为正反馈。

注意：信号传输过程中经电容、电阻后瞬时极性不改变。

【例 8-7】 试判别图 8-56 所示电路的反馈极性。

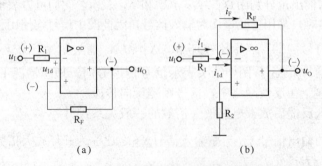

图 8-56 例 8-7 图

解： 图 8-56 所示的放大电路是由集成运放构成的放大电路。后面的章节中会具体介绍有关集成运放的知识。题目中要求判断反馈极性，首先要确定放大电路有无反馈，判别有无反馈的方法是：找出反馈元件，确认反馈通路，如果在电路中存在连接输出回路和输入回路的反馈通路，即存在反馈。

图 8-56（a）所示电路中，反馈元件 R_F 接在输出端与同相输入端之间，所以该电路存在反馈。设输入信号 u_I 对地瞬时极性为（+），因 u_I 加在运放的反相输入端，所以输出信号 u_O 瞬时极性为（−），经 R_F 得到的反馈信号 u_f 与输出信号瞬时极性相同，也为（−）。因为 u_I 与 u_F 是加在运放两个不同的输入端，所以净输入 $u_{Id}=u_I-(-u_F)$，使净输入增加，是正反馈。这里要指出的是，对于由单个运放组成的反馈放大电路来讲，如反馈信号接在同相输入端，为正反馈；反馈信号接在反相输入端，为负反馈。

图 8-56（b）所示电路中，反馈元件 R_F 接在运放的输出端与反相输入端之间，所以该电路存在反馈。假设输入信号 u_I 对地瞬时极性为（+），因 u_I 加在反相输入端，所以 u_O 为（−），根据瞬时极性法所标出的瞬时极性，可以看出反相输入端的净输入电流 $i_{Id}=i_I-i_F$，净输入电流减小，所以该电路是负反馈电路。

（二）直流反馈和交流反馈及判断

若反馈回来的信号是直流量，为直流反馈。若反馈回来的信号是交流量，为交流反馈。若反馈信号既有交流分量，又有直流分量，则为交、直流负反馈。在很多情况下，反馈信号中同时存在直流信号和交流信号，则交、直流反馈并存。

判断方法：反馈回路中有电容元件时，为交流反馈；无电容元件时，则为交、直流反馈。

（三）电压反馈和电流反馈及判断

根据反馈信号在放大电路输出端不同的采样方式，可分为电压反馈和电流反馈。若反馈信号取自输出电压，或者说与输出电压成正比，则称为电压反馈；若反馈信号取自输出电流，或者说与输出电流成正比，则称为电流反馈。

判断方法如下。

（1）短路法，将输出端短路，若反馈信号因此而消失，为电压反馈；如果反馈信号依然存在，则为电流反馈。

（2）对共射极电路还可用取信号法，即反馈信号取自输出端的集电极时为电压反馈；反馈信号取自输出端的发射极时则为电流反馈。

需要说明的是：电压负反馈有稳定输出电压的作用；电流负反馈具有稳定输出电流的作用。

（四）串联反馈和并联反馈

根据反馈信号与输入信号在放大电路输入端的连接方式不同，有串联反馈和并联反馈。

如果反馈信号与输入信号在输入端串联连接，也就是说，反馈信号与输入信号以电压比较方式出现在输入端，则称为串联反馈。如果反馈信号与输入信号在输入端并联连接，也就是说，反馈信号与输入信号以电流比较方式出现在输入端，则称为并联反馈。

串联反馈和并联反馈可以根据电路结构判定：当反馈信号和输入信号接在放大电路的同一点时，可判定为并联反馈；而接在放大电路不同的点时，可判定为串联反馈。

若是针对由三极管组成的反馈放大电路，如果反馈信号送回基极为并联反馈；如果反馈信号送回发射极则为串联反馈。

（五）负反馈的 4 种类型

反馈网络连接于输出与输入端之间。综合反馈网络在输出与输入端之间的连接方式，可将负反馈分为电压串联负反馈、电压并联负反馈、电流串联负反馈和电流并联负反馈 4 种组态，依次如图 8-57 所示。

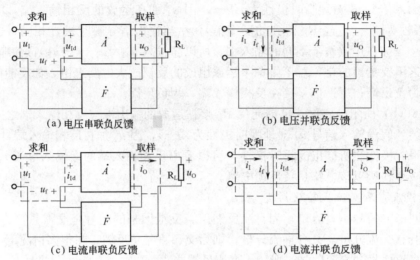

图 8-57 负反馈的 4 种组态

【例 8-8】 判断图 8-58 所示电路的反馈类型。

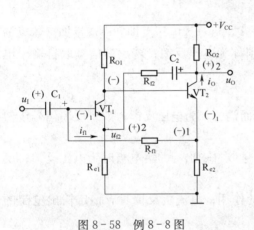

图 8-58 例 8-8 图

解： 电路中有两个级间反馈通路：R_{f1} 和 C_2、R_{f2}。由图中可看出，R_{f1} 反馈回路中无电容元件，因此是交、直流反馈。R_{f2} 反馈回路中有电容元件 C_2，因此只有交流反馈。首先设 VT_1 的基极瞬时极性为正，则发射极瞬时极性也为正，根据共发射极电路的特点，电路各处的瞬时极性如图 8-58 所示。对 R_{f1} 反馈，反馈信号取自 VT_2 管集电极，瞬时极性为正，最后送回到输入端的发射极，与发射极的原极性相同，所以是负反馈。将输出端短路，反馈信号会消失，因此是电压反馈，反馈信号送回输入端的发射极，因此是串联反馈，所以 R_{f1} 反馈为电压串联负反馈。

对 R_{f2} 反馈，反馈信号取自 VT_2 管发射极，瞬时极性为负，最后送回到输入端的基极，与基极的原极性相反，所以也是负反馈。将输出端短路，反馈信号不会消失，因此是电流反馈，反馈信号送回输入端的基极，因此是并联反馈，所以 R_{f2} 反馈为电流并联负反馈。

注意： 只对多级放大电路中某一级起反馈作用的称为局部反馈，将多级放大电路的输出量引回到其输入回路的为级间反馈。

【例 8-9】 判断图 8-59 所示电路是串联反馈还是并联反馈。

解： 图 8-59（a）中，假设将输入回路反馈节点 a 接地，输入信号 u_1 无法进入放大电

项目 8　简易扩音器的制作与调试

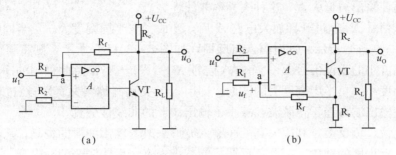

图 8-59　例 8-9 图

路,而只是加在电阻 R_1 上,故所引入的反馈为并联反馈;在图 8-59 (b) 中,如果将反馈节点 a 接地,输入信号 u_1 仍然能够加到放大电路中,即加在集成运放的同相输入端,由图可见,输入电压 u_1 与反馈电压 u_f 进行电压比较,其差值为集成运放的差模输入电压,故所引入的反馈为串联反馈。

根据前面的介绍可以自行分析一下此电路的反馈类型。

三、负反馈对放大电路性能的影响

通过 4 种反馈组态的具体分析,可以知道负反馈有稳定输出量的特点。负反馈对电路的影响不仅仅是这些,只要引入负反馈,不管它是什么组态,都能使放大倍数稳定,通频带展宽,非线性失真减小等。当然这些性能的改善都是以降低放大倍数为代价的。

（一）提高放大倍数的稳定性

放大电路的放大倍数取决于放大器件的性能参数及电路元件的参数,当环境温度发生变化,器件老化,电源电压波动及负载变化时,都会引起放大倍数发生变化。一般来说,在基本放大电路未引入负反馈时,其开环电压放大倍数 A 是不稳定的,为了提高放大倍数的稳定性,常在放大电路中引入负反馈。

根据负反馈放大电路的一般关系式可知,引入负反馈后的闭环放大倍数为

$$A_f = \frac{A}{1+AF}$$

显然, $A_f < A$,表明放大电路在引入负反馈后其电压放大倍数下降。深度负反馈时,即 $1+AF \gg 1$ 时,有

$$A_f \approx \frac{1}{F} \tag{8-58}$$

A_f 只决定于反馈网络的反馈系数,而与基本放大电路的增益几乎无关。反馈网络一般选用性能比较稳定的无源线性元件组成,因此引入负反馈后,增益是比较稳定的。

对闭环放大倍数 A_f 求微分可得

$$\frac{dA_f}{A_f} = \frac{1}{1+AF} \frac{dA}{A}$$

上式表明,引入负反馈后,放大倍数的相对变化量是未加负反馈时放大倍数相对变化量的 $1/(1+AF)$ 。也就是说,引入负反馈后放大倍数虽然下降了,但是稳定度却提高了 $(1+AF)$ 倍。

（二）减小输出波形的非线性失真

当输入信号的幅度较大或静态工作点设置不合适时,放大器件可能工作在特性曲线的非

线性部分,而使输出波形失真,这种失真称非线性失真。

假设正弦信号 X_I 经过开环放大电路 A 后,变成了正半周幅度大、负半周幅度小的输出波形,如图 8-60(a) 所示。这时引入负反馈,如图 8-60(b) 所示,则将得到正半周幅度大、负半周幅度小的反馈信号 X_f。净输入信号 $X_{Id}=X_I-X_f$,由此得到的净输入信号 X_{Id} 则是正半周幅度小、负半周幅度大的波形,即引入了失真(称预失真),经过基本放大电路放大后,就使输出波形趋于正弦波,减小了输出波形的非线性失真。

从本质上说,负反馈是利用失真的净输入波形来改善输出波形的失真,从而使输出信号的失真得到一定程度的补偿,因此负反馈只能减小失真,无法完全消除失真。

要指出的是:负反馈只能减小放大电路自身产生的非线性失真,而对输入信号的非线性失真,负反馈是无能为力的。引入负反馈也可以抑制电路内部的干扰和噪声,其原理与改善非线性失真相似。但对来自外部的干扰及与输入同时混入的噪声是无能为力的。

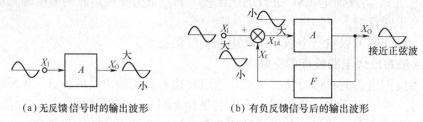

(a) 无反馈信号时的输出波形　　(b) 有负反馈信号后的输出波形

图 8-60　非线性失真的改善

(三)扩展通频带

由于三极管本身某些参数随频率变化,电路中又总是存在一些电抗元件,从而使放大电路的放大倍数随频率而变化。无反馈放大电路的幅频特性如图 8-61 所示。图中 f_H 为上限截止频率,f_L 为下限截止频率,可以看出,其通频带 $f_{BW}=f_H-f_L$ 是比较窄的。

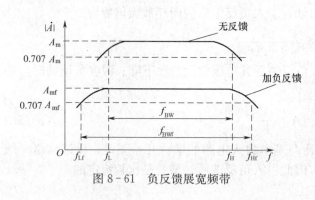

图 8-61　负反馈展宽频带

如果在放大电路中引入负反馈(以电压串联负反馈为例),则在中频区,由于输出电压 u_O 大,反馈电压 u_f 也大,即反馈深。使放大电路输入端的净输入电压大幅度下降,从而使中频区放大倍数有比较明显的降低。而在放大倍数较低的高频区及低频区,由于输出电压小,所以反馈电压也小,即反馈弱。因此使有效控制电压比中频区减小的就少一些,这样在高频区及低频区,放大倍数降低的就少,从而使放大倍数随频率的变化减小,幅频特性变得平坦,使上限截止频率升高,下限截止频率下降,通频带被展宽了,如图 8-61 所示。

(四)改变放大电路的输入和输出电阻

1. 对输入电阻的影响

输入电阻是从放大电路输入端看进去的等效电阻,因而负反馈对输入电阻的影响取决于所引入的反馈是串联负反馈还是并联负反馈,而与输出端取样方式无关。

(1) 在串联负反馈电路中，反馈网络与基本放大电路的输入电阻串联，如图 8-62（a）所示，这时的输入电阻为

$$R_{\mathrm{If}}=\frac{u_{\mathrm{I}}}{i_{\mathrm{I}}}=\frac{u_{\mathrm{Id}}+u_{\mathrm{f}}}{i_{\mathrm{I}}}=\frac{u_{\mathrm{Id}}+\dot{A}\dot{F}u_{\mathrm{Id}}}{i_{\mathrm{I}}}=R_{\mathrm{I}}(1+\dot{A}\dot{F}) \tag{8-59}$$

其中，R_{I} 是基本放大电路的输入电阻。引入串联负反馈后，闭环输入电阻 R_{If} 是未加反馈时的开环输入电阻 R_{I} 的 $(1+AF)$ 倍，故串联负反馈放大电路的输入电阻是增加的。反馈深度越深，R_{If} 越大。

(2) 在并联负反馈中，反馈网络与基本放大电路的输入电阻为并联，如图 8-62（b）所示，这时的输入电阻为

$$R_{\mathrm{If}}=\frac{u_{\mathrm{I}}}{i_{\mathrm{I}}}=\frac{u_{\mathrm{I}}}{i_{\mathrm{Id}}+i_{\mathrm{f}}}=\frac{u_{\mathrm{I}}}{i_{\mathrm{Id}}+\dot{A}\dot{F}i_{\mathrm{Id}}}=\frac{R_{\mathrm{I}}}{1+\dot{A}\dot{F}} \tag{8-60}$$

引入并联负反馈后，闭环输入电阻 R_{If} 减小为未加反馈时的开环输入电阻 R_{I} 的 $1/(1+AF)$，故并联负反馈放大电路的输入电阻是减小的。反馈深度越深，R_{If} 越小。

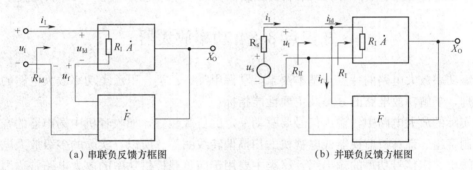

图 8-62 对输入电阻的影响

2. 对输出电阻的影响

输出电阻是从放大电路输出端看进去的等效电阻，因而负反馈对输出电阻的影响取决于所引入的反馈是电压负反馈还是电流负反馈，而与输入端连接方式无关。

(1) 电压负反馈稳定输出电压，使输出电阻减小。图 8-57（a）与图 8-57（b）所示电压负反馈中，从输出端向放大电路看过去，相当于基本放大电路与反馈网络并联。

根据输出电阻的定义，可求得

$$R_{\mathrm{Of}}=\frac{R_{\mathrm{O}}}{1+\dot{A}\dot{F}} \tag{8-61}$$

可见，引入电压负反馈后的输出电阻 R_{Of} 减小为未加反馈时的输出电阻 R_{O} 的 $1/(1+AF)$，输出电阻减小。显然，反馈深度越深，输出电阻越小。

根据以上分析，引入电压负反馈后放大电路输出电阻很小，其特性接近恒压源。当输出端接不同阻值的负载时，输出电压基本不变，因此电压负反馈能稳定输出电压，带负载能力强。

(2) 电流负反馈稳定输出电流，使输出电阻增大。图 8-57（c）与图 8-57（d）所示电流负反馈中，从输出端向放大电路看过去，则相当于基本放大电路与反馈网络串联。

同理，根据输出电阻的定义，可求得

$$R_{Of} = (1+\dot{A}\dot{F})R_O \tag{8-62}$$

可见，引入电流负反馈后的输出电阻 R_{Of} 增大为未加反馈时的输出电阻 R_O 的 $(1+AF)$ 倍，输出电阻增大。显然反馈深度越深，输出电阻越大。

引入电流负反馈后放大电路输出电阻很大，其特性接近恒流源。当输出端接不同阻值的负载时，输出电流基本不变，因此电流负反馈能稳定输出电流。

总之，在放大电路中引入负反馈，可以提高放大倍数的稳定性、减小非线性失真、展宽频带、改变输入/输出电阻等。一般而言，反馈越深，性能改善越显著，但放大倍数也下降越多，因此，反馈也并非越深越好。

（五）负反馈选取的原则

(1) 要稳定静态工作点，应引入直流负反馈。
(2) 要改善动态性能，应引入交流负反馈。
(3) 要稳定输出电压，应引入电压负反馈；要稳定输出电流，应引入电流负反馈。
(4) 要提高输入电阻，应引入串联负反馈；要减小输入电阻，应引入并联负反馈。

知识点 8.8　功率放大器

了解功率放大电路的特点与基本要求；掌握甲类、乙类、甲乙类功率放大电路的组成及工作原理，了解功放电路的分类及主要性能指标。

在实际的放大电路中，输出信号要驱动一定的负载装置，如收音机中扬声器的音圈、电动机控制绕组、计算机监视器或电视机的扫描偏转线圈等。所以，实际的多级放大电路应有一个能输出一定信号功率的输出级，这类主要用于向负载提供功率的放大电路常称为功率放大电路。

一、功率放大电路概述

（一）功率放大电路的任务

功率放大电路是多级放大电路的最后一级，其任务是输出足够的功率，推动负载工作。功率放大电路和电压放大电路都是利用三极管的放大作用将信号放大，不同的是功率放大电路在信号失真允许范围内，向负载提供尽可能大的信号功率。即不但输出大的信号电压，还要输出大的信号电流，以驱动负载工作，工作在大信号状态；而电压放大电路的目的是输出足够大的电压，工作在小信号状态。

（二）功率放大电路应满足的要求

(1) 应有足够大的输出功率。为了获得较大的输出信号电压和电流，往往要求三极管工作在极限状态。实际应用时，应考虑到三极管的极限参数 P_{CM}、I_{CM} 和 $U_{(BR)CEO}$。
(2) 效率要尽可能的高。
(3) 非线性失真要小。
(4) 功率放大管要采取散热等保护措施。

（三）功率放大电路的分类

(1) 按放大电路的频率可分为低频功率放大电路和高频功率放大电路。本知识点只学习低频功率放大电路。

(2) 按功率放大电路中晶体管导通状态的不同可分甲类、乙类和甲乙类功放 3 种类型，如图 8-63 所示。甲类功放的静态工作点位于放大区，其静态功耗大，效率低，但失真较小；乙类功放的静态工作点位于截止区，其静态功耗接近于零，效率高，但存在严重的失真；甲乙类功放的静态工作点接近截止区，它可以改善乙类功放的失真问题，且静态功耗小，效率高，因而获得广泛使用。

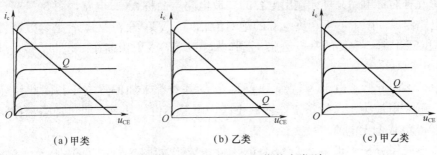

(a) 甲类 (b) 乙类 (c) 甲乙类

图 8-63 功率放大电路工作状态类别

(四) 低频功率放大电路的主要技术指标

1. 最大输出功率 P_{Om}

指在正弦输入信号下，输出波形不超过规定的非线性失真指标时，放大电路最大输出电压和最大输出电流有效值的乘积。即

$$P_{Om} = \frac{1}{\sqrt{2}} I_{Om} \cdot \frac{1}{\sqrt{2}} U_{Om} = \frac{1}{2} I_{Om} U_{Om} \tag{8-63}$$

式中：I_{Om} 表示输出电流振幅，U_{Om} 表示输出电压振幅。

最大输出功率 P_{Om} 是在电路参数确定的情况下，负载上可能获得的最大交流功率。

2. 效率 η

放大电路的效率定义为放大电路输出给负载的功率与直流电源所提供的功率之比。即

$$\eta = \frac{P_O}{P_V} \tag{8-64}$$

当直流电源所提供的功率一定时，为了向负载提供尽可能大的信号功率，则必须减少损耗，提高功率放大电路的效率。

3. 非线性失真系数 THD (total harmonic distortion)

THD 用来衡量非线性失真的程度，即

$$\text{THD} = \frac{1}{I_{m1}} \sqrt{I_{m1}^2 + I_{m2}^2 + I_{m3}^2 + \cdots} = \frac{1}{U_{m1}} \sqrt{U_{m1}^2 + U_{m2}^2 + U_{m2}^2 + \cdots} \tag{8-65}$$

式中：I_{m1}，I_{m2}，I_{m3}，…和 U_{m1}，U_{m2}，U_{m3}，…表示输出电流和输出电压中的基波分量和各次谐波分量的振幅。

由于在功率放大电路中，三极管的工作点在大范围内变化，输出波形的非线性失真比小信号放大电路要严重得多，故要尽量减小非线性失真。在实际的功率放大电路中，应根据负载的要求来规定允许的失真度范围。

(五) 分析方法

大信号情况下，微变等效电路分析法不再适用，故常采用图解法和估算法分析。

由于功率放大电路的输入信号较大,输出波形容易产生非线性失真,在电路中应用适当方法改善输出波形,如引入交流负反馈等。

二、互补对称功率放大电路

(一)双电源互补对称功率放大电路

1. 基本电路

双电源互补对称电路又称无输出电容的功放电路,简称 OCL 电路,图 8-64(b)所示是它的基本电路组成。图中,正、负电源的绝对值相同。VT_1 管和 VT_2 管是参数特性对称一致的 NPN 管和 PNP 管,它们的基极连在一起作为输入端,发射极连在一起直接接负载 R_L。

2. 工作原理

(1) 静态工作分析。由于 VT_1 管和 VT_2 管的基极都未加偏置电压,因此,静态时两管都不导通,静态电流为零,管子工作在截止区,电源不供给功率,属于乙类工作状态。发射极电位为零,负载上无电流。

(2) 动态工作分析。设输入信号为正弦电压 u_1,如图 8-64(a)所示。在正半周时,VT_1 管发射结正偏导通,VT_2 管发射结反偏截止,由 $+V_{CC}$ 提供的电流 i_{c1} 经 VT_1 管流向负载,在负载 R_L 上获得正半周输出电压 u_O。同理,在负半周时,VT_1 管发射结反偏截止,VT_2 管发射结正偏导通,由 $-V_{CC}$ 提供的电流 i_{c2} 从 $-V_{CC}$ 端经负载流向 VT_2 管,在 R_L 上获得负半周输出电压 u_O。可见,在 u_1 的整个周期内,VT_1 管和 VT_2 管轮流导通,从而在 R_L 上得到完整的输出电压 u_O,故称为互补对称功率放大电路。

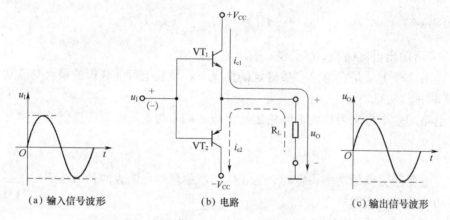

(a) 输入信号波形　　　(b) 电路　　　(c) 输出信号波形

图 8-64　双电源互补对称功率放大电路

3. 电路性能参数计算

由于 VT_1 管和 VT_2 管均为射极输出器接法,因此 $u_O \approx u_1$,如图 8-64(c)所示。

(1) 根据功率的定义,输出功率为

$$P_O = U_O I_O = \frac{1}{2} I_{Om} U_{Om} = \frac{1}{2} \cdot \frac{U_{Om}^2}{R_L} \tag{8-66}$$

式中:U_{Om} 为输出电压 U_O 的峰值。理想条件下(不计三极管饱和压降和穿透电流),负载获得最大输出电压时,其峰值接近电源电压 $+V_{CC}$,故负载获得的最大输出功率 P_{Om} 为

$$P_{Om} \approx \frac{1}{2} \cdot \frac{V_{CC}^2}{R_L} \tag{8-67}$$

(2) 直流电源供给功率 P_V 为

$$P_V = I_{av}V_{CC} + I_{av}V_{EE} = 2I_{av}V_{CC} = \frac{2}{\pi}V_{CC}I_{cm} = \frac{2V_{CC}U_{cem}}{\pi R_L} \tag{8-68}$$

(3) 效率 η 为

$$\eta = \frac{P_O}{P_V} = \frac{\pi}{4} \cdot \frac{U_{cem}}{V_{CC}} \tag{8-69}$$

当电路输出最大功率时，功率放大电路的效率达到最大，为 $\eta_m \approx \frac{\pi}{4} = 78.5\%$。

(4) 管耗 P_C

最大管耗，当 $U_{cem} = \frac{2}{\pi}V_{CC}$ 时，出现最大管耗，且为 $P_{cm1} \approx 0.2P_{Om}$。

4. 功放管的选择

在选择功率三极管时，应满足以下条件。

(1) 功放管集电极的最大允许功耗 $P_{cm} \geq P_{cm1} = 0.2P_{Om}$。

(2) 功放管的最大耐压 $U_{(BR)CEO}$。当一只管子饱和导通时，另一只管子承受的最大反向电压为 $2V_{CC}$。故

$$U_{(BR)CEO} \geq 2V_{CC}$$

(3) 功放管的最大集电极电流 $I_{cm} \geq V_{CC}/R_L$。

在实际选择时，其极限参数还应留有一定余量，一般提高 50%～100%或以上。

5. 消除交越失真的互补对称电路

在上述乙类互补对称电路中，当输入信号很小时，达不到三极管的开启电压，三极管不导电。因此在正、负半周交替过零处会出现一些非线性失真，如图 8-65（a）所示，这种失真称为交越失真。

为了消除交越失真，可利用二极管设置偏置电压。如图 8-65（b）所示电路中，利用两个二极管 VD_1 和 VD_2 直流电压降，作为 VT_1 管和 VT_2 管的基极偏置电压，使 VT_1 管和 VT_2 管工作在微导通的甲乙类工作状态，既可消除交越失真，又不会产生过多的管耗。

还可以利用三极管恒压源设置偏置电压，在此就不作介绍了。

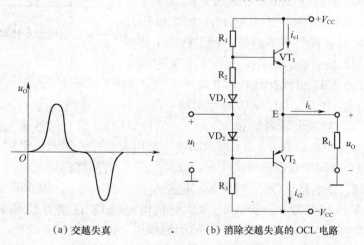

(a) 交越失真　　　　(b) 消除交越失真的 OCL 电路

图 8-65　交越失真消除电路

6. 互补对称电路

为了使输出信号不失真，要求功率管 VT_1 和 VT_2 的特性参数对称，但不同类型的大功率管很难做到对称，因此实际应用中常采用复合管（又称达林顿管）作为大功率管，如图 8-66 所示，称为准互补对称功率放大电路。

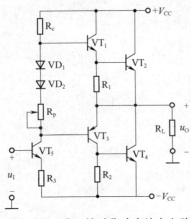

图 8-66 准互补对称功率放大电路

所谓复合管，就是把两个三极管按照一定的方式连接起来，作为一个三极管使用。复合管的电流放大系数为两个三极管电流放大系数的乘积，其管型则取决于推动管。图 8-66 中，推动管 VT_1 和 VT_3 是不同类型的小功率管，其特性容易对称；大功率管 VT_2 和 VT_4 为同类型的晶体管，其特性也容易对称，因此，由它们复合成的 NPN 管和 PNP 管也能对称。

电阻 R_1 和 R_2 可以减小复合管的穿透电流。接入 R_1 和 R_2，VT_1 和 VT_3 穿透电流被分流，则复合管穿透电流减小，温度稳定性相应提高。

图 8-66 中，VT_5 管组成电压放大电路，作为功率输出级的推动级。静态时，利用二极管的 VD_1 和 VD_2 的正向导通电压，给复合管提供正向偏置电压，消除交越失真。

（二）单电源互补对称功率放大电路

1. 基本电路

采用单电源供电的互补对称电路，称为无输出变压器的功放电路，简称 OTL 电路，如图 8-67 所示。与 OCL 电路不同的是，OTL 电路为单电源供电，并且在它的发射极输出端接有一个几百微法的大电容 C_2。VT_3 管组成共射电压放大电路，作为功率输出极的推动极。

2. 电路组成原理

（1）电路组成。VT_3 组成电压放大级，R_{c1} 为其集电极负载，VT_3 的偏置由输出 A 点电压通过 R_p 和 R_1 提供，组成电压并联直流负反馈组态，稳定静态工作点。VD_1、VD_2 为二极管偏置电路，为 VT_1、VT_2 提供偏置电压。VT_1、VT_2 组成互补对称电路。

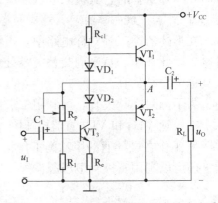

图 8-67 单电源互补对称功率放大电路

（2）C_2 的作用。由于 VT_1、VT_2 特性对称，静态时，A 点电位为 $V_{CC}/2$。电容 C_2 充电至 $V_{CC}/2$。由于 C_2 容量很大，满足 $R_L C_2 \gg T$（信号周期），故有信号输入时，电容两端电压基本不变，可视为一恒定值 $V_{CC}/2$。该电路就是利用大电容的储能作用来充当另一组电源 $-V_{CC}$，使电路完全等同于双电源时的情况。此外，C_2 还有隔直作用。

（3）工作原理。该电路工作原理与 OCL 电路相似。当 $u_1 < 0$，因 VT_3 的倒相作用，则 VT_1 正偏导通，VT_2 反偏截止。经 VT_1 放大后的电流经 C_2 送给负载 R_L，且对 C_2 充电，R_L 上获得正半周电压。当 $u_1 > 0$，因 VT_3 的倒相作用，则 VT_1 反偏截止，VT_2 正偏导通，C_2 放电，经 VT_2 放大的电流由该管集电极经 R_L 和 C_2 流回发射极，负载 R_L 上获得负半周电压。输出电压 u_O 的最大幅值约为 $V_{CC}/2$。

3. 电路性能参数计算

OTL 电路与 OCL 电路相比，每个管子实际工作电源电压不是 V_{CC}，而是 $V_{CC}/2$，故计算 OTL 电路的主要性能指标时，将 OCL 电路计算公式中的参数 V_{CC} 全部改为 $V_{CC}/2$ 即可。

三、集成功率放大电路

集成功率放大电路是将功率放大电路中的各个元件及其连线制作在一块半导体芯片上的整体。它具有体积小、质量轻、可靠性高、使用方便等优点，目前使用越来越广泛。它的产品种类很多，通常可以分为通用型和专用型两大类。通用型是指可以用于多种场合的电路，专用型是指用于某种特定场合。

现以音频集成功率放大器 LM386 和 LA4102 为例，介绍其典型用法。

1. LM386 的主要参数

电源电压范围：4～12 V；静态电流：4～8 mA；

输出功率（V_{CC}=6 V，R_L=8 Ω）：325 mW；频带宽度：300 kHz。

2. LM386 的引脚排列

该器件为八引脚双列直插封装，如图 8-68（a）所示，各引脚功能如图上所标。

3. 典型应用实例

图 8-68（b）所示是 LM386 的典型应用电路之一。引脚 6 接正电源，输出端 5 接 250 μF 的电容 C_1 和负载 R_L，构成 OTL 功率放大电路。输入信号 u_I 经电位器 R_P 接到同相输入端 3 进行放大，反相输入端 2 接地。由于扬声器为感性负载，容易产生高频自激振荡和过电压，因此在输出端 5 并接 R_2、C_2 串联校正电路，使整个负载接近电阻性。引脚 1 和 8 是电压增益设定端，当 1、8 之间开路时，电压增益为 26 dB（电压放大倍数 20）；若 1、8 之间接 10 μF 的电容，电压增益可达 46 dB（电压放大倍数 200）；若 1、8 之间接阻容串联元件，则电压增益可在 26～46 dB 之间任意选取，电阻越小，则增益越高。引脚 7 所接电容 C_4 为纹波旁路电容，用以消除直流电源中的纹波分量。C_5 为退耦电容，用以减少电源内阻对交流信号的影响。

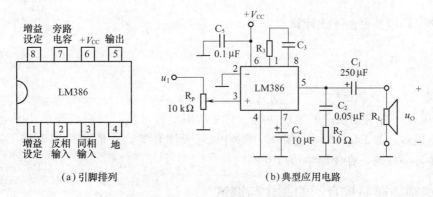

图 8-68　LM386 集成功率放大器

4. LA4102 的引脚排列、功用和内部框图

LA4102 引脚分布如图 8-69（a）所示。它是带散热片的 14 脚双列直插式塑料封装，其引脚是从散热片顶部起按逆时针方向依次编号的。

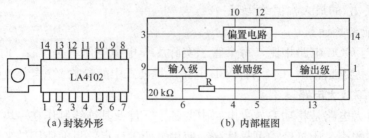

图 8-69　LA4102 封装外形与内部框图

各引脚功用如下：

1 输出端；2、7、11 空脚；3 接地；4、5 消振；6 反相输入端；8 公共射极电位；9 同相输入端；10、12 退耦滤波；13 接自举电容；14 正电源。

LA4102 内部框图如图 8-69（b）所示，主要包括以下部分：输入级为差动放大电路；激励级为高增益共射放大电路；输出级为复合管构成的准互补对称电路；偏置电路给各级提供稳定的偏置电流。图中 $R=20\ \text{k}\Omega$ 电阻是集成电路内部设置的反馈电阻，在实际应用中，通过改变接在 6 脚的外接电阻大小，就可改变放大器电压放大倍数。

5. LA4102 应用电路

LA4102 组成的 OTL 功率放大器如图 8-70 所示。

外围元件的作用如下：

C_1 为输入耦合电容；C_2、C_4 为滤波电容，用于消除偏置中的纹波电压；C_5 和 C_6 起相位补偿作用，以消除高频寄生振荡；C_7 用于防止高频自激振荡；C_8 为自举电容，以提高最大不失真输出功率；C_9 起电源退耦滤波作用；C_{10} 为 OTL 电路输出电容。C_3、R_f 与内部的 $20\ \text{k}\Omega$ 的电阻 R 组成交流电压串联负反馈电路。

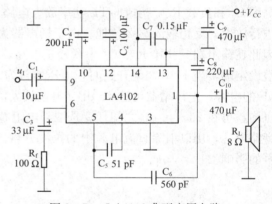

图 8-70　LA4102 典型应用电路

电路的闭环增益可由下式计算

$$A_{\text{Uf}}=\frac{R+R_f}{R_f} \qquad (8-70)$$

若 C_3 取 33 μF，R_f 取 100 Ω，则 $A_{\text{Uf}}=201\approx 200$。

LA4102 是一种应用很广的集成功放。它常被用于收录机、对讲机等小功率电路中。国产同类产品很多，如 DG4102（北京）、TB4102（天津）等，它们的内部电路、外形尺寸、引脚分布均是一致的，在使用中可以互换。

项目实施　简易扩音器的制作与调试

一、项目原理

本项目制作的简易扩音器电路原理图如图 8-71 所示。电路由传声器 MIC，放大电路及扬声器构成。微弱的语音信号通过传声器 MIC 收集后，经电容 C_1 送入晶体三极管 VT_1 的基

项目 8　简易扩音器的制作与调试

极,VT$_1$、VT$_2$ 和 VT$_3$ 组成直接耦合式放大电路进行三级放大,通过 VT$_3$ 的集电极输出至扬声器 BP,发出经过放大后的音频信号。图 8-71 中,S$_1$ 是呼叫开关,当 S$_1$ 闭合时,R$_3$ 和 C$_2$ 产生低频的振荡信号,通过正反馈加至 VT$_1$ 的基极,并由 VT$_1$、VT$_2$、VT$_3$ 放大后,通过扬声器 BP 发出呼叫声。

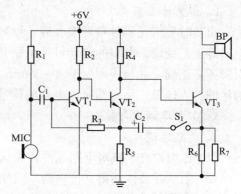

图 8-71　简易扩音器电路原理图

二、项目制作

(一)电路装配准备

(1)装配工具及调试仪器仪表的准备:万能电路板、电烙铁、焊锡丝、钳子、螺钉旋具、导线、示波器、万用表。

(2)元器件的准备:元件清单见表 8-2。

表 8-2　元件清单

名称	编号	数值	名称	编号	数值
电阻	R$_1$	10 kΩ	电解电容	C$_2$	1 μF
电阻	R$_2$	10 kΩ	三极管	VT$_1$	9013
电阻	R$_3$	200 kΩ	三极管	VT$_2$	9013
电阻	R$_4$	1 kΩ	三极管	VT$_3$	9013
电阻	R$_5$	470 Ω	驻极体话筒	MIC	—
电阻	R$_6$	100 Ω	开关	S$_1$	拨动开关
电阻	R$_7$	100 Ω	扬声器	BP	3 Ω
瓷片电容	C$_1$	104 μF	电源	6 V	4 节 5 号电池

(二)元器件的检测

1. 驻极体话筒的检测

(1)极性判别;

(2)质量判断。

2. 扬声器的检测

(1)极性判别;

(2)质量判断。

3. 晶体三极管的检测

参考知识点 1 中拓展知识。

(三)电路组装

1. 组装的基本步骤

(1)电路的组装按照信号的流程进行。

(2)电路板中各元件的装配应按照"先低后高,先内后外"为原则,先焊电阻、瓷片电容,再焊晶体管,最后焊驻极话筒(传声器)和扬声器。谨记电路中所有元件都要正确装入万能板适当位置中,焊接时无漏焊、错焊及虚焊现象出现。

2. 组装的工艺要求

组装时要求元器件布局要合理，排列整齐、美观，组装前应对元器件进行刮腿、搪锡、整形等工艺处理。电阻的组装可采用紧贴组装，电容组装均采用直立组装。晶体管安装时，引脚务必正确，并与板面保留 2~3 mm。驻极体话筒安装时，将中间两半圆中与外壳相连的半圆接入地极，另一端接入电路的信号输入端。

（四）电路调试与排除

1. 电路调试步骤

（1）仔细检查、核对电路元件，确认无误后，通入 6 V 直流电源。

（2）测试驻极体话筒（传声器）两端的输出信号。如果没有输出信号，仔细检查有无接反、虚焊、漏焊或已损坏现象。

（3）测试第一级放大电路是否对信号进行放大。

（4）测试第二级放大电路是否对信号进行放大。

（5）测试第三级放大电路是否对信号进行放大。

（6）聆听扬声器是否输出理想的放大信号。

2. 故障分析与排除

按照上述步骤调试过程中，若出现故障，首先仔细检查有无元件极性接反现象，再仔细检查有无元件出现虚焊、漏焊现象，最后检查是否有元件已损坏（尤其是驻极体话筒、晶体管、电解电容等）。

（五）编写项目报告

知识拓展

晶体三极管的识别与检测

利用数字万用表不仅能判定晶体管电极、测量管子的共发射极电流放大系数 h_{FE}，还可鉴别硅管与锗管。由于数字万用表电阻挡的测试电流小，所以不适用于检测晶体管，应使用二极管挡及 h_{FE} 挡进行测试。

1. 鉴别基极 B

将数字万用表拨至二极管挡，红表笔固定任接某个引脚，用黑表笔依次接触另外两个引脚，如果两次显示值均小于 1 V 或都显示溢出符号"1"，则红表笔所接的引脚就是基极 B。如果在两次测试中，一次显示值小于 1 V，另一次显示溢出符号"1"，表明红表笔接的引脚不是基极 B，此时应改换其他引脚重新测量，直到找出基极 B 为止。

2. 区分 NPN 管与 PNP 管

仍使用数字万用表的二极管挡。按上述操作确认基极 B 之后，将红表笔接基极 B，用黑表笔先后接触其他两个引脚。如果都显示 0.500~0.300 V，则被测管属于 NPN 型；若两次都显示溢出符号"1"，则表明被测管属于 PNP 管。

3. 区分集电极 C 与发射极 E（兼测 h_{FE} 值）

鉴别区分晶体管的集电极 C 与发射极 E，需使用数字万用表的 h_{FE} 挡。如果假设被测管是 NPN 型管，则将数字万用表拨至 h_{FE} 挡，使用 NPN 插孔。把基极 B 插入 B 孔，剩下两个引脚分别插入 C 孔和 E 孔中。若测出的 h_{FE} 为几十至几百，说明管子属于正常接法，放大能力较强，此时 C 孔插的是集电极 C，E 孔插的是发射极 E，如图 8-72（a）所示。若测出的

h_{FE}值只有几至十几,则表明被测管的集电极 C 与发射极 E 插反了,这时 C 孔插的是发射极 E,E 孔插的是集电极 C,如图 8-72(b)所示。为了使测试结果更可靠,可将基极 B 固定插在 B 孔不变,把集电极 C 与发射极 E 调换复测 1~2 次,以仪表显示值大(几十至几百)的一次为准,C 孔插的引脚即是集电极 C,E 孔插的引脚则是发射极 E。

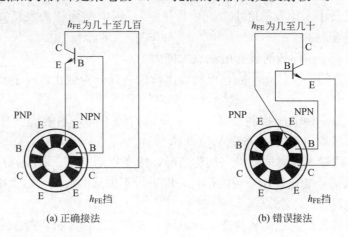

图 8-72 集电极发射极的判定

上述测试方法的原理很简单。对于质量良好的晶体管(以 NPN 管为例),当使用 h_{FE} 挡按正常接法插入插孔时,集电结加上了反向偏置电压,发射结加上了正向偏置电压,这时放大倍数较高,仪表显示的值较大。如果将集电极 C 与发射极 E 的引脚插反了,管子就不能正常工作,放大倍数就很低。

检测 PNP 管的步骤同上,但必须使用 h_{FE} 挡的 PNP 插孔。

4. 在路检测晶体管

所谓"在路检测",是指不将晶体管从电路中焊下,直接在电路板上进行测量,以判断其好坏。此法有时简便易行。现以测试 NPN 晶体管为例,说明具体方法。测量时,使用数字万用表的二极管挡,将红表笔固定接被测晶体管的基极 B,用黑表笔依次接发射极 E 及集电极 C,如果数字万用表显示屏显示的数字在 0.500~0.350,则可认为管子是好的。如仪表显示值小于 0.350,则可检查管子外围电路是否有短路的元器件,如没有短路元件,则可认定被测管有击穿性损坏,可进一步将管子从电路板上焊下复测。如仪表显示值大于 0.500,则很可能是被测管的相应 PN 结有断路性损坏,也应将管子从电路中焊下复测。

值得注意的是:若被测管 PN 结两端并接有小于 700 Ω 电阻,而测得的数字偏小时,则不要盲目认为晶体管已经损坏。此时,可焊开电阻的一引脚再进行测试。此外,测量时,应在断电的状态下进行。

上述方法的原理是:晶体管(NPN 型硅管)的 B-C 极间及 B-E 极间(等效二极管)的正向导通压降约为 0.7 V,数字万用表二极管挡能提供的测试电压为+2.3 V,所以晶体管 PN 结正常时屏幕应该显示 0.7 V 左右。

测量锗材料晶体管 PN 结的方法和测量硅材料晶体管一样,不同的是屏幕显示的应为 0.3 V 左右。

项目总结

(1) 半导体晶体管有 NPN 和 PNP 两大类。三极管在制造的过程中，其内部 3 个区域（发射区、基区和集电区）都有一定的工艺要求，必须保证发射区很小，但掺杂浓度高；基区最薄且掺杂浓度最小（比发射区小二三个数量级）；集电结面积最大且集电区掺杂浓度小于发射区的掺杂浓度。

(2) 三极管处于正向偏置时具有电流放大能力。

(3) 根据三极管的工作状态不同，可将输出特性曲线分为截止区、饱和区、放大区 3 个区域。

(4) 场效应管是一种电压控制型器件，根据结构的不同，场效应管分为结型场效应管（JFET）和绝缘栅场效应管（MOS 管）。

(5) 放大就是将输入的微弱信号（简称信号，指变化的电压、电流等）放大到所需要的幅度值且与原输入信号变化规律一致的信号，即进行不失真的放大。放大电路是指能够放大微弱信号的模拟电路。

(6) 放大电路的分析就是要从静态和动态两个方面来进行分析。静态是指放大电路没有交流输入信号（$u_I=0$）时的直流工作状态。静态分析的目的，是要确定放大电路的静态工作点值（即 Q 点值）：I_B、I_C、U_{CE}，看三极管是否处在其伏安特性曲线的合适位置。放大电路在有输入信号时（$u_I \neq 0$）的工作状态称为动态。动态分析的目的，是要确定放大器对信号的电压放大倍数 A_U，分析放大器的输入电阻 R_I 和输出电阻 R_O 等。

(7) 放大电路的分析方法有图解法和微变等效电路法。

(8) 晶体管单管放大电路的基本结法有共基极、共发射极和共集电极 3 种电路。

(9) 多级放大电路常见的耦合方式有直接耦合、阻容耦合、变压器耦合及光电耦合等。

(10) 将放大器输出信号（电压或电流）的一部分（或全部），经过一定的方式（称为反馈网络）送回到输入回路，与原来的输入信号（电压或电流）相作用，产生影响，这样的作用过程称为反馈，具有反馈的放大器称为反馈放大器。

项目练习

1. 已知图 8-73 中测得各引脚的电压值分别如图中所示值，试判断各三极管工作在什么区？

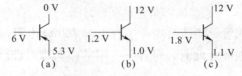

图 8-73 习题 1 图

2. 用直流电压表测量某放大电路中某个三极管各极对地的电位分别是：$U_1=2$ V，$U_2=6$ V，$U_3=2.7$ V，试判断三极管各对应电极与三极管管型。

3. 当 U_{GS} 为何值时，增强型 N 沟道 MOS 管导通？

4. 在使用 MOS 管时，为什么栅极不能悬空？

5. 晶体管和 MOS 管的输入电阻有何不同?

6. 有两个三极管,一个管子的 $\beta=150$,$I_{CEO}=180\ \mu A$,另一个管子的 $\beta=150$,$I_{CEO}=210\ \mu A$,其他参数一样,应选择哪一个管子?为什么?

7. 某三极管的 $P_{cm}=100\ mW$,$I_{cm}=20\ mA$,$U_{CEO}=15\ V$,问在下列几种情况下,哪种情况能正常工作?(1) $U_{CE}=3.1\ V$,$I_C=10\ mA$;(2) $U_{CE}=2\ V$,$I_C=40\ mA$;(3) $U_{CE}=6\ V$,$I_C=20\ mA$。

8. 测得 3 个锗材料 PNP 型三极管的极间电压 U_{BE} 和 U_{CE} 分别如下,试问:它们各处于什么状态?(1) $U_{BE}=-0.2\ V$,$U_{CE}=-3\ V$;(2) $U_{BE}=-0.2\ V$,$U_{CE}=-0.1\ V$;(3) $U_{BE}=5\ V$,$U_{CE}=-3\ V$。

9. 在晶体管放大电路中,当 $I_B=10\ \mu A$ 时,$I_C=1.1\ mA$;当 $I_B=20\ \mu A$ 时,$I_C=2\ mA$,求晶体管电流放大系数 β,集电极反向饱和电流 I_{CBO} 及集电极反向截止电流 I_{CEO}。

10. 当输入正弦波电压时,试分析图 8-74 所示的各电路是否具有放大作用?为什么?

11. 在图 8-75 所示共射电路中,已知 $V_{CC}=20\ V$,$R_c=6.2\ k\Omega$,$R_b=500\ k\Omega$,三极管为 3DG100,$\beta=45$。试求放大电路的静态工作点。

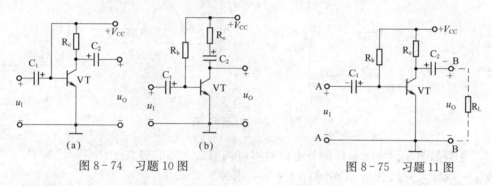

图 8-74 习题 10 图   图 8-75 习题 11 图

12. 求图 8-76 所示电路的静态工作点,并画出其微变等效电路图,求其 A_U、R_I、R_O。设 U_{BE}、$U_{CE(sat)}$ 均可忽略,且 $\beta=60$。

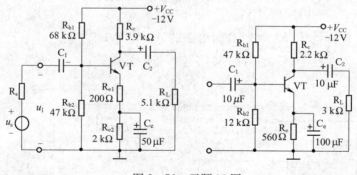

图 8-76 习题 12 图

13. 某放大电路及三极管输出特性曲线如图 8-77 所示,三极管 U_{BE} 忽略不计。(1) 画出直流通路和交流通路图;(2) 试用图解法确定静态工作点 Q(图中:$R_b=560\ k\Omega$,$R_c=4\ k\Omega$,$R_L=4\ k\Omega$,$V_{CC}=12\ V$,$\beta=50$);(3) 求其 A_U、R_I、R_O。

14. 图 8-78 所示为射极输出器,求其 A_U、R_I、R_O。

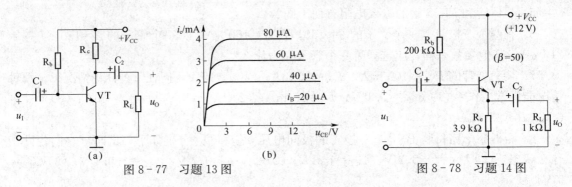

图 8-77 习题 13 图   图 8-78 习题 14 图

15. 在测试图 8-79 的电路时，出现了如图 8-79（b）所示的波形，试分析其属于什么失真？应如何调节 R_B 才能使其不失真？

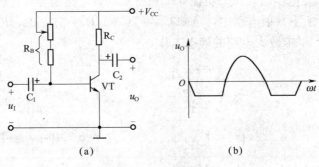

图 8-79 习题 15 图

16. 电路如图 8-80 所示，调节电位器可以调整放大器的静态工作点。已知 $R_C = 3\ \text{k}\Omega$，电源 $V_{CC} = 12\ \text{V}$，三极管是 3DG100，$\beta = 50$，求：

(1) 如果要求 $I_{CQ} = 2\ \text{mA}$，R_B 值应多大？

(2) 如果要求 $U_{CEQ} = 4.5\text{V}$，R_B 又应多大？

17. 电路如图 8-81 所示，晶体管的 $\beta = 80$，$r_{be} = 1\ \text{k}\Omega$。

(1) 求出 Q 点；

(2) 分别求出 $R_L = \infty$ 和 $R_L = 3\ \text{k}\Omega$ 时电路的 A_U 和 R_I；

(3) 求出 R_O。

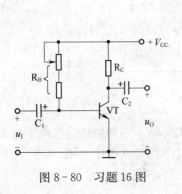   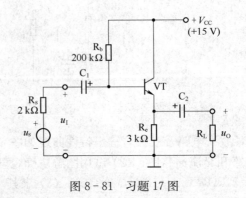

图 8-80 习题 16 图   图 8-81 习题 17 图

18. 电路如图 8-82 所示。这是一个三级阻容耦合放大电路，元件参数如图中所标。求：

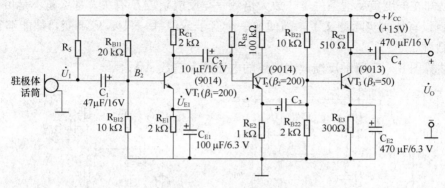

图 8-82 习题 18 图

（1）判断这三级放大电路各属于什么组态？在电路中各起什么作用？
（2）估算各级的静态工作点。
（3）计算放大电路的电压放大倍数 A_U、输入电阻 R_I 和输出电阻 R_O。

19. 如图 8-83 所示，三极管的 $\beta_1=\beta_2=50$，$V_{cc}=12\text{ V}$，$R_{b11}=100\text{ k}\Omega$，$R_{b22}=10\text{ k}\Omega$，$R_{b12}=24\text{ k}\Omega$，$R_{b21}=33\text{ k}\Omega$，$R_{c1}=R_L=5.1\text{ k}\Omega$，$R_{c2}=4.7\text{ k}\Omega$，$R_{e1}=1.5\text{ k}\Omega$，$R_{e2}=2\text{ k}\Omega$，试求：

（1）放大倍数 A_U；
（2）输入电阻 R_I；
（3）输出电阻 R_O。

20. 某元件参数如图 8-84 所示，三极管的 $\beta_1=\beta_2=40$，$r_{be1}=1.4\text{ k}\Omega$，$r_{be2}=0.9\text{ k}\Omega$，试求：

（1）电压放大倍数 A_U；
（2）输入电阻 R_I；
（3）输出电阻 R_O。

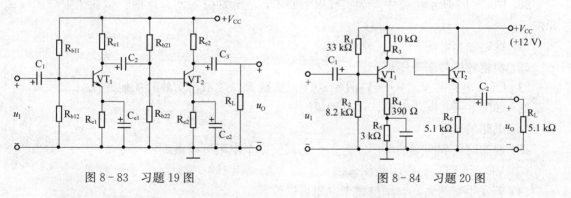

图 8-83 习题 19 图　　　　图 8-84 习题 20 图

21. 某负反馈放大器的基本电压增益 $A=1250$，若反馈系数 F 分别为 0.1、0.01、0.001，放大器的闭环增益 $A_f=$？

22. 反馈放大电路，其电压反馈系数 $F=0.1$，如果要求放大倍数 A_f 在 30 以上，其开环放大倍数最少应为多少？

23. 已知在深度负反馈条件下，放大倍数只与反馈系数 F 有关，那么是不是可以说放大器的参数就没有什么实际意义了，随便取一个管子或组件，只要 F 不变，都能够得到同样的放大倍数呢？

24. 估算图 8-85 所示反馈放大电路的电压放大倍数 A_{Uf}。

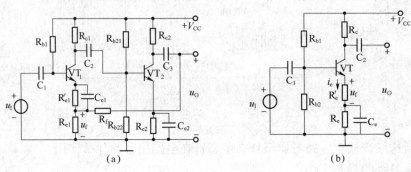

图 8-85 习题 24 图

25. 试判别图 8-86 所示电路的反馈类型。

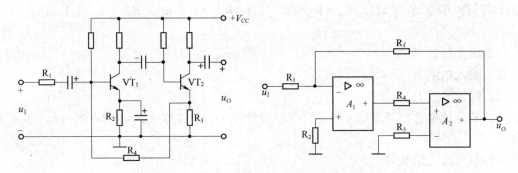

图 8-86 习题 25 图

26. 图 8-87 所示电路中，为实现以下要求，应分别引入什么反馈？试在图中添加反馈元件。

(1) 稳定输出电压；

(2) 稳定各级静态工作点。

27. OCL 电路的 $V_{CC}=|-V_{CC}|=20$ V，负载 $R_L=8$ Ω，功放管如何选择？

28. 如图 8-88 所示电路，试分别说明：

(1) 电路的名称；

(2) 静态时负载两端的电压应为多少？调整哪个电阻可以做到？

(3) VD_1 和 VD_2 的作用是什么？

(4) 若发生交越失真，调整哪个电阻可以改善？

(5) 若 R_L 等于 8 Ω，要求最大输出功率 9 W，确定电源电压 V_{CC} 并选择功放管的参数 P_{cm}、I_{cm}、$U_{(BR)CEO}$。

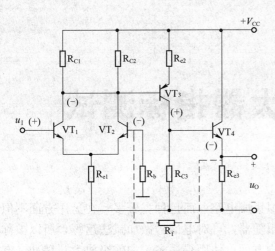

图 8-87 习题 26 图

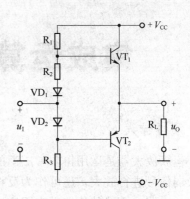

图 8-88 习题 28 图

29. 图 8-89 所示 OTL 电路，已知 $P_{Om}=6.25$ W，$R_L=8$ Ω，三极管的 $U_{CE(sat)}=2$ V，输入电压为正弦波。试问：

(1) 电源电压 V_{CC} 至少应取多大？

(2) V_2、V_3 管的 P_{cm} 应选取多大？

(3) 若输出波形出现交越失真，应调整哪个电阻？

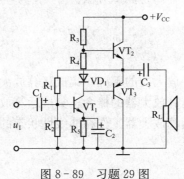

图 8-89 习题 29 图

项目 9

集成运算放大器指标测试

项目导入

运算放大器是运用得非常广泛的一种模拟集成电路,而且种类繁多,在运用方面不但可对微弱信号进行放大,还可作为反相、电压跟随器,可对电信号做加减法运算,所以被称为运算放大器。不但其他地方应用广泛,在音响方面也使用得最多,如前级放大、缓冲。有时候还会用到稳压电路上,制作高精度的稳压滤波电路。

将整个电路的元器件制作在一块硅基片上,构成完整的能完成特定功能的电子电路,称为集成电路。集成运算放大器是一种模拟集成电路,具有高放大倍数、高输入电阻、低输出电阻的特点,和其他半导体器件一样,它也是用一些性能指标来衡量其质量的优劣。为了正确使用集成运放,就必须了解它的主要参数指标。集成运放组件的各项指标通常是由专用仪器进行测试的,这里介绍的是一种简易测试方法。

项目分析

【知识结构】

集成运算放大器与分立元件放大器的不同;集成运算放大器的基本组成;集成运算放大器的主要性能指标;理想集成运算放大器的概念;集成运算放大器工作在线性状态的条件和工作在线性状态的特点;集成运算放大器工作在非线性状态的特点;集成运算放大器在实际使用中应该注意的一些问题等。

【学习目标】
◆ 理解集成运算放大器的基本组成及主要性能指标;
◆ 理解理想集成运算放大器的概念及虚短、虚断的概念;
◆ 理解集成运算放大器工作在线性和非线性状态下的特点;
◆ 掌握集成运算放大器的实际运用。

【能力目标】
◆ 能正确使用常用的集成运算放大器;
◆ 能进行集成运算放大器应用电路的设计和计算。

【素质目标】
◆ 锻炼学生自主学习、举一反三的能力;
◆ 培养学生严谨务实的工作作风。

项目9 集成运算放大器指标测试

相关知识

知识点 9.1 集成运算放大器

了解集成运算放大器的构成和传输特性；掌握其主要技术指标和选择方法。

放大微弱信号是模拟电子电路的主要任务之一，可以采用半导体三极管或场效应管组成单级或多级放大电路来完成放大信号的任务，但由于半导体器件参数的分散性，以及在不同场合对放大电路各项指标要求的不同，使得采用单个元件组成的放大电路在使用中调试很麻烦，不便于应用。

集成电路是 20 世纪 60 年代发展起来的一种新型电子器件，它采用半导体制造工艺，将放大元件和电阻等元件及电路的连线都集中制作在一块半导体硅基片上。集成电路分为模拟集成电路和数字集成电路两大类。集成运算放大器是模拟集成电路的一种，由于它最初是做运算、放大使用，所以称为集成运算放大器（简称集成运放）。相应的，将彼此独立的三极管或场效应管、电阻、电容等用导线连接而成的电路称为分立元件电路。集成电路从问世至今，已经历了小规模、中规模、大规模、超大规模 4 代的变化。随着电子技术的飞速发展，集成运放的各项性能不断提高，应用领域日益扩大，集成运放已成为模拟电子技术领域中的核心器件。

集成电路与分立元件电路相比，除了体积小、元件高度集中之外，还有以下特点。

（1）各元件是在同一硅片上采用相同的工艺制造，因而参数具有同向偏差，温度均一性好，容易制造对称性较高的电路。

（2）电阻元件由硅半导体的体电阻构成，因而其阻值范围受到局限，一般在几十欧到几十千欧之间，过低或过高阻值的电阻制造较困难。为此，常采用三极管恒流源来代替所需高阻值电阻。

（3）集成电路工艺也不适于制造几十皮法以上的电容，更不容易制造电感器件。为避免使用大电容或电感，集成电路中大都采用直接耦合方式。

（4）集成电路中，需要二极管的地方，常将三极管的集电极与基极短接，用三极管的发射结来代替二极管。由于制作工艺的限制，集成电路内部各级之间只能采用直接耦合的形式，因此零点漂移就成为影响模拟集成运算放大器性能的首要问题。

一、集成运算放大器概述

（一）集成运算放大器的基本组成

集成运算放大器是模拟电子电路中最重要的器件之一，它本质上是一个高电压增益、高输入电阻和低输出电阻的直接耦合多级放大电路，因最初它主要用于模拟量的数学运算而得此名。近几年来，集成运放得到迅速发展，有各种不同的类型与结构，但基本结构具有共同之处。集成运放内部电路由输入级、中间电压放大级、输出级和偏置电路 4 部分组成，如图 9-1 所示。

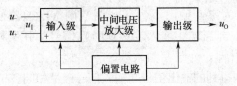

图 9-1 集成运算放大器的基本组成

1. 输入级

对于高增益的直接耦合放大电路,减小零点漂移的关键在第一级,所以要求输入级温漂小、共模抑制比高,因此,集成运放的输入级都是由具有恒流源的差动放大电路组成,并且通常工作在低电流状态,以获得较高的输入阻抗。

2. 中间电压放大级

集成运放的总增益主要是由中间级提供的,因此,要求中间级有较高的电压放大倍数。中间级一般采用带有恒流源负载的共射放大电路,其放大倍数可达几千倍以上。

3. 输出级

输出级应具有较大的电压输出幅度、较高的输出功率与较低的输出电阻,并有过载保护。一般采用甲乙类互补对称功率放大电路,主要用于提高集成运算放大器的负载能力,减小大信号作用下的非线性失真。

4. 偏置电路

偏置电路为各级电路提供合适的静态工作电流,由各种电流源电路组成。此外,集成运算放大器还有一些辅助电路,如过流保护电路等。

(二) 集成运放的封装符号与引脚功能

目前,集成运放常见的两种封装方式是金属封装和双列直插式塑料封装,其外形如图 9-2 所示。金属封装有 8、10、12 引脚等种类,双列直插式有 8、10、12、14、16 引脚等种类。

金属封装器件是以管键为辨认标志,由顶向下看,管键朝向自己。管键右方第一根引线为引脚 1,然后逆时针围绕器件,其余各引脚依次排列。双列直插式器件是以缺口作为辨认标志(也有的产品以商标方向来标记),由器件顶向下看,辨认标志朝向自己,标记右方第一根引线为引脚 1,然后逆时针围绕器件,可依次数出其余各引脚。

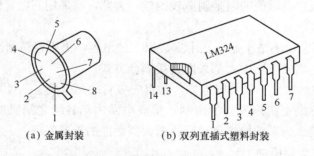

(a) 金属封装　　(b) 双列直插式塑料封装

图 9-2 集成运放的两种封装形式

集成运放的符号如图 9-3 所示。对它的外引线排列,各制造厂家有自己的规范,如图 9-3 (c) 所示的 F007 的主要引脚有:引脚 4、7 分别接电源 $-V_{EE}$ 和 $+V_{CC}$;引脚 1、5 外接调零电位器,其滑点与电源 $-V_{EE}$ 相连。如果输入为零,输出不为零,调节调零电位器使输出为零;引脚 6 为输出端;引脚 2 为反相输入端。即当同相输入端接地时,信号加到反相输入端,输出端得到的信号与输入信号极性相反;引脚 3 为同相输入端。

即当反相输入端接地时,信号加到同相输入端,则得到的输出信号与输入信号极性相同。

项目9 集成运算放大器指标测试

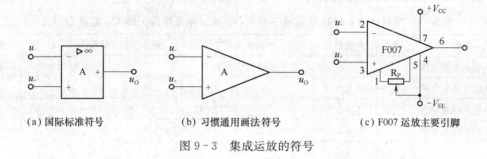

(a) 国际标准符号　　　(b) 习惯通用画法符号　　　(c) F007 运放主要引脚

图 9-3　集成运放的符号

二、集成运算的主要技术指标

在实际应用中，正确、合理地选择、使用集成运算放大器是非常重要的。因此，必须要熟悉它的特性和参数，这里只对集成运放的主要常用参数作简单介绍。

1. 最大差模输入电压 U_{Idmax}

该参数表示运放两个输入端之间所能承受的最大差模电压值，输入电压超过该值时，差动放大电路的对管中某侧的三极管发射结会出现反向击穿，损坏运放电路。运放 $\mu A741$ 的最大差模输入电压为 30 V。

2. 最大共模输入电压 U_{Icmax}

这是指运算放大器输入端能承受的最大共模输入电压。当运放输入端所加的共模电压超过一定幅度时，放大管将退出放大区，使运放失去差模放大的能力，共模抑制比明显下降。运放 $\mu A741$ 在电源电压为 ±15 V 时，输入共模电压应在 ±13 V 以内。

3. 开环差模电压放大倍数（也叫电压增益）A_{Ud}

开环是指运放未加反馈回路时的状态，开环状态下的差模电压增益叫开环差模电压增益 A_{Ud}。$A_{Ud}=U_{Od}/U_{Id}$。用分贝表示则是 $20\lg|A_{Ud}|$（dB）。高增益的运算放大器的 A_{Ud} 可达 140 dB 以上，即一千万倍以上。理想运放的 A_{Ud} 为无穷大。

4. 差模输入电阻 r_{Id}

它是指运放在输入差模信号时的输入电阻。对信号源来说，差模输入电阻 r_{Id} 的值越大，对其影响越小。理想运放的 r_{Id} 为无穷大。

5. 开环输出电阻 r_O

这是运放在开环状态且负载开路时的输出电阻。其数值越小，带负载的能力越强。理想运放的 $r_O=0$。

6. 共模抑制比 K_{CMR}

$K_{CMR}=\left|\dfrac{A_{Ud}}{A_{Uc}}\right|$，它是运放的差模电压增益与共模电压增益之比的绝对值，也常用分贝值表示。K_{CMR} 的值越大，表示运放对共模信号的抑制能力越强。理想运放的 K_{CMR} 为无穷大。

7. 最大输出电压 U_{Opp}

运算放大器输出的最大不失真电压的峰值叫最大输出电压。一般情况下，该值略小于电源电压。

集成运放的种类很多，这里仅将集成运放 $\mu A741$ 的参数列入表 9-1 中，以便参考。集成运放除通用型外，还有高输入阻抗、低漂移、低功耗、高速、高压和大功率等专用型集成运放。它们各有特点。因而也就各有其用途。

表 9-1 集成运放 μA741 在常温下的电参数表（电源电压±15 V，温度 25 ℃）

参数名称		参数符号	测试条件	最小	典型	最大	单位
输入失调电压		U_{IO}	$R_S \leqslant 10\ \text{k}\Omega$		1.0	5.0	mV
输入失调电流		I_{IO}			20	200	nA
输入偏置电流		I_{IB}			80	500	nA
差模输入电阻		r_{Id}		0.3	2.0		MΩ
输入电容		C_I			1.4		PF
输入失调电压调整范围		U_{IOR}			±15		mV
差模电压增益		A_{Ud}	$R_L \geqslant 2\ \text{k}\Omega$，$U_O \geqslant \pm 10\ \text{V}$	50 000	200 000		V/V
输出电阻		r_O			75		Ω
输出短路电流		I_{OS}			25		mA
电源电流		I_S			1.7	2.8	mA
功耗		P_C			50	85	mW
瞬态响应（单位增益）	上升时间	t_τ	$U_I = 20\ \text{mV}$；$R_L = 2\ \text{k}\Omega$，$C_L \leqslant 100\ \text{pF}$		0.3		μs
	过冲	K/V			5.0%		
转换速率		s_R	$R_L \geqslant 2\ \text{k}\Omega$		0.5		V/μs

三、理想集成运放的传输特性

在分析集成运放组成的各种应用电路时，常常将其中的集成运放看成一个理想运算放大器。所谓理想运算放大器，就是将集成运放的各项技术指标理想化，以便于在分析估算应用电路的过程中，抓住事物的本质，忽略次要因素，使分析的过程大为简化，给分析应用电路带来方便。

（一）理想运放的技术指标

理想运算放大器满足以下各项技术指标。

(1) 开环差模电压放大倍数 $A_{Od} = \infty$。

(2) 差模输入电阻 $r_{Id} = \infty$。

(3) 输出电阻 $r_O = 0$。

(4) 共模抑制比 $K_{CMR} = \infty$。

(5) 输入失调电压、失调电流及它们的温漂均为零。

(6) 带宽 $f_{BW} = \infty$。

实际的集成运算放大器当然不可能达到上述理想化的技术指标。但是，随着集成运放工艺水平的不断改进，集成运放产品的各项性能指标越来越好。实际集成运放的各项技术指标与理想运放的指标非常接近，因此在分析估算集成运放的应用电路时，将集成运放理想化，按理想运放进行分析和估算，其结果十分符合实际情况。而将实际运放视为理想运放所造成的误差，在工程上是允许的。在以后章节的分析中，若无特别说明，则均将集成运放作为理想运放来考虑。

项目9 集成运算放大器指标测试

（二）集成运放的传输特性

1. 传输特性

集成运放是一个直接耦合的多级放大器，它的传输特性如图9-4所示的折线①。图中 BC 段为集成运放工作的线性区，AB 段和 CD 段为集成运放工作的非线性区（即饱和区）。由于集成运放的电压放大倍数极高，BC 段十分接近纵轴。在理想情况下，认为 BC 段与纵轴重合，所以它的理想传输特性可以由折线②表示，则 $B'C'$ 段表示集成运放工作在线性区，AB' 段和 $C'D$ 段表示运放工作在非线性区。

2. 工作在线性区的集成运放

当集成运放电路的反相输入端和输出端有通路时（称为负反馈），如图9-5所示，一般情况下，可以认为集成运放工作在线性区。由图9-4所示曲线②可知，这种情况下，理想集成运放具有两个重要特点。

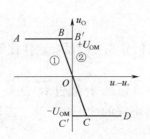
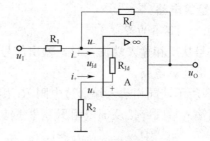

图9-4 集成运放传输特性曲线　　图9-5 带有负反馈的集成运放电路

（1）由于理想集成运放的 $A_{Uo} \to \infty$，故可以认为它的两个输入端之间的差模电压近似为零，即 $u_{Id} = u_- - u_+ \approx 0$，则 $u_- = u_+$，而 u_O 具有一定值。由于两个输入端之间的电压近似为零，故称为"虚短"。

（2）由于理想集成运放的输入电阻 $R_{Id} \to \infty$，故可以认为两个输入端电流近似为零，即 $i_- = i_+ \approx 0$，这样，输入端相当于断路，而又不是断路，称为"虚断"。

利用集成运放工作在线性区时的这两个特点，分析各种运算与处理电路的线性工作情况将十分简便。

另外，由于理想集成运放的输出阻抗 $R_O \to 0$，一般可以不考虑负载或后级运放的输入电阻对输出电压 u_O 的影响，但受运放输出电流限制，负载电阻不能太小。

（三）工作在非线性区的集成运放

当集成运算放大器处于开环状态或集成运放的同相输入端和输出端有通路时（称为正反馈），如图9-6和图9-7所示，这时集成运放工作在非线性区。它具有以下特点。

对于理想集成运放而言，当反相输入端 u_- 与同相输入端 u_+ 不等时，输出电压是一个恒定的值，极性可正可负，当

$$u_- > u_+,\ u_O = -U_{OM}$$
$$u_- < u_+,\ u_O = U_{OM}$$

其中，U_{OM} 是集成运算放大器输出电压最大值，其工作特性参见图9-4中的 AB' 段和 $C'D$ 段。集成运放工作在非线性区的具体内容将在后面知识点中学习。

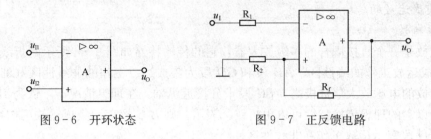

图 9-6 开环状态　　　　　图 9-7 正反馈电路

知识点 9.2　集成运算放大器的应用

了解电压比较器的结构和工作原理；掌握比例运算、加减法运算和积分、微分运算电路的工作原理和应用。

一、比例运算电路

（一）反相比例运算电路

当输入信号从反相输入端输入时，输出信号与输入信号相位相反，这样比例运算电路就构成了反相比例运算电路。

如图 9-8 所示，同相输入端通过电阻 R_2 接地，输入信号 u_I 通过 R_1 送到反相输入端，输出端与反相输入端间跨接反馈电阻 R_f。根据集成运算电路的"虚断"和"虚短"可得

$$i_1 \approx i_f \quad u_- = u_+ = 0$$

由图 9-8 可得

$$i_1 = \frac{u_I - u_-}{R_1} = \frac{u_I}{R_1}$$

$$= i_f = \frac{u_- - u_O}{R_f} = -\frac{u_O}{R_f}$$

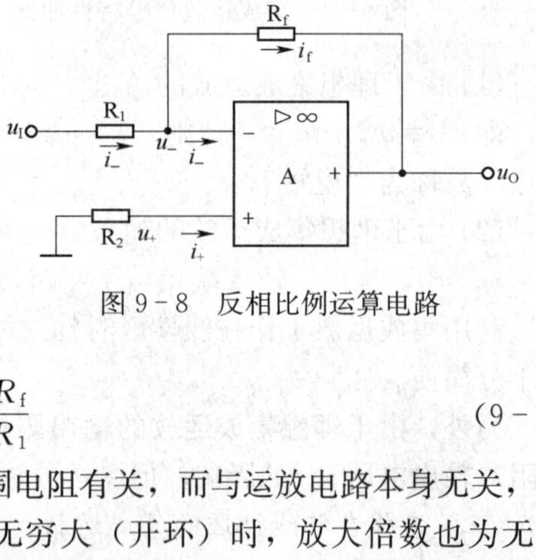

由此得出　　$u_O = -\dfrac{R_f}{R_1} u_I$

图 9-8　反相比例运算电路

该电路的闭环电压放大倍数为

$$A_{Uf} = \frac{u_O}{u_I} = -\frac{R_f}{R_1} \tag{9-1}$$

式（9-1）表明，电路的电压放大倍数只与外围电阻有关，而与运放电路本身无关，这就保证了放大电路放大倍数的精确和稳定。当 R_f 无穷大（开环）时，放大倍数也为无穷大。式中的"—"号表示输出电压的相位与输入电压的相位相反。

图中的 R_2 为平衡电阻，$R_2 = R_1 // R_f$，其作用是消除静态电流对输出电压的影响。

该电路的反馈类型为并联电压负反馈。

【例 9-1】　在图 9-8 中，$R_1 = 10\ \text{k}\Omega$，$R_f = 50\ \text{k}\Omega$，求 A_{Uf} 和 R_2；若输入电压 $u_I = 1.5\ \text{V}$，则 u_O 为多大？

解：将数据代入式（9-1）闭环电压放大倍数公式，得

$$A_{Uf} = -\frac{R_f}{R_1} = -\frac{50}{10} = -5$$

$$u_O = A_{Uf} u_I = -5 \times 1.5 = -7.5\ (\text{V})$$

$$R_2 = R_1 // R_f = \frac{R_1 R_f}{R_1 + R_f} = \frac{10 \times 50}{10 + 50} = \frac{500}{60} \approx 8.3 \text{ (k}\Omega\text{)}$$

当 $R_1 = R_f$ 时，$A_{Uf} = 1$，电路为反相器。

(二) 同相比例运算电路

如果输入信号从同相输入端引入，运放电路就成了同相比例运算放大电路。如图 9-9 所示。根据理想运算放大器的特性：$u_- = u_+ = u_I$，$i_1 \approx i_f$ 得

$$i_1 = -\frac{u_-}{R_1} = -\frac{u_I}{R_1} = i_f = \frac{u_- - u_O}{R_f} = \frac{u_I - u_O}{R_f}$$

因而，$u_O = \left(1 + \frac{R_f}{R_1}\right) u_I$，$A_{Uf} = \frac{u_O}{u_I} = 1 + \frac{R_f}{R_1}$ (9-2)

可见，输出电压与输入电压之间的比例关系与运算放大器本身无关。同相输入比例运算放大电路的电压放大倍数 $A_{Uf} \geqslant 1$；同相比例电路中，当 $R_1 = \infty$ 或 $R_f = 0$ 时，电路的电压放大倍数为 1，这时就成了电压跟随器，如图 9-10 所示。其输入电阻为无穷大，对信号源几乎无任何影响。输出电阻为零，为一理想恒压源，所以带负载能力特别强。它比射极输出器的跟随效果好得多，可以作为各种电路的输入级、中间级和缓冲级等。

该电路的反馈类型为串联电压负反馈。

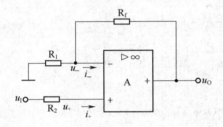

图 9-9 同相比例运算电路

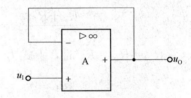

图 9-10 电压跟随器

二、加、减法运算电路

(一) 反相加法运算

如果在反相输入比例运算电路的输入端增加若干输入支路，就构成反相加法运算电路，也称求和电路，如图 9-11 所示。根据"虚短"和"虚断"概念，由图可列出

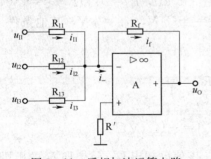

图 9-11 反相加法运算电路

$$i_{I1} = \frac{u_{I1}}{R_{11}}; \quad i_{I2} = \frac{u_{I2}}{R_{12}}; \quad i_{I3} = \frac{u_{I3}}{R_{13}};$$

$$i_f = -\frac{u_O}{R_f} = i_{I1} + i_{I2} + i_{I3}$$

由上列各式可得

$$u_O = -\left(\frac{R_f}{R_{11}} u_{I1} + \frac{R_f}{R_{12}} u_{I2} + \frac{R_f}{R_{13}} u_{I3}\right) \quad (9-3)$$

当 $R_{11} = R_{12} = R_{13} = R_1$ 时，式 (9-3) 为

$$u_O = -\frac{R_f}{R_1} (u_{I1} + u_{I2} + u_{I3}) \quad (9-4)$$

当 $R_1 = R_f$ 时，则

$$u_O = -(u_{I1} + u_{I2} + u_{I3}) \quad (9-5)$$

由此看出：加法运算电路也与运算放大电路本身的参数无关，只要电阻值足够精确，就可保证加法运算的精度和稳定性。另外，反相加法电路中无共模输入信号（即 $u_+=u_-=0$），抗干扰能力强，因此应用广泛。

平衡电阻 R_2 的取值为

$$R_2=R_{11}//R_{12}//R_{13}//R_f \tag{9-6}$$

（二）同相加法运算

同相输入加法电路如图 9-12 所示，输入信号加到同相端。由集成运放的"虚断"（$i_-=0$）可得

$$i_{21}+i_{22}+i_{23}=i_3$$

即 $\dfrac{u_{I1}-u_+}{R_{21}}+\dfrac{u_{I2}-u_+}{R_{22}}+\dfrac{u_{I3}-u_+}{R_{23}}=\dfrac{u_+}{R_3}$

$$u_+=(R_3//R_{21}//R_{22}//R_{23})\left(\dfrac{u_{I1}}{R_{21}}+\dfrac{u_{I2}}{R_{22}}+\dfrac{u_{I3}}{R_{23}}\right)$$

令 $R=R_3//R_{21}//R_{22}//R_{23}$，上式为

$$u_+=R\left(\dfrac{u_{I1}}{R_{21}}+\dfrac{u_{I2}}{R_{22}}+\dfrac{u_{I3}}{R_{23}}\right) \tag{9-7}$$

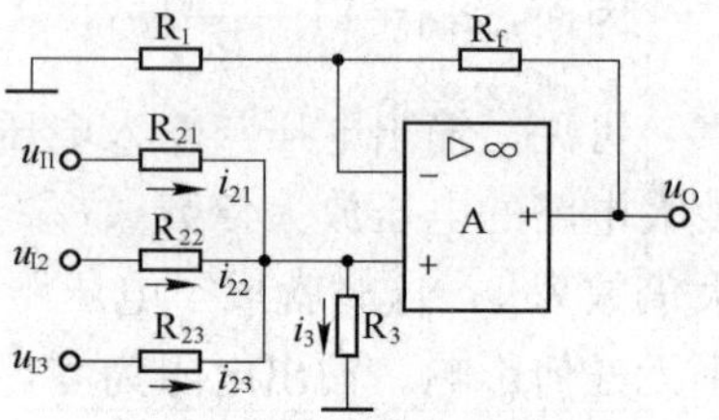

图 9-12 同相加法运算电路

又根据"虚短"（$u_+=u_-$）可得 $u_+=\dfrac{R_1 u_O}{R_1+R_f}$

所以 $u_O=\dfrac{R_1+R_f}{R_1}u_+=\dfrac{R(R_1+R_f)}{R_1}\left(\dfrac{u_{I1}}{R_{21}}+\dfrac{u_{I2}}{R_{22}}+\dfrac{u_{I3}}{R_{23}}\right)$

当 $R_{21}=R_{22}=R_{23}=R_3$ 时，上式为

$$u_O=\dfrac{R(R_1+R_f)}{R_1 R_3}(u_{I1}+u_{I2}+u_{I3})$$

$$=\dfrac{(R_1+R_f)}{4R_1}(u_{I1}+u_{I2}+u_{I3})$$

当 $R_f=3R_1$ 时，$u_O=u_{I1}+u_{I2}+u_{I3}$ \hfill (9-8)

可见，同相加法器的输出和输入同相，但同相加法电路中存在共模输入电压（即 u_+ 和 u_- 不等于零），因此不如反向输入加法器应用普遍。

【**例 9-2**】 参见图 9-11，若 $R_{11}=R_{12}=10\text{ k}\Omega$，$R_{13}=5\text{ k}\Omega$，$R_f=20\text{ k}\Omega$，$u_{I1}=1\text{ V}$，$u_{I2}=u_{I3}=1.5\text{ V}$，(1) 求输出电压 u_O。(2) 若再设 $U_{CC}=\pm 15\text{ V}$，$u_{I3}=3\text{ V}$，其他条件不变，再求 u_O。

解：（1）根据式（9-3）得

$$u_O=-\left(\dfrac{R_f}{R_{11}}u_{I1}+\dfrac{R_f}{R_{12}}u_{I2}+\dfrac{R_f}{R_{13}}u_{I3}\right)$$

$$u_O=-\left(\dfrac{20}{10}\times 1+\dfrac{20}{10}\times 1.5+\dfrac{20}{5}\times 1.5\right)=-11\text{ (V)}$$

（2）当 $u_{I3}=3\text{ V}$ 时，同样代入上式得 $u_O=-17\text{ V}$，该值已超出 $U_{CC}=\pm 15\text{ V}$ 的范围，运放已处于反向饱和状态，故 $u_O=-15\text{ V}$。

三、积分和微分运算

（一）积分电路

在电工学中论述过电容元件上的电压 u_C 与电容两端的电荷量 q 关系为：$C=q/u_C$，即

$q = C \cdot u_C$，根据电流的定义，可得电容上的电流为：$i_C = \dfrac{dq}{dt}$，由此得

$$i_C = \dfrac{d(Cu_C)}{dt} = C\dfrac{du_C}{dt}, \quad u_C = \dfrac{1}{C}\int i_C dt$$

根据以上关系，如果在反相比例运算电路中，用电容 C 代替电阻 R_f 作为反馈元件，就可以构成积分电路，如图 9-13（a）所示。由于是反相输入，且 $u_+ = u_- = 0$，所以有

$$i_1 = i_f = \dfrac{u_1}{R_1} = i_C; \quad u_C = \dfrac{q}{C} = \dfrac{1}{C}\int i_C dt$$

$$u_O = -u_C = -\dfrac{1}{C}\int i_f dt = -\dfrac{1}{R_1 C}\int u_1 dt$$

上式表明 u_O 与 u_1 的积分成比例，式中的负号表示两者相位相反，$R_1 C$ 称为积分时间常数。当 u_1 为一常数时，则 u_O 成为一个随时间 t 变化的直线，即

$$u_O = -\dfrac{1}{R_1 C}\int u_1 dt = -\dfrac{U_I}{R_1 C}t \tag{9-9}$$

所以，当 u_1 为方波时，输出电压 u_O 应为三角波，如图 9-13（b）所示。

由于输出电压与放大电路本身无关，因此，只要电路的电阻和电容取值适当，就可以得到线性很好的三角波形。

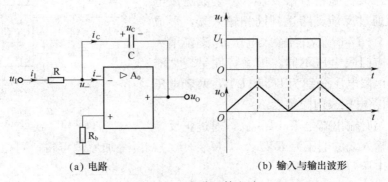

(a) 电路　　　　　　　　　　　(b) 输入与输出波形

图 9-13　积分运算电路

（二）微分电路

微分运算是积分运算的逆运算，只需将积分电路中输入端的电阻和反馈电容互换位置即可，如图 9-14 所示。

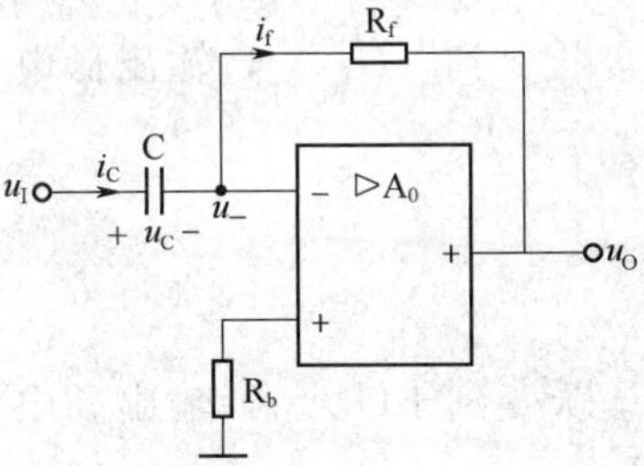

由图可列出：$i_1 = C\dfrac{du_C}{dt} = C\dfrac{du_I}{dt}$

$$u_O = -i_f R_f = -i_1 R_f$$

故

$$u_O = -R_f C\dfrac{du_I}{dt} \tag{9-10}$$

图 9-14　微分运算电路

即输出电压与输入电压对时间的一次微分成正比。

所以当输入电压 u_1 为一条随时间 t 变化的直线时，输出电压 u_O 将是一个不变的常数。那么当输入电压 u_1 为三角波时，输出电压 u_O 将是一个矩形波。读者可自己试试画出它们的波形。

四、电压比较器

电压比较器是集成运算放大电路开环工作的典型，电路工作在开环状态。电压比较器的

作用是比较输入端的电压和参考电压（门限电压），根据同、反相两输入端电压的大小，输出为两个极限电平。

（一）过零电压比较器

当参考电压 $U_R=0$ 时，输入电压与零电压比较，称为过零比较器，其电路如图 9-15 所示。若给过零比较器输入一正弦电压，电路则输出方波电压，如图 9-16 所示。

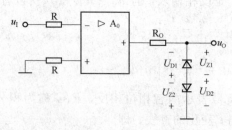

图 9-15 过零电压比较器

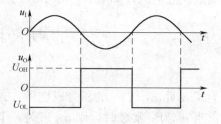

图 9-16 输入/输出电压波形

（二）滞回比较器

前面介绍的比较器，抗干扰能力都较差，因为输入电压在门限电压附近稍有波动，就会使输出电压误动，形成干扰信号。采用滞回比较器就可以解决这个问题。

滞回比较器又称施密特触发器，将集成运放电路的输出电压通过反馈支路送到同相输入端，形成正反馈，如图 9-17 所示，当输入电压 u_1 逐渐增大或减小时，对应门限电压不同，传输特性呈现"滞回"现象。两门限电压分别为 U'_+ 和 U''_+，两者电压差 ΔU_+ 称为回差电压或门限宽度。

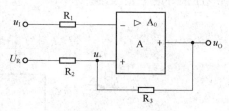

图 9-17 滞回比较器

设电路开始时输出高电平 $+U_{O(sat)}$，通过正反馈支路加到同相输入端的电压为 $R_2 U_{O(sat)}/(R_2+R_3)$，由叠加原理可得，同相输入端的合成电压为上限门电压 U'_+，其值为

$$U'_+ = \frac{R_3 U_R}{R_2+R_3} + \frac{R_2 U_{O(sat)}}{R_2+R_3}$$

当 u_1 逐渐增大并等于 U'_+ 时，输出电压 u_O 就从 $+U_{O(sat)}$ 跃变到 $-U_{O(sat)}$，输出低电平。同样的分析，可得出电路的下限门电压为

$$U''_+ = \frac{R_3 U_R}{R_2+R_3} - \frac{R_2 U_{O(sat)}}{R_2+R_3}$$

当 u_1 逐渐减小并等于 U''_+ 时，输出电压 u_O 就从 $-U_{O(sat)}$ 跃变到 $+U_{O(sat)}$，输出高电平。由以上两式可得回差电压为

$$\Delta U_+ = U'_+ - U''_+ = \frac{R_2}{R_2+R_3}[U_{O(sat)} - (-U_{O(sat)})]$$

由此可见，回差电压 ΔU_+ 与参考电压 U_R 无关，改变电阻 R_2 和 R_3 的值，可以改变门限宽度。

项目9 集成运算放大器指标测试

项目实施 集成运算放大器指标测试

一、实验目的
(1) 掌握集成运算放大器主要指标的测试方法。
(2) 通过对集成运算放大器 μA741 指标的测试，了解集成运算放大器组件的主要参数的定义和表示方法。

二、实验原理

集成运算放大器是一种线性集成电路，和其他半导体器件一样，它是用一些性能指标来衡量其质量的优劣。为了正确使用集成运放，就必须了解它的主要参数指标。集成运放组件的各项指标通常是由专用仪器进行测试的，这里介绍的是一种简易测试方法。

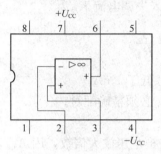

图 9-18 μA741 引脚图

本实验采用的集成运放型号为 μA741（或 F007），引脚排列如图 9-18 所示，它是八脚双列直插式组件，2 脚和 3 脚为反相和同相输入端，6 脚为输出端，7 脚和 4 脚为正、负电源端，1 脚和 5 脚为失调调零端，1、5 脚之间可接入一只几十千欧的电位器并将滑动触头接到负电源端。8 脚为空脚。

(一) μA741 主要指标测试

1. 输入失调电压 U_{OS}

理想运放组件，当输入信号为零时，其输出信号也为零。但是，即使是最优质的集成组件，由于运放内部差动输入级参数的不完全对称，输出电压往往不为零。这种零输入时输出不为零的现象称为集成运放的失调。

输入失调电压 U_{OS} 是指输入信号为零时，输出端出现的电压折算到同相输入端的数值。

失调电压测试电路如图 9-19 所示。闭合开关 K_1 及 K_2 使电阻 R_B 短接，测量此时的输出电压 U_{O1} 即为输出失调电压，则输入失调电压

$$U_{OS} = \frac{R_1}{R_1 + R_F} U_{O1}$$

实际测出的 U_{O1} 可能为正，也可能为负，一般为 1~5 mV，对于高质量的运放 U_{OS} 在 1 mV 以下。

测试中应注意：① 将运放调零端开路；② 要求电阻 R_1 和 R_2，R_3 和 R_F 的参数严格对称。

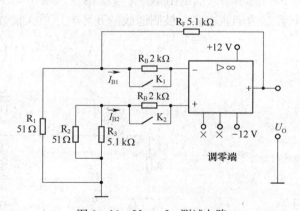

图 9-19 U_{OS}、I_{OS} 测试电路

2. 输入失调电流 I_{OS}

输入失调电流 I_{OS} 是指当输入信号为零时，运放的两个输入端的基极偏置电流之差，

$$I_{OS} = |I_{B1} - I_{B2}|$$

输入失调电流的大小反映了运放内部差动输入级两个晶体管 β 的失配度，由于 I_{B1}，I_{B2}

本身的数值已很小（微安级），因此它们的差值通常不是直接测量的，测试电路如图 9-19 所示，测试分两步进行。

（1）闭合开关 K_1 及 K_2，在低输入电阻下，测出输出电压 U_{O1}，如前所述，这是由输入失调电压 U_{OS} 所引起的输出电压。

（2）断开 K_1 及 K_2，两个输入电阻 R_B 接入，由于 R_B 阻值较大，流经它们的输入电流的差异将变成输入电压的差异，因此，也会影响输出电压的大小，可见测出两个电阻 R_B 接入时的输出电压 U_{O2}，若从中扣除输入失调电压 U_{OS} 的影响，则输入失调电流 I_{OS} 为

$$I_{OS}=|I_{B1}-I_{B2}|=|U_{O2}-U_{O1}|\frac{R_1}{R_1+R_F}\cdot\frac{1}{R_B}$$

一般来说，I_{OS} 为几十至几百纳安（10^{-9} A），高质量运放 I_{OS} 低于 1 nA。

测试中应注意：① 将运放调零端开路；② 两输入端电阻 R_B 必须精确配对。

3. 开环差模放大倍数 A_{Ud}

集成运放在没有外部反馈时的直流差模放大倍数称为开环差模电压放大倍数，用 A_{Ud} 表示。它定义为开环输出电压 U_O 与两个差分输入端之间所加信号电压 U_{Id} 之比

$$A_{Ud}=\frac{U_O}{U_{Id}}$$

按定义，A_{Ud} 应是信号频率为零时的直流放大倍数，但为了测试方便，通常采用低频（几十赫兹以下）正弦交流信号进行测量。由于集成运放的开环电压放大倍数很高，难以直接进行测量，故一般采用闭环测量方法。A_{Ud} 的测试方法很多，现采用交、直流同时闭环的测试方法，如图 9-20 所示。

被测运放一方面通过 R_F、R_1、R_2 完成直流闭环，以抑制输出电压漂移，另一方面通过 R_F 和 R_s 实现交流闭环，外加信号 u_s 经 R_1、R_2 分压，使 u_{Id} 足够小，以保证运放工作在线性区，同相输入端电阻 R_3 应与反相输入端电阻 R_2 相匹配，以减小输入偏置电流的影响，电容 C 为隔直电容。被测运放的开环电压放大倍数为

$$A_{Ud}=\frac{U_O}{U_{Id}}=\left(1+\frac{R_1}{R_2}\right)\frac{U_O}{U_I}$$

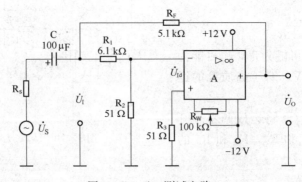

图 9-20 A_{Ud} 测试电路

通常低增益运放 A_{Ud} 为 60～70 dB，中增益运放约为 80 dB，高增益在 100 dB 以上，可达 120～140 dB。

测试中应注意：① 测试前电路应首先消振及调零；② 被测运放要工作在线性区；③ 输入信号频率应较低，一般为 50～100 Hz，输出信号幅度应较小，且无明显失真。

4. 共模抑制比 CMRR

集成运放的差模电压放大倍数 A_d 与共模电压放大倍数 A_c 之比称为共模抑制比。

$$\text{CMRR} = \left|\frac{A_d}{A_c}\right| \quad \text{或} \quad \text{CMRR} = 20\lg\left|\frac{A_d}{A_c}\right| \quad (\text{dB})$$

共模抑制比在应用中是一个很重要的参数，理想运放对输入的共模信号其输出为零，但在实际的集成运放中，其输出不可能没有共模信号的成分，输出端共模信号越小，说明电路对称性越好，也就是说，运放对共模干扰信号的抑制能力越强，即 CMRR 越大。CMRR 的测试电路如图 9-21 所示。

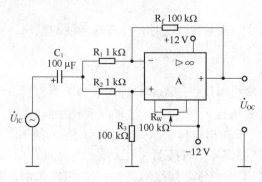

图 9-21　CMRR 测试电路

集成运放工作在闭环状态下的差模电压放大倍数为

$$A_d = -\frac{R_f}{R_1}$$

当接入共模输入信号 U_{IC} 时，测得 U_{OC}，则共模电压放大倍数为

$$A_c = \frac{U_{OC}}{U_{IC}}$$

得共模抑制比

$$\text{CMRR} = \left|\frac{A_d}{A_c}\right| = \frac{R_f}{R_1} \cdot \frac{U_{IC}}{U_{OC}}$$

测试中应注意：① 消振与调零；② R_1 与 R_2，R_3 与 R_f 之间阻值严格对称；③ 输入信号 U_{IC} 幅度必须小于集成运放的最大共模输入电压范围 U_{Icm}。

5. 共模输入电压范围 U_{Icm}

集成运放所能承受的最大共模电压称为共模输入电压范围，超出这个范围，运放的 CMRR 会大大下降，输出波形产生失真，有些运放还会出现"自锁"现象及永久性的损坏。

U_{Icm} 的测试电路如图 9-22 所示。

被测运放接成电压跟随器形式，输出端接示波器，观察最大不失真输出波形，从而确定 U_{Icm} 值。

6. 输出电压最大动态范围 U_{Opp}

集成运放的动态范围与电源电压、外接负载及信号源频率有关。测试电路如图 9-23 所示。

改变 u_S 幅度，观察 u_O 削顶失真开始时刻，从而确定 u_O 的不失真范围，这就是运放在某一定电源电压下可能输出的电压峰值 U_{Opp}。

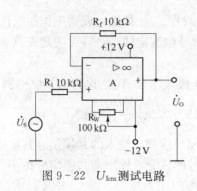
图9-22 U_{Icm}测试电路

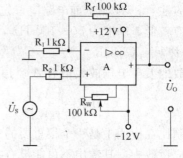
图9-23 U_{Opp}测试电路

(二)集成运放在使用时应考虑的一些问题

1. 考虑因素

输入信号选用交、直流量均可,但在选取信号的频率和幅度时,应考虑运放的频响特性和输出幅度的限制。

2. 调零

为提高运算精度,在运算前,应首先对直流输出电位进行调零,即保证输入为零时,输出也为零。当运放有外接调零端子时,可按组件要求接入调零电位器 R_W,调零时,将输入端接地,调零端接入电位器 R_W,用直流电压表测量输出电压 U_O,细心调节 R_W,使 U_O 为零(即失调电压为零)。如运放没有调零端子,若要调零,可按图9-24所示电路进行调零。

一个运放如不能调零,大致有以下原因:① 组件正常,接线有错误;② 组件正常,但负反馈不够强(R_f/R_1太大),为此可将 R_f 短路,观察是否能调零;③ 组件正常,但由于它所允许的共模输入电压太低,可能出现自锁现象,因而不能调零。为此可将电源断开后,再重新接通,如能恢复正常,则属于这种情况;④组件正常,但电路有自激现象,应进行消振;⑤组件内部损坏,应更换好的集成块。

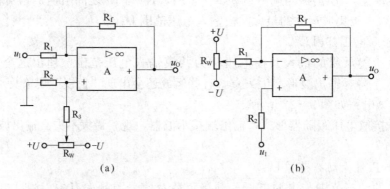
图9-24 调零电路

3. 消振

一个集成运放自激时,表现为即使输入信号为零,亦会有输出,使各种运算功能无法实现,严重时还会损坏器件。在实验中,可用示波器监视输出波形。为消除运放的自激,常采用以下措施。

(1) 若运放有相位补偿端子,可利用外接RC补偿电路,产品手册中有补偿电路及元件参数提供。

项目 9 集成运算放大器指标测试

(2) 电路布线与元、器件布局应尽量减少分布电容。

(3) 在正、负电源进线与地之间接上几十微伏的电解电容和 $0.01 \sim 0.1~\mu F$ 的陶瓷电容相并联,以减小电源引线的影响。

三、实验设备与器件

(1) ±12 V 直流电源×1 个;

(2) 函数信号发生器×1 台;

(3) 双踪示波器×1 台;

(4) 交流毫伏表×1 块;

(5) 直流电压表×1 块;

(6) 集成运算放大器 $\mu A741 \times 1$ 个,电阻器、电容器若干。

四、实验内容

实验前看清运放引脚排列及电源电压极性与数值,切忌正、负电源接反。

1. 测量输入失调电压 U_{OS}

按图 9-19 连接实验电路,闭合开关 K_1、K_2,用直流电压表测量输出端电压 U_{O1},并计算 U_{OS}。记入表 9-2。

2. 测量输入失调电流 I_{OS}

实验电路如图 9-19 所示,打开开关 K_1、K_2,用直流电压表测量 U_{O2},并计算 I_{OS}。记入表 9-2。

3. 测量开环差模电压放大倍数 A_{Ud}

按图 9-20 连接实验电路,运放输入端加频率 100 Hz,大小为 30~50 mV 正弦信号,用示波器监视输出波形。用交流毫伏表测量 U_O 和 U_I,并计算 A_{Ud}。记入表 9-2。

4. 测量共模抑制比 CMRR

按图 9-21 连接实验电路,运放输入端加 $f=100$ Hz,$U_{IC}=1 \sim 2$ V 正弦信号,监视输出波形。测量 U_{OC} 和 U_{IC},计算 A_c 及 CMRR。记入表 9-2。

5. 测量共模输入电压范围 U_{Icm} 及输出电压最大动态范围 U_{Opp}

表 9-2 实验表

U_{OS}/mV		I_{OS}/nA		A_{ud}/dB		CMRR/dB	
实测值	典型值	实测值	典型值	实测值	典型值	实测值	典型值
	2~10		50~100		100~106		80~86

自拟实验步骤及方法。

五、实验总结

(1) 将所测得的数据与典型值进行比较。

(2) 对实验结果及实验中碰到的问题进行分析、讨论。

六、预习要求

(1) 查阅 $\mu A741$ 典型指标数据及引脚功能。

(2) 测量输入失调参数时,为什么运放反相及同相输入端的电阻要精选,以保证严格对称。

(3) 测量输入失调参数时,为什么要将运放调零端开路,而在进行其他测试时,则要求对输出电压进行调零。

(4) 测试信号频率选取的原则是什么?

项目总结

集成运算放大器（简称集成运放）是模拟电子电路中最重要的器件之一，它本质上是一个高电压增益、高输入电阻和低输出电阻的直接耦合多级放大电路，集成运放内部电路由输入级、中间电压放大级、输出级和偏置电路4部分组成。

理想运算放大器满足以下各项技术指标：

(1) 开环差模电压放大倍数 $A_{Od}=\infty$；

(2) 差模输入电阻 $r_{Id}=\infty$；

(3) 输出电阻 $r_O=0$；

(4) 共模抑制比 $K_{CMR}=\infty$；

(5) 输入失调电压、失调电流及它们的温漂均为零；

(6) 带宽 $f_{BW}=\infty$。

根据集成运放可构成比例运算电路，加、减法运算电路，积分和微分运算，电压比较器等不同作用的电路。

项目练习

1. 反相输入加法电路与同相输入加法电路有什么区别？各有什么优点？

2. 判断下列说法是否正确。

(1) 处于线性工作状态下的集成运放，反相输入端可按"虚地"来处理。（   ）

(2) 反相比例运算电路属于电压串联负反馈，同相比例运算电路属于电压并联负反馈。（   ）

(3) 处于线性工作状态的实际集成运放，在实现信号运算时，两个输入端对地的直流电阻必须相等，才能防止输入偏置电流 I_{IB} 带来运算误差。（   ）

(4) 在反相求和电路中，集成运放的反相输入端为虚地点，流过反馈电阻的电流基本上等于各输入电流之代数和。（   ）

3. （故障分析）电路如图 9-25 所示，已知 $R_1=R_2=R_3=R_4$，假设运放是理想的。当 $V_{I1}=V_{I2}=1\text{ V}$ 时，测得 $V_O=1\text{ V}$。你认为这种现象正常吗？若不正常，请分析哪个电阻可能（有两种可能）出现了开路或短路故障（注：运放本身并未损坏）。

4. 在实际应用中，使用积分运算电路时需要注意哪些问题？使用微分运算电路时需要注意哪些问题？

5. 在图 9-26 所示的 3 个电路中，假设运算放大器为理想器件，试写出各电路输出信号与输入信号的关系式。

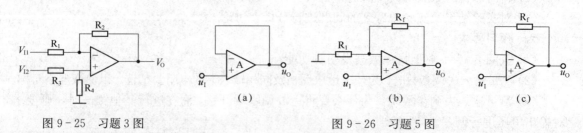

图 9-25　习题 3 图　　　　　　　　图 9-26　习题 5 图

6. 电路如图 9-27 所示，假设运放为理想器件，直流输入电压 $U_I=1$ V。试求：

(1) 开关 S_1 和 S_2 均断开时的输出电压 U_O 值；

(2) 开关 S_1 和 S_2 均闭合时的输出电压 U_O 值；

(3) 开关 S_1 闭合、S_2 断开时的输出电压 U_O 值。

7. 电路如图 9-28 所示，假设运放为理想器件。试写出各电路输出信号与输入信号的关系式。

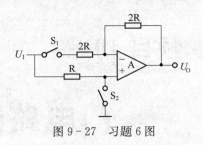

图 9-27 习题 6 图

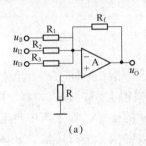
(a)

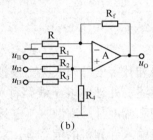
(b)

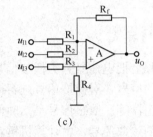
(c)

图 9-28 习题 7 图

8. 正弦波振荡电路产生自激振荡的平衡条件是什么？负反馈放大电路产生自激振荡的条件又是什么？二者的区别是什么？

9. 一般正弦波振荡电路由哪几个功能模块组成？正弦波振荡是怎样建立起来的？它又是怎样稳定的？你能说出正弦波振荡电路的起振条件吗？

10. 电路如图 9-29 所示，A 为理想运放，电容上电压初始值为 0，且 $R_1=R_2=R$，$C_1=C_2=C$。

求：(1) 当 $V_{I1}=0$ 时，V_O 与 V_{I2} 的关系式。

(2) 当 $V_{I2}=0$ 时，V_O 与 V_{I1} 的关系式。

(3) V_{I1}、V_{I2} 共同作用时，V_O 与 V_{I1}、V_{I2} 的关系式。

11. 电路如图 9-30 所示，运放、二极管都有理想特性，运放最大输出电压为 ±15 V，输出信号幅度足够大。画出电路的电压传输特性（V_O 与 V_I 关系）。

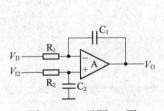

图 9-29 习题 10 图

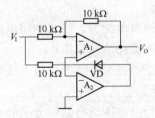

图 9-30 题 11 图

项目 10

门电路逻辑功能及测试

项目导入

工程上把电信号分为模拟信号和数字信号两大类。模拟信号指在时间上和数值上都是连续变化的信号,对模拟信号进行阐述、处理的电子线路称为模拟电路,如放大器、滤波器、信号发生器等。数字信号是指时间和幅度都是离散(不连续)的信号。如生产中自动记录零件个数的计数信号,由计算机键盘输入计算机的信号等。对数字信号进行传输、处理的电子线路称为数字电路,如数字钟、数字万用表等都是由数字电路组成的。在数字电路中主要关心输入、输出的逻辑关系。

在数字电路中,门电路是最基本的逻辑元件,它的应用极为广泛。所谓"门",就是一种开关,在一定条件下它能允许信号通过,条件不满足,信号就通不过。因此,门电路的输入信号与输出信号之间存在一定的逻辑关系,所以门电路又称为逻辑门电路。基本逻辑门电路有与门、或门和非门。

项目分析

【知识结构】

简单的与、或、非门电路;集成逻辑门电路的工作原理;逻辑代数的基本公式和原理;逻辑函数及其表示方法;逻辑函数的化简方法;组合逻辑电路的分析方法和设计方法。

【学习目标】
- ◆ 了解最简单的与、或、非门电路;
- ◆ 掌握逻辑函数的化简;
- ◆ 掌握组合逻辑电路的分析方法和设计方法。

【能力目标】
- ◆ 能进行组合逻辑电路的分析和设计;
- ◆ 能对典型组合逻辑电路的功能进行分析。

【素质目标】
- ◆ 能够分析电子电路中门电路及组合逻辑电路的功能;
- ◆ 具有进一步学习专业知识的能力。

项目 10　门电路逻辑功能及测试

相关知识

知识点 10.1　门　电　路

了解半导体二极管和三极管的开关特性。掌握最简单的与、或、非门电路。理解 TTL 集成电路的结构、工作原理。

一、模拟电路和数字电路的区别

工程上把电信号分为模拟信号和数字信号两大类。模拟信号具有无穷多的数值，其数学表达式也比较复杂，如正弦函数、指数函数等。人们从自然界感知的许多物理量均属于模拟性质的，如温度、压力、速度等。在工程技术上，为了便于分析，常用传感器将模拟量转换为电流、电压或电阻等电量，以便用电路进行分析和处理。对模拟信号进行阐述、处理的电子线路称为模拟电路，如放大器、滤波器、信号发生器等。

数字信号是指时间和幅度都是离散（不连续）的信号。如生产中自动记录零件个数的计数信号，由计算机键盘输入计算机的信号等。对数字信号进行传输、处理的电子线路称为数字电路，如数字钟、数字万用表等都是由数字电路组成的。在数字电路中主要关心输入、输出的逻辑关系。

二、基本门电路

在数字电路中，门电路是最基本的逻辑元件，它的应用极为广泛。所谓"门"，就是一种开关，在一定条件下它能允许信号通过，条件不满足，信号就通不过。因此，门电路的输入信号与输出信号之间存在一定的逻辑关系，所以门电路又称为逻辑门电路。基本逻辑门电路有与门、或门和非门。

（一）二极管与门电路

图 10-1 是二极管与门电路，它有两个输入端 A 和 B，一个输出端 Y。

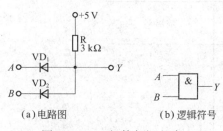

图 10-1　二极管与门电路

当输入变量 A 和 B 全为 1 时（设两个输入端的电位均为 3 V），电源 +5 V 的正端经电阻 R 向两个输入端流通电流（电源的负端接"地"，图中未标），VD_1 和 VD_2 两管都导通，输出端 Y 的电位略高于 3 V（因为二极管的正向压降有零点几伏），因此输出变量 Y 为 1。

当输入变量不全为 1，而有一个或两个全为 0 时，即该输入端的电位在 0 V 附近。例如，A 为 0，B 为 1，则 VD_1 优先导通。这时输出端 Y 的电位也在 0 V 附近，此时 VD_2 因承受反向电压而截止。

只有当输入变量全为 1 时，输出变量 Y 才为 1，这合乎与门的要求。与逻辑关系式为

$$Y = A \cdot B$$

图 10-1 中有两个输入端，输入信号有 1 和 0 两种状态，共有 4 种组合，因此可用表 10-1 完整地列出 4 种输入、输出逻辑状态。

表 10-1　与门逻辑状态表

输入		输出 Y
A	B	
0	0	0
0	1	0
1	0	0
1	1	1

（二）二极管或门电路

图 10-2（a）是二极管或门电路。

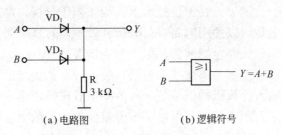

(a) 电路图　　　　　　(b) 逻辑符号

图 10-2　二极管或门电路

比较图 10-1（a）和图 10-2（a）可以看出，后者二极管的极性与前者接的相反，其阴极相连经电阻 R 接"地"。当输入变量只要有一个为 1 时，输出就为 1。例如，A 为 1，B 为 0，则 VD_1 优先导通，输出变量 Y 也为 1。此时，VD_2 因承受反向电压而截止。

只有当输入变量全为 0 时，输出变量 Y 才为 0，此时两个二极管都截止。或逻辑关系式为 $Y=A+B$。表 10-2 是或门的输入、输出逻辑状态表。

表 10-2　或门逻辑状态表

输入		输出 Y
A	B	
0	0	0
0	1	1
1	0	1
1	1	1

（三）晶体管非门电路

图 10-3（a）是晶体管非门电路。晶体管非门电路不同于放大电路，管子的工作状态或从截止转为饱和，或从饱和转为截止。非门电路只有一个输入端 A。当 A 为 1 时，晶体管饱和，其集电极，即输出端 Y 为 0；当 A 为 0 时，晶体管截止，输出端为 1。所以非门电路也称为反相器。非逻辑关系式为 $Y=\overline{A}$。

项目10　门电路逻辑功能及测试

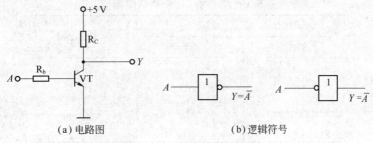

(a) 电路图　　　　　　　　(b) 逻辑符号

图 10-3　晶体管非门电路

表 10-3 是非门逻辑状态表。

表 10-3　非门逻辑状态表

输入 A	输出 Y
0	1
1	0

三、复合门电路

(一) 与非门电路

与非门电路的逻辑图、逻辑符号如图 10-4 所示，表 10-4 是其逻辑状态表。

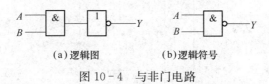

(a) 逻辑图　　　(b) 逻辑符号

图 10-4　与非门电路

表 10-4　与非门逻辑状态表

输入		输出 Y
A	B	
0	0	1
0	1	1
1	0	1
1	1	0

与非逻辑关系式为　$Y=\overline{A \cdot B}$

(二) 或非门电路

或非门电路的逻辑图、逻辑符号如图 10-5 所示，表 10-5 是其逻辑状态表。

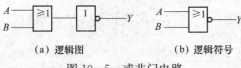

(a) 逻辑图　　　　　　(b) 逻辑符号

图 10-5　或非门电路

或非逻辑关系式为　$Y=\overline{A+B}$

表 10-5 与非门逻辑状态表

输入		输出 Y
A	B	
0	0	1
0	1	0
1	0	0
1	1	0

四、集成门电路

上面讨论的门电路都是由二极管、晶体管组成的，它们称为分立元件门电路。本节将介绍的是集成门电路，它具有高可靠性和微型化等优点。在数字电路中最常用的是与、或、非、与非、或非、与或非等门电路。其中，应用最普遍的就是与非门电路。图 10-6 为 TTL 与非门电路图。

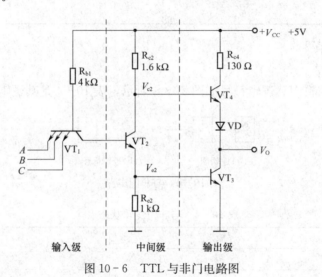

图 10-6 TTL 与非门电路图

（一）TTL（晶体管-晶体管逻辑）与非门的基本结构

输入级，可用集成工艺将 VT_1 做成一个多发射极三极管。这样它既是 4 个 PN 结，不改变原来的逻辑关系，又具有三极管的特性。

输出级应有较强的负载能力，为此将三极管的集电极负载电阻 R_c 换成由三极管 VT_4、二极管 VD 和 R_{c4} 组成的有源负载。由于 VT_3 和 VT_4 受两个互补信号 V_{e2} 和 V_{c2} 的驱动，所以在稳态时，它们总是一个导通，另一个截止。这种结构，称为推拉式输出级。

（二）TTL 与非门的逻辑关系

因为该电路的输出高低电平分别为 3.6 V 和 0.3 V，所以在下面的分析中，假设输入高低电平也分别为 3.6 V 和 0.3 V。

1. 输入全为高电平 3.6 V 时

VT_2、VT_3 导通，$V_{b1}=0.7\times3=2.1$（V），从而使 VT_1 的发射结因反偏而截止。此时 VT_1 的发射结反偏，而集电结正偏，称为倒置放大工作状态。

由于 VT$_3$ 饱和导通，输出电压为 $V_O=V_{CES3}\approx 0.3$ V

这时 $V_{e2}=V_{b3}=0.7$ V，而 $V_{ce2}=0.3$ V，故有 $V_{c2}=V_{e2}+V_{ce2}=1$ V。1 V 的电压作用于 VT$_4$ 的基极，使 VT$_4$ 和二极管 VD 都截止。

可见实现了与非门的逻辑功能之一：输入全为高电平时，输出为低电平。如图 10-7 所示。

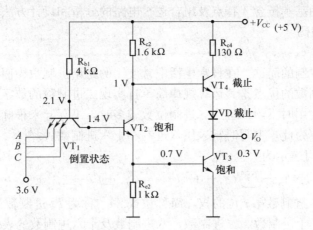

图 10-7　输入全为高电平时的工作情况

2. 输入有低电平 0.3 V 时

该发射结导通，VT$_1$ 的基极电位被钳位到 $V_{b1}=1$ V。VT$_2$、VT$_3$ 都截止。由于 VT$_2$ 截止，流过 R$_{c2}$ 的电流仅为 VT$_4$ 的基极电流，这个电流较小，在 R$_{c2}$ 上产生的压降也较小，可以忽略，所以 $V_{b4}\approx V_{CC}=5$ V，使 VT$_4$ 和 VD 导通，则有

$$V_O\approx V_{CC}-V_{be4}-V_D=5-0.7-0.7=3.6\text{（V）}$$

可见实现了与非门的逻辑功能之二：输入有低电平时，输出为高电平。如图 10-8 所示。

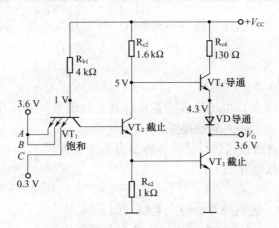

图 10-8　输入有低电平时的工作情况

综合上述两种情况，该电路满足与非的逻辑功能，是一个与非门。

知识点 10.2　组合逻辑电路

理解计数制的含义，掌握逻辑函数的化简，掌握组合逻辑电路的分析方法和设计方法。

根据逻辑电路的功能特点，逻辑电路可分为组合逻辑电路和时序逻辑电路两大类。本节讨论组合逻辑电路的基本概念、特点及组合逻辑电路的分析和设计方法。

一、计数制与编码

（一）数制

数制是计数进位制的简称。在日常生活中常使用的是十进制数，而在数字电路中采用的是二进制数。二进制数的优点是其运算规律简单且实现二进制数的数字装置简单。二进制数的缺点是人们对其使用时不习惯且当二进制位数较多时，书写起来很麻烦，特别是在写错了以后不易查找错误，为此，书写时常采用八进制和十六进制数。

一个 K 进制数可表示为

$$(N)_K = \sum (a_i \times K^i) \quad i=0, \pm 1, \pm 2, \pm 3, \cdots$$

其中 K^i 称为 K 进制数第 i 位的权，简称位权。a_i 称为 K 进制数第 i 位的系数，共 K 个。表 10-6 列出了十进制数、二进制数、八进制数及十六进制数的表示形式。

表 10-6　十进制数、二进制数、八进制数、十六进制表示形式

	十进制数	二进制数	八进制数	十六进制数
系数 a_i	0, 1, …, 9	0, 1	0, 1, …, 7	0, 1, …, 9, A, B, C, D, E, F。其中 A~F 依次表示十进制数 10, 11, 12, 13, 14, 15
基数	10	2	8	16
位权值	10^i	2^i	8^i	16^i
按权展开式	$(N)_D = \sum (a_i \times 10^i)$	$(N)_B = \sum (a_i \times 2^i)$	$(N)_O = \sum (a_i \times 8^i)$	$(N)_H = \sum (a_i \times 16^i)$

不同的进位计数制只是描述数值的不同手段，可以相互转换，转换的原则是保证转换前后所表示的数值相等。

（二）数制转换

1. 将 K 进制数转换为十进制数

其方法为按"权"展开，也就是按照各种进制的权值展开式，求出系数与位权的乘积，然后把诸项乘积求和，即可得到转换结果。

【例 10-1】 将二进制数 $(1011.101)_B$ 转换为十进制数。

解：将二进制数按权展开如下：

$(1011.101)_B = 1 \times 2^3 + 0 \times 2^2 + 1 \times 2^1 + 1 \times 2^0 + 1 \times 2^{-1} + 0 \times 2^{-2} + 1 \times 2^{-3} = (11.625)_D$

其他进制数转换为十进制的方法与上类似，如下例。

【例 10-2】 将十六进制数 $(FA59)_H$ 转换为十进制数。

$(FA59)_H = 15 \times 16^3 + 10 \times 16^2 + 5 \times 16^1 + 9 \times 16^0 = (64089)_D$

2. 将十进制转换成 K 进制

方法：将整数部分和小数部分分别进行转换，然后再将它们合并起来。

整数部分转换：除"K"取余数法。

小数部分转换：乘"K"取整数法。

(1) 十进制数整数转换成 K 进制数整数，采用逐次除以基数 K 取余数（"除 K 取余"）的方法。

① 将给定的十进制数除以 K，余数作为 K 进制数的最低位。

② 把第一次除法所得的商再除以 K，余数作为次低位。

③ 重复②的步骤，记下余数，直至最后的商数为 0，最后的余数即为 K 进制的最高位。

(2) 十进制数纯小数转换成 K 进制小数，采取逐次乘以 K，截取乘积的整数部分（"乘 K 取整"）方法。

① 将给定的十进制数小数乘以 K，截取其整数部分作为 K 进制小数部分的最高位。

② 把第一次积的小数部分再乘以 K，所得积的整数部分为 K 进制的小数次高位。

③ 依次进行下去，直至最后乘积为 0。若最后乘积不会出现 0，要求达到一定的精度为止。

若要求精确到 0.1%（千分之一）　　取 10 位　　因为 $1/2^{10}=0.00098$

若要求精确到 1%（百分之一）　　　取 7 位　　　因为 $1/2^7=0.0078$

若要求精确到 10%（十分之一）　　 取 4 位　　　因为 $1/2^4=0.0625$

(3) 基数 K 为 2^i 的各进制数之间的相互转换。

① 二进制→八进制、十六进制。由于八进制的基数 $8=2^3$，十六进制的基数 $16=2^4$，因此一位八进制所能表示的数值恰好相当于 3 位二进制数能表示的数值，而一位十六进制与 4 位二进制数能表示的数值正好相当，所以将二进制数转换成八进制数和十六进制数相当方便。

其转换规则是：从小数点起向左右两边按 3 位（或四位）分组，不满 3 位（或 4 位）的，加 0 补足，每组以其对应的八进制（或十六进制）数码代替，即 3 位合 1 位（或 4 位合 1 位），顺序排列即为变换后的等值八进制（或十六进制）数。

【例 10-3】 $(110101.001000111)_B = ($　　　　$)_O = ($　　　　$)_H$

解：先从小数点起向两边每 3 位合 1 位，不足 3 位的加 0 补足，则得相应的八进制数

$$\left(\frac{110}{6}\frac{101}{5}.\frac{001}{1}\frac{000}{0}\frac{111}{7}\right)_B = (65.107)_O$$

从小数点起向两边每 4 位合 1 位，不足 4 位的加 0 补足，则得相应的十六进制数

$(110101.001000111)_B = (\underline{0011}\ \underline{0101}.\underline{0010}\ \underline{0011}\ \underline{1000})_B = (35.238)_H$

② 八进制、十六进制→二进制。方法：从小数点起，对八进制数，1 位用 3 位二进制数代替；对十六进制数，1 位用 4 位二进制数代替。

【例 10-4】 $(\underline{3}\ \underline{5}.\underline{6})_O = (11101.11)_B$
　　　　　　　011　101　110
　　　　　　　$(2\quad B.\quad F)_H = (101011.1111)_B$
　　　　　　　0010　1011　1111

（三）编码

编码是对特定事物给予特定的代码。

用二进制数对特定事物编码所得二进制代码称为二进制码。编码所得二进制码称为原码,将其各位取反(0变1,1变0)所得二进制码称为该原码的反码。在反码基础上加"1"所得二进制码称为该原码的补码。

对一位十进制数0~9给予一一对应的二进制代码,此二进制码称为二-十进制(BCD)码。BCD码有8421 BCD码、2421 BCD码、余3码等。8421 BCD码是最常用的BCD码,常简称为BCD码。表10-7给出了二-十进制数的几种常用BCD码。

表10-7 二-十进制几种常用BCD码

十进制数	8421码	2421码	余3码	余3循环码	5211码
0	0000	0000	0011	0010	0000
1	0001	0001	0100	0110	0001
2	0010	0010	0101	0111	0100
3	0011	0011	0110	0101	0101
4	0100	0100	0111	0100	0111
5	0101	1011	1000	1100	1000
6	0110	1100	1001	1101	1001
7	0111	1101	1010	1111	1100
8	1000	1110	1011	1110	1101
9	1001	1111	1100	1010	1111

8421 BCD码用4位二进制数的前10个数分别与十进制数0~9一一对应,而后6个二进制码1010~1111则不代表任何数。每一位的1都有固定的码权值,分别为8,4,2,1。8421码是一种有权码,各位码乘以各位权值相加即可得8421码所表示的十进制数。

余3码用4位二进制数中间的10个数分别与十进制数0~9一一对应。将余3码看作一个4位二进制数,该数值比余3码表示的十进制数大3,所以称为余3码。两余3码相加,结果要比十进制数之和所对应的二进制数大6。若两十进制数之和是10,用余3码实行十进制加法运算,结果是二进制数的16,即自动产生向高位进位信号。余3码中0和9,1和8,2和7,3和6,4和5对应的二进制码互为反码。

2421码也是一种有权码,用4位二进制数前5个数和后5个数与十进制数对应。2421码的0和9,1和8,2和7,3和6,4和5也互为反码。

余3循环码是一种变权码,每一位的"1"在不同代码中不具有固定数值。其特点是相邻两代码间只有一位的状态不同。

二、逻辑函数的化简

化简就是将逻辑函数表达式化成最简的与-或表达式,所谓最简的与-或表达式就是表达式中所含的乘积项最少,且每个乘积项中所含变量的个数也最少。

(一)逻辑代数的基本公式和基本定理

基本公式又称基本定律,是用逻辑表达式来描述逻辑运算的一些基本规律,有些和普通代数相似,有些则完全不同,是逻辑运算的重要工具,也是学习数字电子电路的必要基础。

逻辑代数的基本定律和恒等式列于表10-8。

项目 10　门电路逻辑功能及测试

表 10-8　逻辑代数的基本定律和恒等式（基本公式）

表达式	名称	运算规律
$A+0=A$	0—1 律	变量与常量的关系
$A \cdot 0=0$		
$A+1=1$		
$A \cdot 1=A$		
$A+A=A$	同一律	逻辑代数的特殊规律，不同于普通代数
$A \cdot A=A$		
$A+\overline{A}=1$	互补律	
$A \cdot \overline{A}=0$		
$\overline{\overline{A}}=A$	非非律	
$A+B=B+A$	交换律	与普通代数规律相同
$A \cdot B=B \cdot A$		
$(A+B)+C=A+(B+C)$	结合律	
$(A \cdot B) \cdot C=A \cdot (B \cdot C)$		
$A \cdot (B+C)=A \cdot B+A \cdot C$	分配律	
$A+BC=(A+B)(A+C)$		
$\overline{A+B}=\overline{A} \cdot \overline{B}$	反演律（摩根定律）	逻辑代数的特殊规律，不同于普通代数
$\overline{A \cdot B}=\overline{A}+\overline{B}$		

（二）常用公式

以表 10-8 所列的基本公式为基础，又可以推出一些常用公式，见表 10-9。这些公式的使用频率非常高，直接运用这些常用公式，可以给逻辑函数化简带来很大方便。

表 10-9　逻辑代数的常用公式

表达式	含义	方法说明
$A+AB=A$	在一个与或表达式中，若其中一项包含了另一项，则该项是多余的	吸收法
$A+\overline{A}B=A+B$	两个乘积项相加时，若一项取反后是另一项的因子，则此因子是多余的	消因子法
$A\overline{B}+AB=A$	两个乘积项相加时，若两项中除去一个变量相反外，其余变量都相同，则可用相同的变量代替这两项	并项法
$AB+\overline{A}C+BC=AB+\overline{A}C$	若两个乘积项中分别包含了 A、$\overline{A}$ 两个因子，而这两项的其余因子组成第三个乘积项时，则第三个乘积项是多余的，可以去掉	消项法
$\overline{AB+\overline{A}C}=A\overline{B}+\overline{A} \cdot \overline{C}$	在一个与或表达式中，如其中一项含有某变量的原变量，另一项含有此变量的反变量，那么将这两项其余部分各自求反，则可得到这两项的反函数	求反函数法

在化简逻辑函数时，要灵活运用上述方法，才能将逻辑函数化为最简。下面再举几个例子。

【例10-5】 化简逻辑函数 $L=A\overline{B}+A\overline{C}+A\overline{D}+ABCD$

解：$L=A(\overline{B}+\overline{C}+\overline{D})+ABCD=A\overline{BCD}+ABCD=A(\overline{BCD}+BCD)=A$

【例10-6】 化简逻辑函数 $L=AD+A\overline{D}+AB+\overline{A}C+BD+A\overline{B}EF+\overline{B}EF$

解：$L=A+AB+\overline{A}C+BD+A\overline{B}EF+\overline{B}EF$（利用 $A+\overline{A}=1$）

$\quad =A+\overline{A}C+BD+\overline{B}EF$（利用 $A+AB=A$）

$\quad =A+C+BD+\overline{B}EF$（利用 $A+\overline{A}B=A+B$）

【例10-7】 化简逻辑函数 $L=AB+A\overline{C}+\overline{BC}+\overline{C}B+\overline{B}D+\overline{D}B+ADE(F+G)$

解：$L=A\overline{BC}+\overline{BC}+\overline{C}B+\overline{B}D+\overline{D}B+ADE(F+G)$（利用反演律）

$\quad =A+\overline{BC}+\overline{C}B+\overline{B}D+\overline{D}B+ADE(F+G)$（利用 $A+\overline{A}B=A+B$）

$\quad =A+\overline{BC}+\overline{C}B+\overline{B}D+\overline{D}B$（利用 $A+AB=A$）

$\quad =A+\overline{BC}(D+\overline{D})+\overline{C}B+\overline{B}D+\overline{D}B(C+\overline{C})$（配项法）

$\quad =A+\overline{BC}D+\overline{BC}\overline{D}+\overline{C}B+\overline{B}D+\overline{D}BC+\overline{D}B\overline{C}$

$\quad =A+\overline{BC}\overline{D}+\overline{C}B+\overline{B}D+\overline{D}BC$（利用 $A+AB=A$）

$\quad =A+C\overline{D}(\overline{B}+B)+\overline{C}B+\overline{B}D$

$\quad =A+C\overline{D}+\overline{C}B+\overline{B}D$（利用 $A+\overline{A}=1$）

三、组合逻辑电路的分析与设计

（一）组合逻辑电路的分析

1. 组合逻辑电路的特点

组合逻辑电路是数字电路中最简单的一类逻辑电路，其特点是功能上无记忆，结构上无反馈。即电路任一时刻的输出状态只决定于该时刻各输入状态的组合，而与电路的原状态无关。

2. 组合逻辑电路的分析方法

【例10-8】 组合电路如图10-9所示，分析该电路的逻辑功能。

解：(1) 由逻辑图逐级写出逻辑表达式。

为了写表达式方便，借助中间变量 P

$P=\overline{ABC}$

$L=AP+BP+CP$

$\quad =A\overline{ABC}+B\overline{ABC}+C\overline{ABC}$

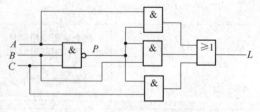

图10-9 例10-8电路图

(2) 化简与变换。因为下一步要列真值表，所以要通过化简与变换，使表达式有利于列真值表，一般应变换成与-或式或最小项表达式。

$L=\overline{ABC}(A+B+C)=\overline{\overline{ABC}+\overline{A+B+C}}=\overline{ABC+\overline{A}\,\overline{B}\,\overline{C}}$

(3) 由表达式列出真值表，见表10-10。经过化简与变换的表达式为两个最小项之和的非，所以很容易列出真值表。

表 10-10　逻辑电路真值表

A	B	C	L
0	0	0	0
0	0	1	1
0	1	0	1
0	1	1	1
1	0	0	1
1	0	1	1
1	1	0	1
1	1	1	0

（4）分析逻辑功能。由真值表可知，当 A、B、C 三个变量不一致时，电路输出为"1"，所以这个电路称为"不一致电路"。

上例中输出变量只有一个，对于多输出变量的组合逻辑电路，分析方法完全相同。

（二）组合逻辑电路的设计方法

设计组合逻辑电路的大致步骤如下：

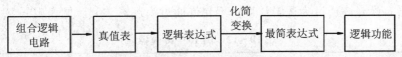

组合逻辑电路的设计一般应以电路简单、所用器件最少为目标，并尽量减少所用集成器件的种类，因此在设计过程中要用到前面介绍的方法来化简或转换逻辑函数。

【例 10-9】 设计一个 3 人表决电路，结果按"少数服从多数"的原则决定。

解：（1）根据设计要求建立该逻辑函数的真值表。

设 3 人的意见为变量 A、B、C，表决结果为函数 L。对变量及函数进行如下状态赋值：对于变量 A、B、C，设同意为逻辑"1"；不同意为逻辑"0"。对于函数 L，设事情通过为逻辑"1"；事情没通过为逻辑"0"。列出真值表，见表 10-11。

表 10-11　例 10-9 真值表

A	B	C	L
0	0	0	0
0	0	1	0
0	1	0	0
0	1	1	1
1	0	0	0
1	0	1	1
1	1	0	1
1	1	1	1

（2）由真值表写出逻辑表达式 $L=\overline{A}BC+A\overline{B}C+AB\overline{C}+ABC$

（3）该逻辑式不是最简，化简后可得到最简结果：$L=AB+BC+AC$

（4）画出逻辑图如图 10-10 所示。

如果要求用与非门实现该逻辑电路，就应将表达式转换成与非-与非表达式

$$L=AB+BC+AC=\overline{\overline{AB}\cdot\overline{BC}\cdot\overline{AC}}$$

画出逻辑图如图 10-11 所示。

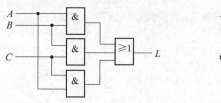
图 10-10 逻辑图

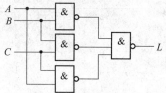
图 10-11 用与非门实现的逻辑图

【**例 10-10**】 设计一个电话机信号控制电路。电路有 I_0（火警）、I_1（盗警）和 I_2（日常业务）3 种输入信号，通过排队电路分别从 L_0、L_1、L_2 输出，在同一时间只能有一个信号通过。如果同时有两个以上信号出现时，应首先接通火警信号，其次为盗警信号，最后是日常业务信号。试按照上述轻重缓急设计该信号控制电路。要求用集成门电路 7400（每片含 4 个 2 输入端与非门）实现。

解：(1) 列真值表。

对于输入，设有信号为逻辑"1"；没信号为逻辑"0"。

对于输出，设允许通过为逻辑"1"；不允许通过为逻辑"0"。见表 10-12。

表 10-12 例 10-10 真值表

输入			输出		
I_0	I_1	I_2	L_0	L_1	L_2
0	0	0	0	0	0
1	×	×	1	0	0
0	1	×	0	1	0
0	0	1	0	0	1

(2) 由真值表写出各输出的逻辑表达式：

$$L_0 = I_0$$
$$L_1 = \overline{I_0} I_1$$
$$L_2 = \overline{I_0}\, \overline{I_1} I_2$$

这 3 个表达式已是最简，无须化简。但需要用非门和与门实现，且 L_2 需用三输入端与门才能实现，故不符合设计要求。

(3) 根据要求，将上式转换为与非表达式：

$$L_0 = I_0$$
$$L_1 = \overline{\overline{\overline{I_0} I_1}}$$
$$L_2 = \overline{\overline{\overline{I_0} I_1 I_2}} = \overline{\overline{\overline{I_0} I_1} \cdot I_2}$$

(4) 画出逻辑图如图 10-12 所示，可用两片集成与非门 7400 来实现。

可见，在实际设计逻辑电路时，有时并不是表达式最简单就能满足设计要求，还应考虑所使用集成器件的种类，将表达式转换为能用所要求的集成器件实现的形式，并尽量使所用集成器件最少,即设计步骤框图中所说的"最合理表达式"。

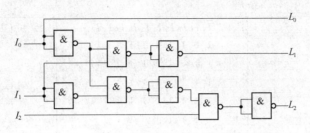

图 10-12　例 10-10 逻辑图

知识点 10.3　常见的典型组合逻辑电路

了解常见的组合逻辑电路,如编码器、译码器等,并能分析其在数字电路中的作用。

在数字集成产品中有许多具有特定组合逻辑功能的数字集成器件,称为组合逻辑器件(或组合逻辑部件)。本节主要介绍这些组合器件,以及这些组合部件的应用。

一、编码器

编码器是对输入赋予一定的二进制代码,给定输入就有相应的二进制码输出。常用的编码器有二进制编码器和二-十进制编码器等。

二-十进制编码器码对 10 个输入 $I_0 \sim I_9$(代表 0~9)进行 8421 BCD 编码,输出一位 BCD 码(ABCD)。输入十进制数可以是键盘,也可以是开关输入。但输入有高电平有效和低电平有效之分,如图 10-13 所示。图 10-13(a)中开关按下时给编码器输入低电平有效信号;图 10-13(b)中开关按下时给编码器输入高电平有效信号。实际应用中多采用低电平有效信号。

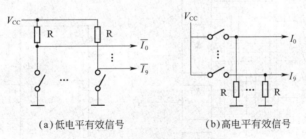

(a)低电平有效信号　　　　(b)高电平有效信号

图 10-13　键控输入信号

若输入信号低电平有效可得二-十进制编码器真值表(见表 10-13),表中输入变量上的非代表输入低电平有效的意义。

表 10-13　十/四线编码器真值表

输入		输出
十进制数	$\overline{I_0}\,\overline{I_1}\,\overline{I_2}\,\overline{I_3}\,\overline{I_4}\,\overline{I_5}\,\overline{I_6}\,\overline{I_7}\,\overline{I_8}\,\overline{I_9}$	$D\,C\,B\,A$
0	0 1 1 1 1 1 1 1 1 1	0 0 0 0

续表

输入		输出
十进制数	$\overline{I_0}\ \overline{I_1}\ \overline{I_2}\ \overline{I_3}\ \overline{I_4}\ \overline{I_5}\ \overline{I_6}\ \overline{I_7}\ \overline{I_8}\ \overline{I_9}$	$D\ C\ B\ A$
1	1 0 1 1 1 1 1 1 1 1	0 0 0 1
2	1 1 0 1 1 1 1 1 1 1	0 0 1 0
3	1 1 1 0 1 1 1 1 1 1	0 0 1 1
4	1 1 1 1 0 1 1 1 1 1	0 1 0 0
5	1 1 1 1 1 0 1 1 1 1	0 1 0 1
6	1 1 1 1 1 1 0 1 1 1	0 1 1 0
7	1 1 1 1 1 1 1 0 1 1	0 1 1 1
8	1 1 1 1 1 1 1 1 0 1	1 0 0 0
9	1 1 1 1 1 1 1 1 1 0	1 0 0 1

输出逻辑函数为

$$\begin{cases} D = "9" + "8" = I_9 + I_8 = \overline{\overline{I_9}\ \overline{I_8}} \\ C = "7" + "6" + "5" + "4" = I_7 + I_6 + I_5 + I_4 = \overline{\overline{I_7}\ \overline{I_6}\ \overline{I_5}\ \overline{I_4}} \\ B = "7" + "6" + "3" + "2" = I_7 + I_6 + I_3 + I_2 = \overline{\overline{I_7}\ \overline{I_6}\ \overline{I_3}\ \overline{I_2}} \\ A = "9" + "7" + "5" + "3" + "1" = I_9 + I_7 + I_5 + I_3 + I_1 = \overline{\overline{I_9}\ \overline{I_7}\ \overline{I_5}\ \overline{I_3}\ \overline{I_1}} \end{cases}$$

式中:"9"表示开关9合上,同时只能有一个开关合上。采用与非门实现十进制编码电路的逻辑图如图 10-14 (a) 所示。图 10-14 (b) 所示用方框表示此编码器,输入端用非号和小圈双重表示输入信号低电平有效,并不表示输入信号要经过两次反相。输出端没有小圈和非符号,表示输出高电平有效。

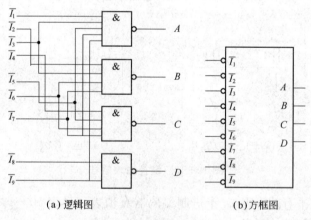

(a) 逻辑图　　　　　(b) 方框图

图 10-14　十/四线编码器

二、译码器

译码是编码的逆过程,所以,译码器的逻辑功能就是还原输入逻辑信号的逻辑原意。按功能,译码器有两大类:通用译码器和显示译码器。

(一) 通用译码器

这里的通用译码器是指将输入 n 位二进制码还原成 2^n 个输出信号,或将一位 BCD 码还原为 10 个输出信号的译码器，称为二线-四线译码器，三线-八线译码器，四线-十线译码器等。

从广义上讲，通用译码器给定一个（二进制或 BCD）输入就有一个输出（高电平或低电平）有效，表明该输入状态。表 10-14 给出了两位二进制通用译码器的真值表，其输出函数为

$$\begin{cases} Y_0 = \overline{A_1}\,\overline{A_0} = m_0 \\ Y_1 = \overline{A_1} A_0 = m_1 \\ Y_2 = A_1 \overline{A_0} = m_2 \\ Y_3 = A_1 A_0 = m_3 \end{cases}$$

表 10-14 二/四线译码器真值表

A_1	A_0	Y_0	Y_1	Y_2	Y_3
0	0	1	0	0	0
0	1	0	1	0	0
1	0	0	0	1	0
1	1	0	0	0	1

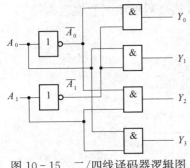

图 10-15 二/四线译码器逻辑图

从而得逻辑图如图 10-15 所示。

（二）显示译码器

显示译码器是将输入二进制码转换成显示器件所需要的驱动信号，数字电路中，多采用七段字符显示器。

1. 七段字符显示器

在数字系统中，经常要用到字符显示器。目前，常用的字符显示器有发光二极管 LED 字符显示器和液态晶体 LCD 字符显示器。

发光二极管是用砷化镓、磷化镓等材料制造的特殊二极管。在发光二极管正向导通时，电子和空穴大量复合，把多余能量以光子形式释放出来，根据材料不同发出不同波长的光。发光二极管既可以用高电平点亮，也可以用低电平驱动，分别如图 10-16（a）和图 10-16（b）所示。

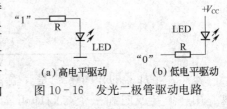

图 10-16 发光二极管驱动电路

其中限流电阻一般是几百欧姆到几千欧姆，由发光亮度（电流）决定。

将 7 个发光二极管封装在一起，每个发光二极管做成字符的一个段，就是所谓的七段 LED 字符显示器。根据内部连接的不同，LED 显示器有共阴和共阳之分，如图 10-17 所示。由图 10-17 可知，共阴 LED 显示器适用于高电平驱动，共阳 LED 显示器适用于低电平驱动。由于集成电路的高电平输出电流小，而低电平输出电流相对比较大，采用集成门电路直接驱动 LED 时，多采用低电平驱动方式。

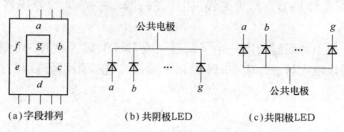

(a) 字段排列　　(b) 共阴极LED　　(c) 共阳极LED

图 10-17　七段字符显示器

2. 常用的显示译码器

供 LED 显示器用的显示译码器有多种型号可供选用。显示译码器有 4 个输入端，7 个输出端，它将 8421 代码译成 7 个输出信号以驱动七段 LED 显示器。常用型号有 74LS247、SN7448、CC4511 等。

三、加法器

加法器是能实现二进制加法逻辑运算的组合逻辑电路。

（一）半加器

所谓半加器，是指只有被加数（A）和加数（B）输入的一位二进制加法电路。加法电路有两个输出：一个是两数相加的和（S），另一个是相加后向高位进位（CO）。

根据半加器的定义，得其真值表，见表 10-15。由真值表得输出函数表达式

$$\begin{cases} S = A\bar{B} + \bar{A}B \\ = A \oplus B \\ CO = AB \end{cases}$$

表 10-15　半加器真值表

A	B	S	CO
0	0	0	0
0	1	1	0
1	0	1	0
1	1	0	1

显然，半加器的和函数 S 是其输入 A，B 的异或函数；进位函数 C 是 A 和 B 的逻辑乘。用一个异或门和一个与门即可实现半加器功能。图 10-18 给出了半加器逻辑图和半加器逻辑符号。

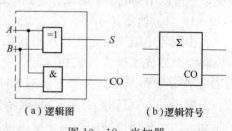

(a) 逻辑图　　(b) 逻辑符号

图 10-18　半加器

（二）全加器

全加器不仅有被加数 A 和加数 B，还有低位来的进位 CI 作为输入；3 个输入相加产生全加器两个输出，和 S 及向高位进位 CO。根据全加器功能得真值表，见表 10-16。根据真值表可得全加器输出函数

项目10 门电路逻辑功能及测试

$$\begin{cases} S = \overline{A}\,\overline{B}CI + \overline{A}B\,\overline{CI} + A\,\overline{B}\,\overline{CI} + ABCI \\ \quad = A \oplus B \oplus CI \\ CO = (A\,\overline{B} + \overline{A}B)CI + AB \\ \quad = (A \oplus B)CI + AB \end{cases}$$

表 10-16 全加器真值表

A	B	CI	S	CO
0	0	0	0	0
0	0	1	1	0
0	1	0	1	0
0	1	1	0	1
1	0	0	1	0
1	0	1	0	1
1	1	0	0	1
1	1	1	1	1

由此可见，和函数 S 是 3 个输入变量的异或。

其逻辑图如图 10-19 所示。

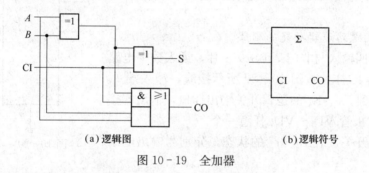

(a) 逻辑图　　　　　　　　　　　(b) 逻辑符号

图 10-19 全加器

项目实施　门电路逻辑功能及测试

一、实验目的

(1) 熟悉门电路的逻辑功能、逻辑表达式、逻辑符号、等效逻辑图。
(2) 掌握数字电路实验箱及示波器的使用方法。
(3) 学会检测基本门电路的方法。

二、实验仪器及材料

(1) 仪器设备：双踪示波器 1 台、数字万用表 1 块、数字电路实验箱 1 个。
(2) 器件：
(1) 74LS00　二输入端四与非门×2 片；
(2) 74LS20　四输入端双与非门×1 片；
(3) 74LS86　二输入端四异或门×1 片。

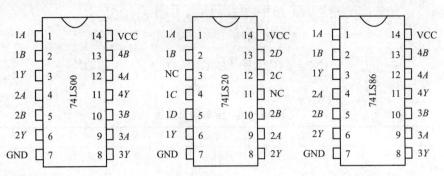

三、预习要求

(1) 预习门电路相应的逻辑表达式。

(2) 熟悉所用集成电路的引脚排列及用途。

四、实验内容及步骤

实验前按数字电路实验箱使用说明书先检查电源是否正常,然后选择实验用的集成块芯片插入实验箱中对应的 IC 座,按自己设计的实验接线图接好连线。注意集成块芯片不能插反。线接好后经实验指导教师检查无误方可通电实验。实验中改动接线须先断开电源,接好线后再通电实验。

(一) 与非门电路逻辑功能的测试

(1) 选用双四输入与非门 74LS20 一片,插入数字电路实验箱中对应的 IC 座,按图 10-20 所示接线,输入端 1、2、4、5 分别接到 $K_1 \sim K_4$ 的逻辑开关输出插口,输出端接电平显示发光二极管 $VD_1 \sim VD_4$ 任意一个。

(2) 将逻辑开关按表 10-17 的状态,分别测输出电压及逻辑状态。

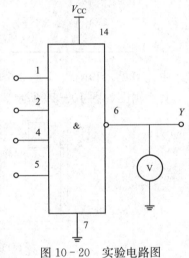

图 10-20 实验电路图

表 10-17 实 验 状 态

输入				输出	
1 (K_1)	2 (K_2)	4 (K_3)	5 (K_4)	Y	电压值/V
H	H	H	H		
L	H	H	H		
L	L	H	H		
L	L	L	H		
L	L	L	L		

(二) 异或门逻辑功能的测试

(1) 选二输入四异或门电路 74LS86,按图 10-21 所示异或门逻辑图线,输入端 1、2、4、5 接逻辑开关 ($K_1 \sim K_4$),输出端 A、B、Y 接电平显示发光二极管。

(2) 将逻辑开关按表 10-18 的状态,将结果填入表 10-18 中。

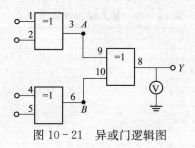

图 10-21 异或门逻辑图

表 10-18 记录表

输入				输出			
1（K₁）	2（K₂）	4（K₃）	5（K₄）	A	B	Y	电压/V
L	L	L	L				
H	L	L	L				
H	H	L	L				
H	H	H	L				
H	H	H	H				
L	H	L	H				

（三）逻辑电路的逻辑关系测试

（1）用 74LS00 按图 10-22 与图 10-23 接线，将输入输出逻辑关系分别填入表 10-19 与表 10-20 中。

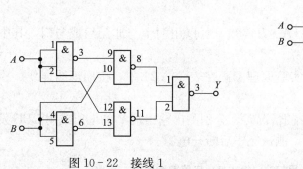

图 10-22 接线 1　　　　　　　　　图 10-23 接线 2

表 10-19 输入输出逻辑关系 1

输入		输出 Y
A	B	
L	L	
L	H	
H	L	
H	H	

271

表 10-20　输入输出逻辑关系 2

输入		输出	
A	B	Y	Z
L	L		
L	H		
H	L		
H	H		

（2）写出上面两个电路逻辑表达式，并画出等效逻辑图。

（四）利用与非门控制输出（选做）

用一片 74LS00 按图 10-24 接线，S 接任一电平开关，用示波器观察 S 对输出脉冲的控制作用。

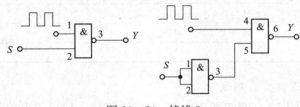

图 10-24　接线 3

（五）用与非门组成其他逻辑门电路，并验证其逻辑功能

1. 组成与门电路

由与门的逻辑表达式 $Z = A \cdot B = \overline{\overline{A \cdot B}}$ 得知，可以用两个与非门组成与门，其中一个与非门用作反相器。

（1）将与门及其逻辑功能验证的实验原理图画在表 10-21 中，按原理图连线，检查无误后接通电源。

（2）当输入端 A、B 为表 10-21 的情况时，分别测出输出端 Y 的电压或用 LED 发光管监视其逻辑状态，并将结果记录表中，测试完毕后断开电源。

表 10-21　用与非门组成与门电路实验数据

逻辑功能测试实验原理图	输入		输出 Y	
	A	B	电压	逻辑值
	L	L		
	L	H		
	H	L		
	H	H		

2. 组成或门电路

根据 De. Morgan 定理，或门的逻辑函数表达式 $Z = A + B$ 可以写成 $Z = \overline{\overline{\overline{A} \cdot \overline{B}}}$，因此，

可以用 3 个与非门组成或门。

(1) 将或门及其逻辑功能验证的实验原理图画在表 10-22 中，按原理图连线，检查无误后接通电源。

(2) 当输入端 A、B 为表 10-22 的情况时，分别测出输出端 Y 的电压或用 LED 发光管监视其逻辑状态，并将结果记录表中，测试完毕后断开电源。

表 10-22 用与非门组成或门电路实验数据

逻辑功能测试实验原理图	输入		输出 Y	
	A	B	电压	逻辑值
	L	L		
	L	H		
	H	L		
	H	H		

3. 组成或非门电路

或非门的逻辑函数表达式 $Z=\overline{A+B}$，根据 De Morgan 定理，可以写成 $Z=\overline{A}\cdot\overline{B}=\overline{\overline{\overline{A}\cdot\overline{B}}}$，因此，可以用 4 个与非门构成或非门。

(1) 将或非门及其逻辑功能验证的实验原理图画在表 10-23 中，按原理图连线，检查无误后接通电源。

(2) 当输入端 A、B 为表 10-23 的情况时，分别测出输出端 Y 的电压或用 LED 发光管监视其逻辑状态，并将结果记录表中，测试完毕后断开电源。

表 10-23 用与非门组成或非门电路实验数据

逻辑功能测试实验原理图	输入		输出 Y	
	A	B	电压	逻辑值
	L	L		
	L	H		
	H	L		
	H	H		

4. 组成异或门电路（选做）

异或门的逻辑表达式 $Z=A\overline{B}+\overline{A}B=\overline{\overline{A\overline{B}}\cdot\overline{\overline{A}B}}$，由表达式得知，可以用 5 个与非门组成异或门。但根据没有输入反变量的逻辑函数的化简方法，有 $\overline{A}\cdot B=\overline{(A+\overline{B})}\cdot B=\overline{A+\overline{B}}\cdot B$，同理有 $A\overline{B}=A\cdot\overline{(\overline{A}+B)}=A\cdot\overline{\overline{A}B}$，因此 $Z=A\overline{B}+\overline{A}B=\overline{\overline{ABB}\cdot\overline{ABA}}$，可由 4 个与非门组成。

(1) 将异或门及其逻辑功能验证的实验原理图画在表 10-24 中，按原理图连线，检查无误后接通电源。

(2) 当输入端 A、B 为表 10-24 的情况时，分别测出输出端 Y 的电压或用 LED 发光管监视其逻辑状态，并将结果记录表中，测试完毕后断开电源。

表 10-24 用与非门组成异或门电路实验数据

逻辑功能测试实验原理图	输入		输出 Y	
	A	B	电压	逻辑值
	L	L		
	L	H		
	H	L		
	H	H		

五、实验报告

(1) 按各步骤要求填表并画逻辑图。

(2) 回答问题。

① 怎样判断门电路逻辑功能是否正常？

② 与非门一个输入接连续脉冲，其余端什么状态时允许脉冲通过？什么状态时禁止脉冲通过？

③ 异或门又称可控反相门，为什么？

知识拓展

数据选择器

数据选择器的逻辑功能，是将多个数据源输入的数据有选择地送到公共输出通道，其功能示意如图 10-25 所示。一般来说，数据选择器的数据输入端数 M 和数据选择端数 N 成 2^N 倍关系，数据选择端确定一个二进制码（或称为地址），对应地址通道的输入数据被传送到输出端（公共通道）。

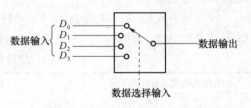

图 10-25 数据选择器示意图

一、4 选 1 数据选择器

4 选 1 数据选择器有 4 个数据输入端（D_3，D_2，D_1，D_0）和两个数据选择输入端（A_1，A_0），一个数据输出端（Y），另外附加一个使能（选通）端（EN）。根据 4 选 1 数据选择器功能，并设使能信号低电平有效，可得 4 选 1 数据选择器功能表（见表 10-25）。再由功能表可写出输出逻辑函数

$$Y = \overline{EN}\,\overline{A_1}\,\overline{A_0}D_0 + \overline{EN}\,\overline{A_1}A_0D_1 + \overline{EN}A_1\overline{A_0}D_2 + \overline{EN}A_1A_0D_3$$
$$= \sum \overline{EN}m_iD_i$$

表 10-25 4 选 1 数据选择器功能表

EN	A_1	A_0	Y
1	×	×	0
0	0	0	D_0
0	0	1	D_1
0	1	0	D_2
0	1	1	D_3

由此得逻辑图，如图 10-26 所示。

项目 10　门电路逻辑功能及测试

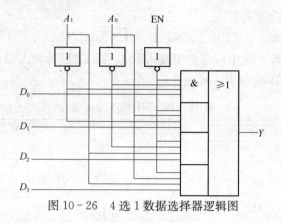

图 10-26　4 选 1 数据选择器逻辑图

二、集成 8 选 1 数据选择器 74LS151

74LS151 是具有 8 选 1 逻辑功能的 TTL 集成数据选择器，图 10-27 给出了 74LS151 内部逻辑图及双排直立封装的引脚号。

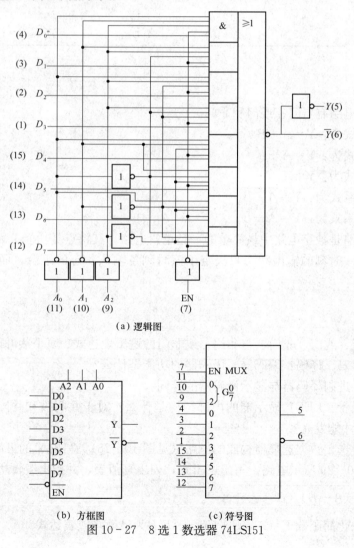

(a) 逻辑图

(b) 方框图　　　(c) 符号图

图 10-27　8 选 1 数选器 74LS151

根据逻辑图可得输出逻辑表达式

$$Y=\sum \overline{\text{EN}} m_i D_i = \overline{\overline{\text{EN}}\sum m_i D_i}$$

可见，输出函数是输入最小项与对应输入数据乘积之逻辑和。由表达式可知，使能信号低电平有效，得74LS151功能表，见表10-26。

表10-26　74LS151功能表

$\overline{\text{EN}}$	$A_2 A_1 A_0$	Y	$\overline{Y}$
1	× × ×	0	1
0	0 0 0	D_0	$\overline{D_0}$
0	0 0 1	D_1	$\overline{D_1}$
0	0 1 0	D_2	$\overline{D_2}$
0	0 1 1	D_3	$\overline{D_3}$
0	1 0 0	D_4	$\overline{D_4}$
0	1 0 1	D_5	$\overline{D_5}$
0	1 1 0	D_6	$\overline{D_6}$
0	1 1 1	D_7	$\overline{D_7}$

项目总结

基本逻辑门电路有与门、或门和非门。

与逻辑关系式为：$Y=A \cdot B$。

或逻辑关系式为：$Y=A+B$。

非逻辑关系式为：$Y=\overline{A}$。

与非逻辑关系式为：$Y=\overline{A \cdot B}$。

或非逻辑关系式为：$Y=\overline{A+B}$。

组合逻辑电路是数字电路中最简单的一类逻辑电路，其特点是功能上无记忆，结构上无反馈。即电路任一时刻的输出状态只决定于该时刻各输入状态的组合，而与电路的原状态无关。

项目练习

1. 写出与门、或门、非门、与非门、或非门的逻辑表达式、真值表并画出逻辑符号。
2. 什么叫编码、译码？编码器、译码器的功能是什么？
3. 试比较二进制译码器与显示译码器的异同。
4. 发光二极管（LED）显示器的内部结构是什么？对于共阴极和共阳极两种接法，分别在什么条件下才能发光？
5. 分析用4选1数据选择器构成的电路（见图10-28），写出 Y 的最简与或式。
6. 分析图10-29所示电路，写出逻辑式，列出真值表，并指出逻辑功能。
7. 化简 $F=\overline{(\overline{A}+\overline{B})~(B+C)}+A\overline{C}$。
8. 用代数法化简函数 $F=A+\overline{\overline{B}+CD}+\overline{AD\overline{B}}$ 为最简与或表达式。

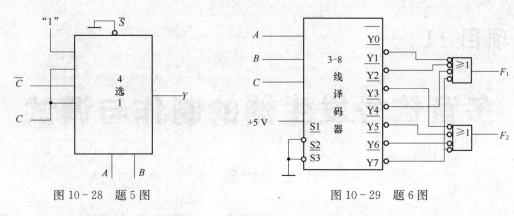

图 10-28 题 5 图   图 10-29 题 6 图

9. 化简并用与非门实现逻辑图

$$F = A + \overline{\overline{B} + \overline{CD}} + \overline{\overline{AD} \cdot \overline{B}}$$

10. 在图 10-30 所示的逻辑电路中，试确定输入信号 A、B、C 为何值（0 或 1）时，才能使输出 F 为 1？

11. 某组合逻辑电路如图 10-31 所示，分析该电路实现的逻辑功能。

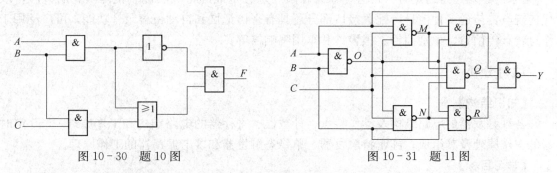

图 10-30 题 10 图   图 10-31 题 11 图

12. 用与非门设计一个组合逻辑电路，完成以下功能：

只有当 3 个裁判（包括裁判长），或一个裁判长和另一个裁判员认为杠铃已举起并符合标准时，按下按键，使灯亮（或铃响），表示此次举重成功；否则，就表示举重失败。

13. 用数据选择器组成的电路如图 10-32 所示，试写出该电路输出函数的逻辑表达式。

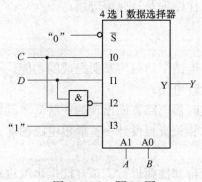

图 10-32 题 13 图

项目 11

多音信号发生器的制作与调试

项目导入

用两片 555 定时器构成多音信号发生器,它能按一定规律发出两种不同的声音,这种多音信号发生器是由两个多谐振荡器组成,一个振荡频率较低,另一个振荡频率受其控制,适当调整电路参数,可使声音达到满意的效果。多音信号发生器是一种具有识别和记录功能的多音双频电子信号铃,具有主从式多键开关盒、音箱和自动录音与指示接口部分,利用主从式多键结构来控制电路发出多种音调的单或双频交替音响,使其具有区别按铃者是未约定者(不常来访者)还是约定者(常客、家人)及约定者是谁的特殊功能。悦耳洪亮的铃声可取代传统电铃传递多种信息,配置接口部分还具有来访记忆和自动留言录音功能,可广泛用于作息铃、传信铃、识别门铃、报警铃和车用鸣响器等。

项目分析

【知识结构】

各种触发器的电路结构及动作特点;计数器、寄存器的电路结构和工作原理;555 定时器的工作原理及其组成;施密特触发器、单稳态触发器和多谐振荡器的工作原理。

【学习目标】

- ◆ 掌握脉冲的基本概念;
- ◆ 知道施密特、单稳态、多谐振荡器的概念,理解施密特、单稳态、多谐振荡器的工作原理;
- ◆ 知道施密特、单稳态、多谐振荡器的应用;
- ◆ 掌握 555 定时器的工作原理及其典型应用;
- ◆ 掌握 555 集成电路引脚。

【能力目标】

- ◆ 能看懂触发器在电子电路中的应用及所完成的功能;
- ◆ 会使用 555 定时器设计电路;
- ◆ 能分析和解决 555 定时器电路方面出现的一些简单问题;
- ◆ 具有能够根据提供的相关资料设计一些简单电路的能力。

【素质目标】

- ◆ 会对所制作电路的指标和性能进行测试并能提出改进意见;
- ◆ 具有进一步学习专业知识的能力;
- ◆ 具有系统思考、抽象思维和分析问题的能力;

- 培养学生养成对待工作和学习一丝不苟、精益求精的态度;
- 具有理论联系实际的能力和一定的创新精神能力。

相关知识

知识点 11.1 触 发 器

熟悉基本 RS 触发器、同步 RS 触发器、JK 触发器、D 触发器的电路结构及工作原理,熟记其特征方程。

在复杂的数字电路中,要连续进行各种复杂的运算和控制,就必须将曾经输入过的信号及运算结果暂时保存起来,以便与新的输入信号进一步运算,共同确定电路新的输出状态。这样,就要求数字电路中必须包含具有记忆功能的电路单元。这种电路单元通常具有两种稳定的逻辑状态:0 状态和 1 状态。触发器就是具有记忆 1 位二进制代码的基本单元。其特点如下。

(1) 有两个稳定的状态:0 状态、1 状态。

(2) 如果外加输入信号为有效电平,触发器将发生状态转换,即可以从一种稳态翻转到另一种新的稳态。为便于描述,今后把触发器原来所处的稳定状态用 Q^n 表示,称为现态。而将新的稳态用 Q^{n+1} 表示,称为次态。分析触发器的逻辑功能,主要就是分析当输入信号为某一种取值组合时,输出信号的次态 Q^{n+1} 的值。

(3) 当输入信号有效电平消失后,触发器能保持新的稳态。

触发器是构成时序逻辑电路必不可少的基本部件。

触发器的种类较多,根据逻辑功能可分为 RS 触发器、D 触发器、JK 触发器、T 触发器、T′触发器;根据触发方式的不同可划分为电平触发型和边沿触发型;从结构上可划分为基本触发器、同步触发器、主从触发器和边沿触发器。

一、RS 触发器

(一) 基本 RS 触发器

基本 RS 触发器的电路组成:将两个与非门首尾交叉相连,就组成了一个基本 RS 触发器,如图 11-1 所示。

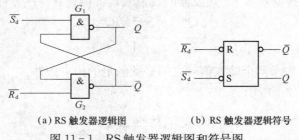

(a) RS 触发器逻辑图　　　(b) RS 触发器逻辑符号

图 11-1　RS 触发器逻辑图和符号图

其中 $\overline{R}_d$、$\overline{S}_d$ 是两个输入信号(也叫触发信号),低电平有效。Q、$\overline{Q}$ 是两个互补的输出端,其输出信号相反,通常规定 Q 端的输出状态为触发器的状态。图 11-1 (b) 所示为基本 RS 触发器的逻辑符号。

1. 逻辑功能分析

(1) $\overline{R}_d=1$,$\overline{S}_d=1$ 时,输入信号均为无效电平,由逻辑图可得出,此时触发器将保持原来状态不变，即 $Q^{n+1}=Q^n$。

(2) $\overline{R_d}=0$，$\overline{S_d}=1$ 时，此时 G_2 门的输出 $\overline{Q}=1$，G_1 门的输入全为 1，则 $Q=0$；$Q^{n+1}=0$，而与原来的状态无关。这种功能称为触发器置 0，又称复位。因此将 $\overline{R_d}$ 端叫作置 0 端，又叫复位端。

(3) $\overline{R_d}=1$，$\overline{S_d}=0$ 时，此时 G_1 门的输出 $Q=1$，G_2 门的输入全为 1，则 $\overline{Q}=0$；$Q^{n+1}=1$，同样与原来的状态无关。这种功能称为触发器置 1，又称置位。因此将 $\overline{S_d}$ 端叫作置 1 端，又叫置位端。

(4) $\overline{R_d}=0$，$\overline{S_d}=0$ 时，输入信号均为有效电平，这种情况是不允许的。因为，其一，$\overline{R_d}=0$，$\overline{S_d}=0$ 破坏了 Q、$\overline{Q}$ 互补的约束；其二，当 $\overline{R_d}$、$\overline{S_d}$ 的低电平有效触发信号同时消失后，Q、$\overline{Q}$ 的状态将是不确定的。

2. 逻辑功能描述

综合以上对基本 RS 触发器逻辑功能的分析结果，下面分别用真值表、特性方程、状态转换图、工作波形图对其功能进行描述。

(1) 真值表见表 11-1。

表 11-1 基本 RS 触发器真值表

$\overline{R_d}$	$\overline{S_d}$	Q^n	Q^{n+1}	说明
0	0	0	×	不允许
0	0	1	×	不允许
0	1	0	0	置 0
0	1	1	0	置 0
1	0	0	1	置 1
1	0	1	1	置 1
1	1	0	Q^n	保持
1	1	1	Q^n	保持

(2) 特征方程。根据基本 RS 触发器的真值表，可得到其特性方程为

$$\left.\begin{array}{r} Q^{n+1}=S+\overline{R_d}Q^n \\ \overline{R_d}+\overline{S_d}=1 \end{array}\right\}$$

其中 $\overline{R_d}+\overline{S_d}=1$ 表示两个输入信号之间必须满足的约束条件。

(3) 状态转换图如下所示。

$$SR=0\times \underset{SR=01}{\overset{SR=10}{\underset{\longleftarrow}{\longrightarrow}}} \text{0} \quad \text{1} \quad SR=\times 0$$

（二）同步 RS 触发器

同步 RS 触发器是由一时钟脉冲信号 CP 控制的 RS 触发器。当要求触发器状态不是单纯地受 R、S 端信号控制，还要求按一定时间节拍把 R、S 端的状态反映到输出端时，就必须再增加一个控制端，只有控制端出现脉冲信号时，触发器才动作，至于触发器输出变到什么状态，仍然由 R、S 端的高低电平来决定，采用这种触发方式的触发器，称为同步 RS 触

发器,如图11-2(b)所示为由与非门构成的同步RS触发器。

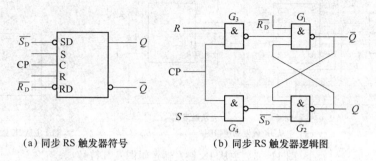

(a) 同步RS触发器符号　　　(b) 同步RS触发器逻辑图

图11-2　同步RS触发器

分析图11-2,其中G_1、G_2门构成基本RS触发器,G_3、G_4门组成控制电路,CP是控制脉冲。所谓同步,就是触发器状态的改变与时钟脉冲同步。当CP=0时,G_3、G_4门被封锁,R、S状态不能进入,G_3、G_4门输出均为高电平,则触发器输出保持原来状态;当CP=1时,R、S信号才能经过G_3、G_4门影响到输出。$\overline{S}_D$为直接置1端,$\overline{R}_D$为直接置0端,它们的电平可以不受CP信号的控制而直接影响到触发器的输出。利用基本RS触发器的真值表,可得同步RS触发器的功能(见表11-2)。(CP脉冲作用前Q端的状态用Q^n表示,CP脉冲作用后Q端的状态用Q^{n+1}表示。)

表11-2　真值表

S	R	Q^n	Q^{n+1}
0	0	0	0
0	0	1	1
0	1	0	0
0	1	1	0
1	0	0	1
1	0	1	1
1	1	0	不定
1	1	1	不定

同步RS触发器的特征方程为

$$Q^{n+1}=S+\overline{R}Q^n$$
$$SR=0 \quad (约束条件)$$

二、JK触发器

图11-3所示是主从型JK触发器的逻辑图,它由两个可控RS触发器串联组成,分别称为主触发器和从触发器。时钟脉冲先使主触发器翻转,而后使从触发器翻转,这就是"主从型"的由来。此外,还有一个非门将两个触发器联系起来。J和K是信号输入端,它们分别与$\overline{Q}$和Q构成与逻辑关系,成为主触发器的S端和R端,即

$$S=J\overline{Q},\quad R=KQ$$

从触发器的S和R端即为主触发器的输出端。

下面分4种情况来分析主从型JK触发器的逻辑功能。

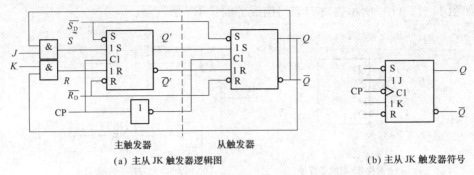

(a) 主从 JK 触发器逻辑图　　　　　　　　　(b) 主从 JK 触发器符号

图 11-3　主从 JK 触发器逻辑图及其符号

1. $J=1$，$K=1$

设时钟脉冲来到之前（CP=0）触发器的初始状态为 0。这时主触发器的 $S=J\overline{Q}=1$，$R=KQ=0$，当时钟脉冲来到后（CP=1）即翻转为 1。当 CP 从 1 下降为 0 时，非门输出为 1，由于这时从触发器的 $S=1$，$R=0$，它也翻转为 1 态。主、从触发器状态一致。反之，设触发器的初始状态为 1，可以同样分析，主、从触发器都翻转为 0 态。

可见，JK 触发器在 $J=K=1$ 的情况下，来一个时钟脉冲，就使它翻转一次，即 $Q^{n+1}=\overline{Q^n}$。这表明，在这种情况下，触发器具有计数功能。

2. $J=0$，$K=0$

设触发器的初始状态为 0，当 CP=1 时，由于主触发器的 $S=0$，$R=0$，它的状态保持不变。当 CP 下调时，由于从触发器的 $S=0$，$R=1$，也保持原态不变。如果初始状态为 1，亦如此。

3. $J=1$，$K=0$

设触发器的初始状态为 0。当 CP=1 时，由于主触发器的 $S=1$，$R=0$，它翻转为 1 态。当 CP 下调时，由于从触发器的 $S=1$，$R=0$，也翻转为 1 态。如果初始状态为 1，当 CP=1 时由于主触发器的 $S=0$，$R=0$，它保持原态不变；当 CP 下调时，由于从触发器的 $S=1$，$R=0$，也保持原态不变。

4. $J=0$，$K=1$

不论触发器处于什么状态，下一个状态一定是 0 态。请读者自行分析。

JK 触发器功能具体见表 11-3。

表 11-3　JK 触发器功能

J	K	Q^n	Q^{n+1}	说明
0	0	0	0	Q^n
0	0	1	1	Q^n
0	1	0	0	与 J 端状态相同
0	1	1	0	与 J 端状态相同
1	0	0	1	与 J 端状态相同
1	0	1	1	与 J 端状态相同
1	1	0	1	$\overline{Q^n}$
1	1	1	0	$\overline{Q^n}$

项目 11 多音信号发生器的制作与调试

表 11-4 JK 触发器简化功能表

J	K	Q^{n+1}
0	0	Q^n
0	1	0
1	0	1
1	1	$\overline{Q^n}$

由功能表 11-4 可得 JK 触发器特征方程（又称次态方程）为

$$Q^{n+1}=J\overline{Q}^n+\overline{K}Q^n$$

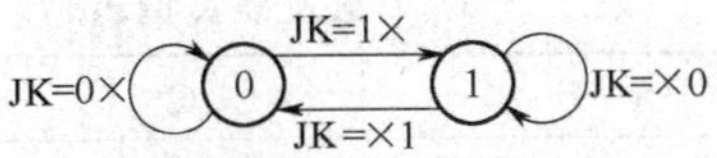

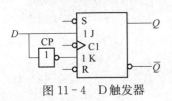

三、D 触发器

JK 触发器功能较完善，应用广泛。但需两个输入控制信号（J 和 K），如果在 JK 触发器的 K 端前面加上一个非门再接到 J 端，如图 11-4 所示，使输入端只有一个，在某些场合用这种电路进行逻辑设计可使电路得到简化，将这种触发器的输入端符号改用 D 表示，称为 D 触发器。

图 11-4 D 触发器

由 JK 触发器的特性表可得 D 触发器的特性表（见表 11-5）。

表 11-5 D 触发器功能表

D	Q^{n+1}
0	0
1	1

D 触发器的逻辑符号和状态转换图如图 11-5 所示。图中 CP 输入端处无小圈，表示在 CP 脉冲上升沿触发。除了异步置 0 置 1 端 R、S 外，只有一个控制输入端 D。因此 D 触发器的特性表比 JK 触发器的特性表简单。

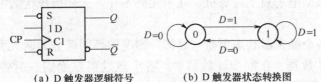

(a) D 触发器逻辑符号　　(b) D 触发器状态转换图

图 11-5 D 触发器的逻辑符号和状态转换图

D 触发器的特征方程为 $Q^{n+1}=D$。

D 触发器的抗干扰能力强。工作时，对 CP 脉冲宽度的要求没有主从 JK 触发器那么苛刻。

四、T 触发器

T 触发器又称受控翻转型触发器。这种触发器的特点很明显：$T=0$ 时，触发器由 CP 脉冲触发后，状态保持不变。$T=1$ 时，每来一个 CP 脉冲，触发器状态就改变一次。T 触发器并没有独立的产品，由 JK 触发器或 D 触发器转换而来，如图 11-6 所示。

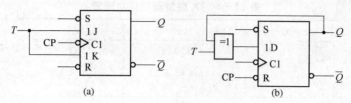

图 11-6 T 触发器的构成

特性表见表 11-6。从特性表写出 T 触发器的特性方程为

$$Q^{n+1}=T\overline{Q^n}+\overline{T}Q^n=T\oplus Q^n$$

表 11-6　T 触发器真值表

T	Q^{n+1}
0	Q^n
1	$\overline{Q^n}$

T 触发器的状态转换图和逻辑符号如图 11-7 所示。

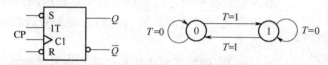

图 11-7　T 触发器逻辑符号和状态转换图

知识点 11.2　计　数　器

了解同步二进制加法计数器、异步二进制加法计数器、十进制计数器的工作原理，能理解计数器的工作时序图。

实现计数操作的电路称为计数器，其作用是记忆输入脉冲的个数。计数器是一种时序逻辑电路，其应用十分广泛，可用于定时、分频及进行数字运算等。计数器的应用十分广泛，从小型数字仪表到大型电子数字计算机，几乎无处不在，是任何现代数字系统中不可缺少的组成部分。

按照计数器中各个触发器状态更新（翻转）情况的不同可分为两大类：一类叫同步计数器，另一类叫异步计数器。在同步计数器中，各个触发器都受同一时钟脉冲（输入计数脉冲）CP 的控制，因此它们状态的更新是同步的。异步计数器则不同，有的触发器直接受输入计数脉冲的控制，有的则是把其他触发器的输出用作时钟脉冲，因此它们状态的更新有先有后，是异步的。

按计数器中数字的变化规律分，有加法计数器、减法计数器和可逆计数器；按计数进制来分，有二进制计数器、十进制计数器和 N 进制计数器。

一、二进制计数器

（一）同步二进制加法计数器

二进制只有 0 和 1 两个数码，二进制加法的规律是逢二进一，即 $0+1=1$，$1+1=10$，

项目 11 多音信号发生器的制作与调试

也就是每当本位是 1 再加 1 时,本位就变成 0,而向高位进位,使高位加 1。

由于双稳态触发器有 0 和 1 两个状态,所以一个触发器可以表示一个二进制数。如果要表示 n 位二进制位,就要用 n 个双稳态触发器。

综上所述,可以列出 4 位二进制加法计数器的状态表(见表 11-7)。

表 11-7 4 位二进制加法计数器的状态表

计数顺序	计数器状态			
	Q_3	Q_2	Q_1	Q_0
0	0	0	0	0
1	0	0	0	1
2	0	0	1	0
3	0	0	1	1
4	0	1	0	0
5	0	1	0	1
6	0	1	1	0
7	0	1	1	1
8	1	0	0	0
9	1	0	0	1
10	1	0	1	0
11	1	0	1	1
12	1	1	0	0
13	1	1	0	1
14	1	1	1	0
15	1	1	1	1
16	0	0	0	0

要实现表 11-7 所列的 4 位二进制加法计数,必须用 4 个双稳态触发器,如图 11-8 所示。一种具有计数功能的 4 位二进制加法计数器。应指出的是,采用不同的触发器组成同一计数器可有不同的逻辑电路,即使用同一触发器也可得出不同的逻辑电路。

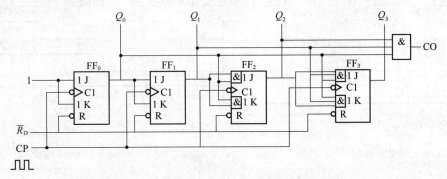

图 11-8 由 JK 触发器构成的 4 位同步二进制加法计数器

（二）异步二进制加法计数器

从表 11-7 可以看出二进制加法计数器的特点是：每来一个计数脉冲，最低位触发器翻转一次，而高位触发器是在邻低位触发器从 1 变成 0 进位时翻转。根据上述特点，可以用 4 个 JK 触发器组成 4 位二进制加法计数器，如图 11-9（a）所示。图中触发器的 J、K 端都悬空，相当于 1，所以均处于计数状态。最低位触发器的 C 端作为计数脉冲的输入端，其他各触发器的 C 端作为计数脉冲的输入端，其他各触发器的 C 端与相邻的低位触发器的 Q 端相连接，使低位触发器的进位脉冲从 Q 端输出送到相邻的高位触发器的 C 端，这符合主从型触发器在正脉冲后沿触发的特点。这样，最低位触发器每来一个计数脉冲就翻转一次，而高位触发器只有当相邻的低位触发器从 1 变 0 而向其输出进位脉冲时才翻转。这种连接方式恰好符合二进制加法计数器的特点，因此该电路是一个二进制加法计数器。

工作时，先将各触发器清零，使计数器变为 0000 状态。第一个计数脉冲到来时，触发器 FF_0 翻转为 1，其余各位触发位不变，计数器变成 0001 状态。第二个计数脉冲输入后，触发器 FF_0 由 1 变为 0，并向 FF_1 发出一个负跳变的进位脉冲，使 FF_1 翻转为 1，FF_2 及 FF_3 不变，计数器变成 0010 状态。以此类推，计数器状态变化的规律与表 11-7 所示相同。计数器的工作波形如图 11-9（b）所示。由波形图不难看出，每个触发器输出脉冲的频率是它的第一位触发器输出脉冲频率的二分之一，称为二分频。因此，Q_0、Q_1、Q_2、Q_3 输出脉冲频率分别是计数脉冲 CP 的二分频、四分频、八分频和十六分频，所以这种计数器也可以作为分频器使用。

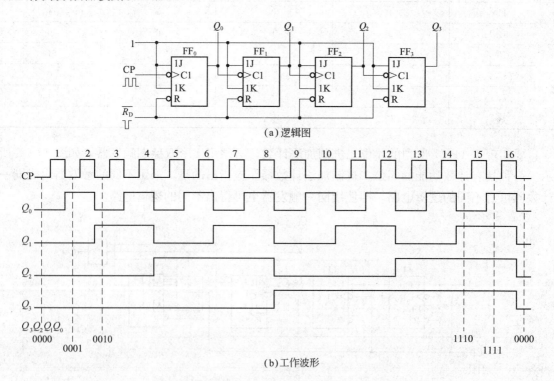

图 11-9 由 JK 触发器组成的 4 位异步二进制加法计数器和工作波形

项目 11　多音信号发生器的制作与调试

由于这个计数器的计数脉冲不是同时加到各触发器的 C 端,因而各触发器的状态变化时刻不一致,与计数脉冲不同步,所以称为异步二进制加法计数器。

二、十进制计数器

(一) 电路组成

图 11-10 所示是由 4 个 JK 触发器和两个进位门组成的同步十进制加法计数器,CP 是输入计数脉冲,CO 是向高位进位的输出信号。

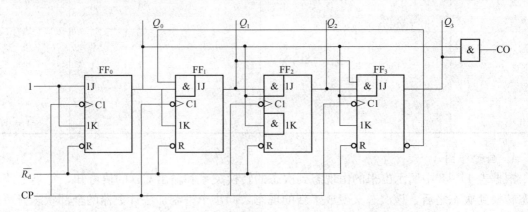

图 11-10　由 JK 触发器构成的 4 位同步十进制加法计数器

(二) 工作原理

1. 方程式

时钟方程
$$CP_0 = CP_1 = CP_2 = CP_3 = CP$$

输出方程
$$CO = Q_0^n Q_3^n$$

驱动方程
$$J_0 = K_0 = 1$$
$$J_1 = \overline{Q_3^n} Q_0^n \qquad K_1 = Q_0^n$$
$$J_2 = K_2 = Q_1^n Q_0^n$$
$$J_3 = Q_2^n Q_1^n Q_0^n \qquad K_3 = Q_0^n$$

2. 求状态方程

$$Q_0^{n+1} = J_0 \overline{Q_0^n} + \overline{K_0} Q_0^n = \overline{Q_0^n}$$
$$Q_1^{n+1} = J_1 \overline{Q_1^n} + \overline{K_1} Q_1^n = \overline{Q_3^n} Q_0^n \overline{Q_1^n} + \overline{Q_0^n} Q_1^n$$
$$Q_2^{n+1} = J_2 \overline{Q_2^n} + \overline{K_2} Q_2^n = Q_1^n Q_0^n \overline{Q_2^n} + \overline{Q_1^n Q_0^n} Q_2^n$$
$$Q_3^{n+1} = J_3 \overline{Q_3^n} + \overline{K_3} Q_3^n = Q_2^n Q_1^n Q_0^n \overline{Q_3^n} + \overline{Q_0^n} Q_3^n$$

3. 进行计算

$Q_3^n Q_2^n Q_1^n Q_0^n = 0000$ 时开始,依次代入状态方程和输出方程进行计算,结果见表 11-8。

表 11-8　同步十进制加法计时器的状态转换真值表

计数脉冲序号	现态				次态				输出
	Q_3	Q_2	Q_1	Q_0	Q_3	Q_2	Q_1	Q_0	CO
0	0	0	0	0	0	0	0	1	0
1	0	0	0	1	0	0	1	0	0
2	0	0	1	0	0	0	1	1	0
3	0	0	1	1	0	1	0	0	0
4	0	1	0	0	0	1	0	1	0
5	0	1	0	1	0	1	1	0	0
6	0	1	1	0	0	1	1	1	0
7	0	1	1	1	1	0	0	0	0
8	1	0	0	0	1	0	0	1	0
9	1	0	0	1	0	0	0	0	1

4. 画时序图

根据表 11-8 中所示出来的由现态到次态的转换关系和输出 CO 的值可知，每当电路由现态转换到次态之后，该次态又变成了新的现态，同步十进制加法计数器的全部状态皆可由此确定，读者可自行画出其时序图。

知识点 11.3　寄　存　器

了解寄存器、移位寄存器的电路结构及工作过程，了解移位寄存器作为计数器的应用。

在数字系统中，常常需要将一些数码或指令存放起来，以便随时调用，这种存放数码和指令的逻辑部件称为寄存器。因此寄存器必须具有记忆单元——触发器，因为触发器具有 0 和 1 两种稳定状态，所以一个触发器只能存放 1 为二进制数码，存放 N 位数码就应具备 N 个触发器。

寄存器是由触发器和门电路组成的，具有接收数据、存放数据和输出数据的功能。只有在接收到指令（即时钟脉冲）时，寄存器才能接收到要寄存的数据。在实际中，大量使用的是各类集成电路寄存器。

一般寄存器都是借助时钟脉冲作用而把数据存放或送出触发器的，故寄存器还必须具有控制作用的门电路，以保证信号的接收和清除。

寄存器按所具备的逻辑功能不同可分为两大类：数码寄存器和移位寄存器。

一、数码寄存器

数码寄存器可以接收、暂存、传递数码。它是在时钟脉冲 CP 作用下，将数据存入对应的触发器。由于 D 触发器的特征方程是 $Q^{n+1}=D$，因此以 D 触发器组成寄存器最为方便。下面以 4 位数码寄存器 74LS175 为例介绍。

（一）电路组成

图 11-11 所示是由 4 个边沿 D 触发器组成的 4 位数码寄存器 74LS175 的逻辑图。$D_3 \sim D_0$ 是并行数码输入端，$\overline{CR}$ 是清零端，CP 是时钟脉冲控制端，$Q_3 \sim Q_0$ 是并行数码输出端。

74LS175 的功能表见表 11-9。

项目 11 多音信号发生器的制作与调试

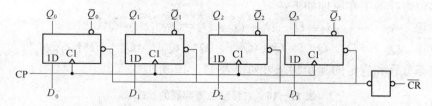

图 11-11 4 位数码寄存器 74LS175 的逻辑图

表 11-9 74LS175 的功能表

输入						输出				注
$\overline{CR}$	CP	D_3	D_2	D_1	D_0	Q_3^{n+1}	Q_2^{n+1}	Q_1^{n+1}	Q_0^{n+1}	
0	×	×	×	×	×	0	0	0	0	清零
1	↑	d_3	d_2	d_1	d_0	d_3	d_2	d_1	d_0	送数

(二) 工作原理

(1) $\overline{CR}=0$ 时,异步清零。无论寄存器中原来的内容是什么,只要 $\overline{CR}=0$,就立即通过异步输入端 $\overline{R}_D$ 将 4 个边沿 D 触发器复位到 0 状态。

(2) $\overline{CR}=1$ 时,CP 上升沿送数。无论寄存器中原来存储的数码是什么,在 $\overline{CR}=1$ 时,只要送数控制时钟脉冲 CP 上升沿到来,加在并行数码输入端的数码 $D_3 \sim D_0$ 就立即被送进寄存器中,使并行输出端 $Q_3 \sim Q_0 = D_3 \sim D_0$,从而完成接收并寄存数码的功能。

(3) 在 $\overline{CR}=1$ 和 CP 上升沿以外的时间,寄存器保持内容不变,即各个输出端的状态与输入端数据无关,都将保持不变。

由于寄存器能同时输入 4 位数码,同时输出 4 位数码,故称为并行输入、并行输出寄存器。

二、移位寄存器

移位寄存器既具有存放数码功能,还具有使数码移位功能。所谓移位功能,就是寄存器中所存数据可以在移位脉冲作用下逐位左移或右移。按照在移位脉冲 CP 操作下移位情况的不同,移位寄存器又可分为单向移位寄存器和双向移位寄存器。

(一) 单向移位寄存器

如图 11-12 所示是以由 D 触发器构成的右移移位寄存器,左边触发器的输出端接右边触发器的输入端,仅由第一个触发器的输入端 D_0 接收外来的输入数据,D_1 为串行输入端,$Q_0 \sim Q_2$ 为并行输出端,Q_3 为串行输出端。

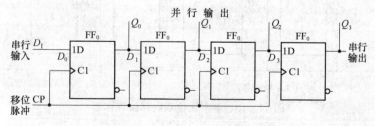

图 11-12 4 位单向右移移位寄存器

单向移位寄存器工作原理如下：

驱动方程 $\quad D_0=D_I$、$D_1=Q_0^n$、$D_2=Q_1^n$、$D_3=Q_2^n$

状态方程 $\quad Q_0^{n+1}=D_I$、$Q_1^{n+1}=Q_0^n$、$Q_2^{n+1}=Q_1^n$、$Q_3^{n+1}=Q_2^n$ $\quad$ CP↑有效

根据状态方程和假定的起始状态可列出表 11-10 所示状态表。

表 11-10 右移移位寄存器的状态表

输入		现态				次态				说明
D_I	CP	Q_0^n	Q_1^n	Q_2^n	Q_3^n	Q_0^{n+1}	Q_1^{n+1}	Q_2^{n+1}	Q_3^{n+1}	
1	↑	0	0	0	0	1	0	0	0	
1	↑	1	0	0	0	1	1	0	0	连续输入
1	↑	1	1	0	0	1	1	1	0	4 个 1
1	↑	1	1	1	0	1	1	1	1	
0	↑	1	1	1	1	0	1	1	1	
0	↑	0	1	1	1	0	0	1	1	连续输入
0	↑	0	0	1	1	0	0	0	1	4 个 0
0	↑	0	0	0	1	0	0	0	0	

表 11-10 所示状态具体描述了右移移位过程。当连续输入 4 个 1 时，D_I 经触发器 F_0 在 CP 的操作下，依次被移入寄存器中，经过 4 个 CP 脉冲，寄存器就变成全 1 状态，即 4 个 1 右移输入完毕。再连续输入 0，经过 4 个 CP 之后，寄存器变成全 0 状态。

对于左移移位寄存器的结构和工作原理，读者可自己分析。

（二）双向移位寄存器

在数字电路中，常需要寄存器按不同的控制信号，能够向左或向右移位。这种既能右移又能左移的寄存器称为双向移位寄存器。把左移和右移移位寄存器组合起来，加上移位方向控制，便可方便地构成双向移位寄存器。

图 11-13 所示是基本的 4 位双向移位寄存器，M 是移位方向控制端，D_{SR} 是右移串行输入端，D_{SL} 是左移串行输入端，$Q_0 \sim Q_3$ 为并行输出端，CP 是移位时钟脉冲。

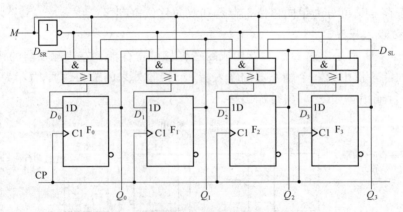

图 11-13 基本 4 位双向移位寄存器

图 11-13 中，4 个与或门构成了 4 个 2 选 1 数据选择器，其输出就是送给相应边沿 D

触发器的同步输入信号，M 是选择控制信号（左移/右移控制），由电路可得驱动方程为

$$\left.\begin{array}{l} D_0 = \overline{M}D_{SR} + MQ_1^n \\ D_1 = \overline{M}Q_0^n + MQ_2^n \\ D_2 = \overline{M}Q_1^n + MQ_3^n \\ D_3 = \overline{M}Q_2^n + MD_{SR} \end{array}\right\}$$

将驱动方程代入 D 触发器的特性方程可求出状态方程

$$\left.\begin{array}{l} Q_0^{n+1} = \overline{M}D_{SR} + MQ_1^n \\ Q_1^{n+1} = \overline{M}Q_0^n + MQ_2^n \\ Q_2^{n+1} = \overline{M}Q_1^n + MQ_3^n \\ Q_3^{n+1} = \overline{M}Q_2^n + MD_{SR} \end{array}\right\} \text{（CP 上升沿有效）}$$

当 $M=0$ 时

$$Q_0^{n+1} = D_{SR},\ Q_1^{n+1} = Q_0^n,\ Q_2^{n+1} = Q_1^n,\ Q_3^{n+1} = Q_2^n \quad \text{（CP 上升沿有效）}$$

电路成为 4 位右移移位寄存器。

当 $M=1$ 时

$$Q_0^{n+1} = Q_1^n,\ Q_1^{n+1} = Q_2^n,\ Q_2^{n+1} = Q_3^n,\ Q_3^{n+1} = D_{SL} \quad \text{（CP 上升沿有效）}$$

电路将按照 4 位左移移位寄存器的各种原理运行。

三、移位寄存器的应用

移位寄存器的应用十分广泛，如将信息代码进行串-并行转换及构成计数器等。

（一）数码的串-并行转换

在数字系统中，数字信息多半是用串行方式在线路上逐位传送，而在收发端则以并行方式对数据进行存放和处理。这就需要将信息进行串-并行转换。

（1）串行转并行。前面介绍的单向右移移位寄存器即可实现数码的串行转并行功能。常用的串-并行转换器芯片有 74LS164、HV5308、74HC595 等。

（2）并行转串行。常用的并-串行转换移位寄存器有 74LS165 等。

（二）移位寄存器型计数器

下面以环形计数器为例进行分析。

图 11-14 所示为一个自循环移位寄存器。取 $D_0 = Q_{n-1}^n$，可以在 CP 作用操作下，循环移位一个 1，也可以循环移位一个 0。只要先启动脉冲将计数器置入有效状态（1000 或 1110），然后再加 CP 就可以得 n 个状态循环的计数器，计数长度为 $N=n$，n 为触发器个数。

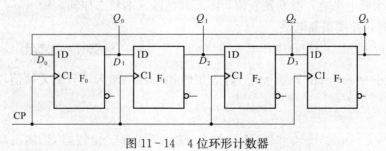

图 11-14 4 位环形计数器

其状态如图 11-15 所示，如果选用循环一个 1，则有效状态是 1000、0100、0010、0001。工作时应先用启动脉冲将计数器置入有效状态，然后才能加 CP。由状态图可知，电路不能自启动，如果将其改为图 11-16 所示的形式，就可自启动了，读者可自行分析，画出其状态图。

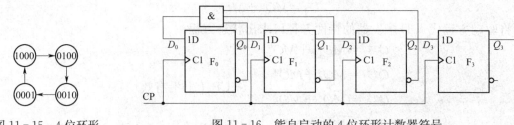

图 11-15　4 位环形计数器状态图

图 11-16　能自启动的 4 位环形计数器符号

环形计数器的优点是所有触发器中只有一个为 1（或 0），利用 Q 端作状态输出不需要加译码器。在 CP 脉冲的驱动下 Q 端轮流出现矩形脉冲，所以也可称脉冲分配器。其缺点是状态利用率低，记 n 个数需要 n 个触发器，使用触发器多。

知识点 11.4　波形产生与变换电路

掌握 555 定时器内部电路及工作过程，掌握利用 555 定时器组成的施密特触发器、多谐振荡器、单稳态触发器的电路及原理，能分析出 555 定时器在电子电路中的应用功能。

数字电路中的时钟信号一般都是通过波形产生电路形成；必要时，需要对已有信号进行波形变换，以满足系统对信号波形的要求。在波形产生与变换电路中，多谐振荡器、单稳态触发器和施密特触发器是 3 种基本电路。用集成电路 555 定时器可以组成以上 3 种应用电路，集成 555 定时器有十分广泛的应用。

一、555 定时器电路及其功能

555 定时器是一种应用非常广泛的集成电路，有双极型，也有 CMOS 型。555 定时器外部只要接少量元件就可构成单稳、多谐和施密特电路。

555 定时器内部结构如图 11-17 所示。它由 3 个阻值为 5 kΩ 的电阻组成的分压器、两个电压比较器 C_1 和 C_2、基本 RS 触发器和放电管 VT 组成。

定时器的主要功能取决于比较器，比较器输出控制 RS 触发器和放电管状态。图中 $\overline{R}_D$ 为复位端，当 $\overline{R}_D$ 为低电平时，触发器复位，不管其他输入端状态如何，输出 u_O 为低电平。因此，正常工作时，此端接高电平。

由图 11-17 可知，当控制电压输入端（u_{IC}，5 号脚）悬空时，比较器 C_1 和 C_2 的参考电压分别为 $V_{REF1} = \frac{2}{3}V_{CC}$ 和 $V_{REF2} = \frac{1}{3}V_{CC}$。定时器有两个输入，分别为阈值输入 u_{I1} 和触发输入 u_{I2}。

当 $u_{I1} > \frac{2}{3}V_{CC}$，$u_{I2} > \frac{1}{3}V_{CC}$ 时，比较器 C_1 输出低电平，比较器 C_2 输出高电平，RS 触

项目 11 多音信号发生器的制作与调试

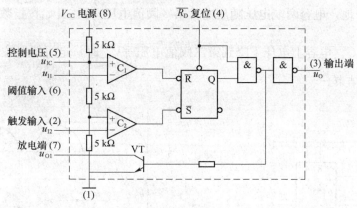

图 11-17 555 定时器内部结构符号

发器复位，$Q=0$，放电管 VT 导通，输出 u_O 低电平。

当 $u_{I1}<\frac{2}{3}V_{CC}$，$u_{I2}<\frac{1}{3}V_{CC}$ 时，比较器 C_1 输出高电平，比较器 C_2 输出低电平，RS 触发器置位，$Q=1$，放电管 VT 截止，输出 u_O 高电平。

当 $u_{I1}<\frac{2}{3}V_{CC}$，$u_{I2}>\frac{1}{3}V_{CC}$ 时，比较器 C_1、C_2 输出都为高电平，RS 触发器状态不变，定时器输出、放电管 VT 状态亦不变。

综上所述，可得 555 定时器功能表见表 11-11。

表 11-11 555 定时器功能表

输入		输出		
阈值输入（u_{I1}）	触发输入（u_{I2}）	复位	输出（u_O）	放电管 VT
×	×	0	0	导通
$>\frac{2}{3}V_{CC}$	$>\frac{1}{3}V_{CC}$	1	1	截止
$<\frac{2}{3}V_{CC}$	$<\frac{1}{3}V_{CC}$	1	0	导通
$<\frac{2}{3}V_{CC}$	$>\frac{1}{3}V_{CC}$	1	不变	不变

如果在电压控制端施加一个控制电压（其值在 $0 \sim V_{CC}$），比较器的参考电压发生变化，从而影响定时器的工作状态变化的阈值。

二、555 定时器应用举例

（一）555 定时器构成的多谐振荡器

如图 11-18 所示。定时器输出（3 号引脚）为高电平时，放电管截止（7 号引脚与地之间开路），电容 C 充电。充电电流由 V_{CC}—R_1—R_2—C—地，电容两端电压 u_C 随充电按指数规律上升，如图 11-19 所示，充电时间常数 $\tau_1=(R_1+R_2)C$。电容上电压上升到第一阈值电压 $\frac{2}{3}V_{CC}$ 时，555 定时器复位输出低电平，放电管导通，充电结束。

定时器输出为低电平时，放电管导通（7 号引脚与地之间短路），电容放电。放电电流由 C→R_2→VT→地，电容两端电压随放电从第一阈值电压 $\frac{2}{3}V_{CC}$ 开始按指数规律下降，放电时间常数 $\tau_2=R_2C$。电容上电压下降到第二阈值电压 $\frac{1}{3}V_{CC}$ 时，定时器置位输出高电平，放电管截止，放电结束。

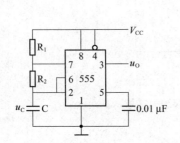 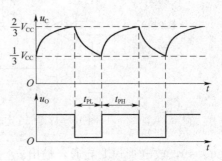

图 11-18　555 定时器构成的多谐振荡器　　　图 11-19　多谐振荡器工作波形

电容放电结束，图 11-18 所示电路又开始新一轮充放电。充电从 $\frac{1}{3}V_{CC}$ 到 $\frac{2}{3}V_{CC}$ 结束，放电从 $\frac{2}{3}V_{CC}$ 到 $\frac{1}{3}V_{CC}$ 结束，周而复始，定时器输出方波脉冲。

通过以上分析可知，电容放电初始值 $V_C(0)=\frac{2}{3}V_{CC}$，终值 $V_C(\infty)=0$，经过低电平脉冲持续时间（负脉冲宽度 t_{PL}）$V_C(t_{PL})=\frac{1}{3}V_{CC}$。代入三要素公式可得

$$t_{PL}=R_2C\ln 2\approx 0.7R_2C$$

电容充电初值 $V_C(0)=\frac{1}{3}V_{CC}$，终值 $V_C(\infty)=V_{CC}$，经过高电平持续时间（正脉冲宽度 t_{PH}）$V_C(t_{PH})=\frac{2}{3}V_{CC}$。得

$$t_{PH}=(R_1+R_2)C\ln 2\approx 0.7(R_1+R_2)C$$

因此，多谐振荡器振荡周期 T 为

$$T=t_{PL}+t_{PH}\approx 0.7(R_1+2R_2)C$$

振荡频率 f 为

$$f=\frac{1}{T}\approx \frac{1.43}{(R_1+2R_2)C}$$

调整电阻 R_1 或 R_2 可改变正或负脉冲宽度，振荡周期亦改变。改变电容振荡周期发生变化，但占空比 $q=t_{PH}/T$ 不变。

（二）单稳态触发器

如图 11-20 所示。电路中 555 定时器触发输入端 u_{I2} 接外触发脉冲（负窄脉冲），阈值触发输入端 u_{I1} 与放电管相连，电容两端电压 u_C 作为其输入信号。

电路有一个稳定状态，即输出为低电平，放电管导通，电阻 R 上电流经放电管形成回路，电容端电压近似为 0 V。

项目 11　多音信号发生器的制作与调试

稳态情况下，外加负脉冲触发信号（低电平小于 $\frac{1}{3}V_{CC}$），电路进入暂稳态，输出为高电平，放电管截止，电容开始充电。当电容上电压充电至 $\frac{2}{3}V_{CC}$ 时，经阈值输入端作用，定时器复位输出低电平（此时外加负脉冲已结束），放电管导通，电容经放电管快速放电，电路返回稳定状态。电路输出高电平的时间由暂稳态持续时间决定，即由电容从 0 V 充电到 $\frac{2}{3}V_{CC}$ 所需时间决定（暂稳态持续时间大于触发负脉冲）。电路工作波形如图 11-21 所示。

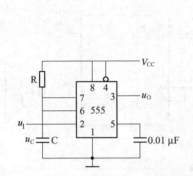
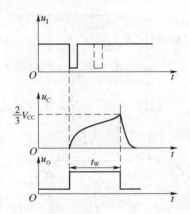

图 11-20　555 定时器构成的单稳态触发器　　图 11-21　单稳态触发器工作波形

在暂稳态期间，输入低电平对电路无影响，如图中虚线脉冲，但输入负脉冲宽度不应大于暂稳态持续时间，即输出正脉冲宽度 t_W，这是一个不可重复触发的单稳态电路。

（三）施密特触发器（脉冲波形整形电路）

图 11-22 所示电路中 555 定时器构成的施密特触发器，定时器的两个输入端接在一起作为信号输入端，即输入信号与定时器的两个参考电压（阈值电压）进行比较（5 号端开路时）。$V_{REF1}=\frac{2}{3}V_{CC}$、$V_{REF2}=\frac{1}{3}V_{CC}$。当 $u_I \leqslant V_{REF2}=\frac{1}{3}V_{CC}$ 时，输出高电平；当 $u_I \geqslant V_{REF1}=\frac{2}{3}V_{CC}$ 时，输出低电平；当 $\frac{1}{3}V_{CC} \leqslant u_I \leqslant \frac{2}{3}V_{CC}$ 时，输出状态与原来状态相同，u_I 从大于 $\frac{2}{3}V_{CC}$ 下降，输出低电平；u_I 从小于 $\frac{1}{3}V_{CC}$ 上升，输出高电平。其工作波形如图 11-23 所示。

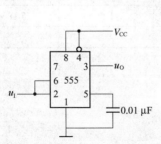
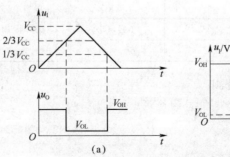

图 11-22　定时器构成的施密特触发器　　图 11-23　施密特触发器工作波形

项目实施　多音信号发生器的制作与调试

一、项目原理

本项目制作的多音信号发生器电路原理图如图 11-24 所示。用两片 555 定时器构成多音信号发生器，它能按一定规律发出两种不同的声音。这种多音信号发生器是由两个多谐振荡器组成，一个振荡频率较低，另一个振荡频率受其控制，适当调整电路参数，可使声音达到满意的效果。

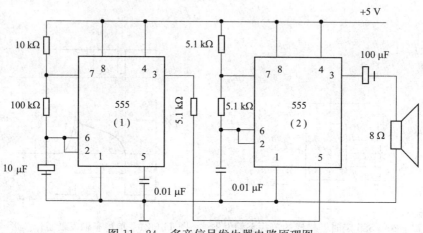

图 11-24　多音信号发生器电路原理图

二、项目制作

（一）电路装配准备

（1）装配工具及调试仪器仪表的准备：电烙铁、焊锡丝、钳子、螺钉旋具、导线、示波器、万用表。

（2）元器件的准备：元件清单，见表 11-12。

表 11-12　元件清单

名称	数量	数值	名称	数量	数值
电阻	1个	10 kΩ	电解电容	1个	10 μF
电阻	1个	100 kΩ	电解电容	1个	0.1 μF
电阻	3个	5.1 kΩ	电解电容	3个	0.01 μF
电位器	1个	100 kΩ	电解电容	1个	100 μF
集成定时器	2个	NE 555	扬声器 BP	1个	8 Ω
电源		5 V	4节5号电池		

（二）元器件的检测

1. 电阻、电容、电位器的检测

（1）极性判别。

（2）质量判断。

2. 喇叭的检测

（1）极性判别。

(2) 质量判断。

3. NE 555 的检测

(1) 引脚的判别。

(2) 质量判断。

(三) 电路组装

1. 组装的基本步骤

(1) 电路的组装按照信号的流程进行。

(2) 电路板中各元件的装配应按照"先低后高，先内后外"为原则，先焊电阻、瓷片电容，最后焊喇叭。谨记电路中所有元件都要正确装入万能板的适当位置中，焊接时无漏焊、错焊、虚焊现象出现。

2. 组装的工艺要求

组装时要求元器件布局要合理，排列整齐、美观，组装前应对元器件进行刮腿、搪锡、整形等工艺处理。电阻的组装可采用紧贴组装，电容组装均采用直立组装。

(四) 电路调试与排除

1. 电路调试步骤

(1) 仔细检查、核对电路元件，确认无误后，通入电源。

(2) 测试喇叭两端的输出信号。如果没有输出信号，仔细检查有无接反、虚焊、漏焊或已损坏现象。

(3) 聆听喇叭是否输出理想的放大信号。

2. 故障分析与排除

按照上述步骤调试过程中，如若出现故障，首先仔细检查有无元件极性接反现象，再仔细检查有无元件出现虚焊、漏焊现象，最后检查是否有元件已损坏（尤其是喇叭、555 定时器、电解电容等）。

(五) 编写项目报告

三、项目考核与评价

考核与评价标准见表 11-13。

表 11-13 考核与评价标准

考核项目	考核内容及要求	分值	学生自评	小组评分	教师评分	得分
识别检测元器件	能正确识别检测电位器、喇叭及电阻、电容等元件	25 分				
电路组装	元器件布局合理，排列整齐、美观，焊接规范	25 分				
电路调试	能正确判断电路故障并及时排除故障	15 分				
项目报告完成情况	语言表达准确、格式标准、内容充实	15 分				
职业素养	遵守纪律、团结合作、严谨求实	10 分				
安全文明生产	安全生产无事故	10 分				
总分		100 分				

知识拓展

知识点 11.5　脉冲的基本概念

在数字电路中，常常需要各种不同频率的矩形脉冲。获得矩形脉冲的方法一般有两种：一种是通过方波振荡器产生；另一种是利用整形电路产生。

一、脉冲的基本概念

脉冲：瞬间突变、作用时间极短的电压或电流信号，称为脉冲。广义上讲，凡是非正弦规律变化的电压或电流都可称为脉冲。可以通过实验电路来加深对脉冲的理解，如图 11-25 所示。

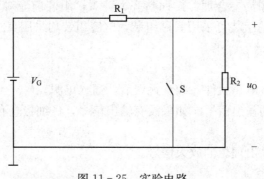

图 11-25　实验电路

从实验中可以观察到的现象和结论：

(1) 开关 S 闭合时，R_2 短接，输出电压 $u_O=0$。

(2) t_1 时，开关 S 断开，输出电压 $u_O=V_G \cdot \dfrac{R_2}{R_1+R_2}$。

(3) t_2 时，开关 S 再闭合，R_2 又被短接，输出电压 $u_O=0$。

重复此过程，则输出电压 u_O 的波形变化即为一串脉冲波，如图 11-26 所示。

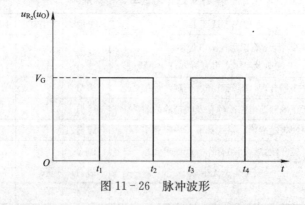

图 11-26　脉冲波形

二、几种常见的脉冲波形

常见的脉冲波形有矩形波、锯齿波、钟形波、尖峰波、阶梯波等，如图 11-27 所示。

项目 11 多音信号发生器的制作与调试

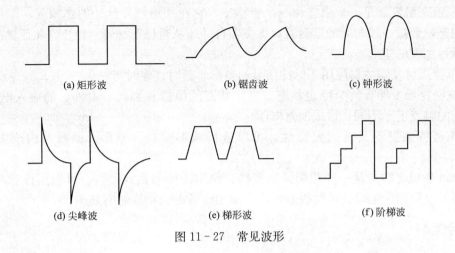

图 11-27 常见波形

三、矩形脉冲波形参数

经常用到的波形中以矩形脉冲波形居多,在这里以矩形波为例介绍脉冲波形的参数,如图 11-28 所示。

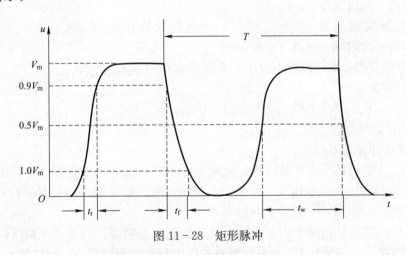

图 11-28 矩形脉冲

(1) 脉冲幅度 V_m——脉冲电压的最大变化幅度。

(2) 脉冲上升沿时间 t_r——脉冲上升沿从 $0.1V_m$ 上升到 $0.9V_m$ 的时间。

(3) 脉冲下降沿时间 t_f——脉冲下降沿从 $0.9V_m$ 下降到 $0.1V_m$ 的时间。

(4) 脉冲宽度 t_w——脉冲前、后沿 $0.5V_m$ 处的时间间隔,说明脉冲持续时间的长短。

(5) 脉冲周期 T——指周期性脉冲中,相邻的两个脉冲波形对应点之间的时间间隔。

项目总结

1. 常用的脉冲波形有矩形波、锯齿波、钟形波、尖峰波、阶梯波。

2. 多谐振荡器不需要外加触发信号系统,它在接通电源后,能自动反复地输出一定脉宽的矩形脉冲,常用于产生矩形脉冲信号。

3. 多谐振荡器有与门基本多谐振荡器、环形多谐振荡器和石英晶体振荡器。

4. 单稳态触发器是一个稳态和一个暂稳态，它在外加触发脉冲的作用下，能从稳态翻转到暂稳态，经过一段时间的延迟后，触发器自动地从暂稳态翻转回稳态，从而输出一个具有一定脉冲宽度的矩形波。

5. 单稳态触发器主要应用于脉冲信号的整形、延时、定时等。

6. 施密特触发器有两个稳定状态，电路状态的维持和翻转，由外加的输入电平决定。两个翻转的触发电平不同，形成回差电压。

7. 施密特触发器具有回差特性，可以进行波形变换、整形、鉴幅及构成多谐振荡器等。

8. 555集成定时器是一种功能灵活多样、使用方便的集成器件。可以用作脉冲波的产生和整形，也可用于定时或延时控制，广泛地用于各种自动控制电路中。

项目练习

1. 微分电路通常把矩形脉冲变换成_____脉冲波，积分电路能把矩形脉冲变换成_____波。

2. 多谐振荡器是一种能输出矩形的_____器，电路能在_____之间自行变换，没有_____状态，所以又称_____。

3. 单稳态触发器只有_____状态，在触发脉冲作用下，从_____状态转换到_____，经过一段时间，电路又自动返回_____状态。

4. 单稳态触发器在数字脉冲电路中，常用于脉冲的_____和_____、_____。

5. 施密特触发器有_____，电路从_____翻转到_____，然后再从_____翻转到_____，两次翻转所需的_____是不同的。

6. 555定时器可由_____、_____、_____和_____等组成。

7. 常见的脉冲波形有哪些？

8. 图11-29所示是一简易触摸开关电路。当手摸金属片时，发光二极管亮，经过一定时间，发光二极管熄灭。试说明其工作原理；并问发光二极管能亮多长时间？（当手摸金属片时，相当于给两端输入一个触发负脉冲）

9. 图11-30所示是用两个555定时器接成的延时报警器。当开关S断开后，经过一定的延迟时间后，扬声器开始发声。如果在延迟时间内开关S重新闭合，扬声器不会发出声音。在图中给定参数下，试求延迟时间的具体数值和扬声器发出声音的频率。图中G_1是CMOS反

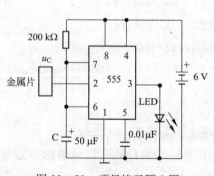

图11-29 项目练习题8图

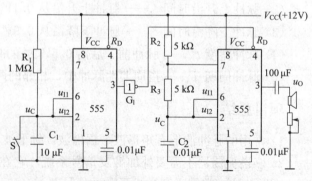

图11-30 项目练习题9图

相器，输出的高、低电平分别为 $V_{OH}=12\text{ V}$，$V_{OL}\approx 0\text{ V}$。

10. 图 11-31 所示电路是由两个 555 定时器构成的频率可调而脉宽不变的方波发生器，试说明其工作原理；确定频率变化的范围和输出脉宽；解释二极管 VD 在电路中的作用。

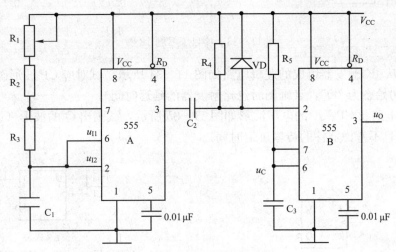

图 11-31 项目练习题 10 图

11. 图 11-32 所示为一心律失常报警电路，图中 u_1 是经过放大后的心电信号，其幅值 $u_{Im}=4\text{ V}$。求对应 u_1 分别画出图中 u_{O1}、u_{O2}、u_O 三点的电压波形并说明电路的组成及工作原理。

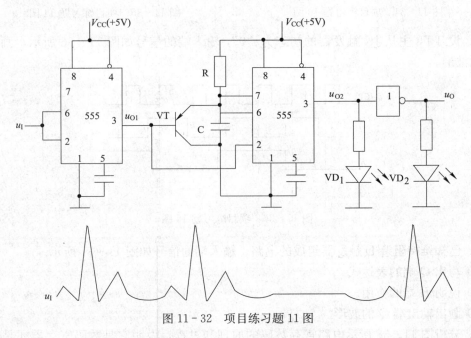

图 11-32 项目练习题 11 图

12. 试画出如图 11-33 所示逻辑电路的 P 端输出波形，要求对应 CP 输入时钟和 A 输入波形画出输出波形 P。已知维持阻塞 D 触发器的初始状态为"1"（忽略触发器的传输延迟时间）。

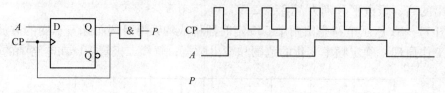

图 11-33 项目练习题 12 图

13. 由主从 JK 触发器组成的逻辑电路如图 11-34 所示，试对应 CP 波形画出 Q 的波形（设触发器的初始态为"0"，且画图时忽略触发器的延迟时间）。

14. 逻辑电路及 CP、A 的电压波形如图 11-35 所示，试画出 Q 的波形（设触发器的初始态为"1"，且不考虑器件的传输延迟时间）。

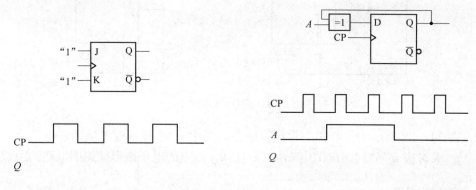

图 11-34 项目练习题 13 图　　　　图 11-35 项目练习题 14 图

15. 设 TTL 主从 JK 触发器的初态为"0"，输入端的信号如图 11-36 所示，画出输出端 Q 的波形。

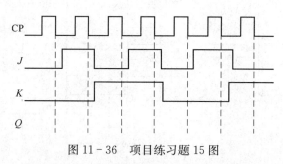

图 11-36 项目练习题 15 图

16. 已知维持阻塞 D 触发器组成的电路，输入端的信号如图 11-37 所示。
(1) 写出 Q 端的表达式。
(2) 说明 B 端的作用。
(3) 画出输出端 Q 的波形。

17. 分析图 11-38 所示电路寄存数码的原理和过程，说明它是数码寄存器还是移位寄存器。

18. 74LS161 组成的时序逻辑电路如图 11-39 所示，请对应 CP 波形画出输出 $Q_0 Q_1 Q_2 Q_3$ 的波形。

项目 11 多音信号发生器的制作与调试

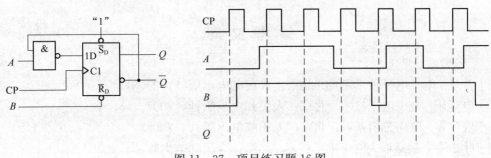

图 11-37 项目练习题 16 图

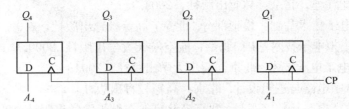

图 11-38 项目练习题 17 图

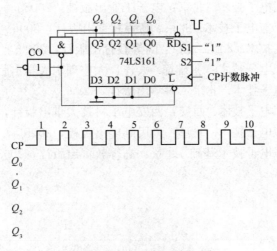

图 11-39 项目练习题 18 图

19. 试用 4 个 T 触发器组成一个 4 位二进制加法计数器。

20. 试用 4 个 D 触发器组成一个 4 为右移移位寄存器。设原存数码为 1101，待输入数码为 1001，试列出移位寄存器状态变化表。

参 考 文 献

[1] 童星. 电工电子技术基础. 北京：人民邮电出版社，2008.
[2] 申辉阳. 电工电子技术. 北京：人民邮电出版社，2007.
[3] 曾令琴. 电路分析基础. 北京：人民邮电出版社，2008.
[4] 叶水春，樊辉娜. 电工电子技术. 北京：人民邮电出版社，2008.
[5] 李发海，王岩. 电动机与拖动基础. 北京：中央广播大学出版社，1986.
[6] 秦曾煌. 电工学. 北京：林业出版社，2004.
[7] 康华光. 电子技术基础：模拟部分. 北京：高等教育出版社，2000.
[8] 陈知今. 模拟电子技术基础. 北京：航空航天大学出版社，2000.
[9] 李源生. 电工电子技术. 北京：清华大学出版社，2004.
[10] 胡锦. 数字电路与逻辑设计. 北京：高等教育出版社，2002.
[11] 张虹. 数字电路与数字逻辑. 北京：北京航空航天大学出版社，2007.
[12] 陈小虎. 电工电子技术. 北京：高等教育出版社，2000.
[13] 徐淑华. 电工电子技术. 北京：电子工业出版社，2005.
[14] 罗挺前. 电工与电子技术. 北京：高等教育出版社，2006.
[15] 席时达. 电工技术. 2版. 北京：高等教育出版社，2000.
[16] 王贺明. 模拟电子技术：基础篇. 大连：大连理工大学出版社，2003.
[17] 王彦. 模拟电子技术. 北京：科学出版社，2006.
[18] 江晓安. 模拟电子技术. 西安：西安电子科技大学出版社，2002.
[19] 苏士美. 模拟电子技术. 北京：人民邮电出版社，2005.
[20] 陈梓城. 模拟电子技术基础. 北京：高等教育出版社，2003.